Astrid Heckl

Festigkeit und Phasenstabilität von Nickel-Basis Superlegierungen

Astrid Heckl

Festigkeit und Phasenstabilität von Nickel-Basis Superlegierungen

Einfluss von Rhenium und Ruthenium

Südwestdeutscher Verlag für Hochschulschriften

Impressum/Imprint (nur für Deutschland/only for Germany)
Bibliografische Information der Deutschen Nationalbibliothek: Die Deutsche Nationalbibliothek verzeichnet diese Publikation in der Deutschen Nationalbibliografie; detaillierte bibliografische Daten sind im Internet über http://dnb.d-nb.de abrufbar.
Alle in diesem Buch genannten Marken und Produktnamen unterliegen warenzeichen-, marken- oder patentrechtlichem Schutz bzw. sind Warenzeichen oder eingetragene Warenzeichen der jeweiligen Inhaber. Die Wiedergabe von Marken, Produktnamen, Gebrauchsnamen, Handelsnamen, Warenbezeichnungen u.s.w. in diesem Werk berechtigt auch ohne besondere Kennzeichnung nicht zu der Annahme, dass solche Namen im Sinne der Warenzeichen- und Markenschutzgesetzgebung als frei zu betrachten wären und daher von jedermann benutzt werden dürften.

Coverbild: www.ingimage.com

Verlag: Südwestdeutscher Verlag für Hochschulschriften GmbH & Co. KG
Dudweiler Landstr. 99, 66123 Saarbrücken, Deutschland
Telefon +49 681 37 20 271-1, Telefax +49 681 37 20 271-0
Email: info@svh-verlag.de

Zugl.: Erlangen-Nürnberg, FAU - Technische Fakultät, Diss., 2011

Herstellung in Deutschland:
Schaltungsdienst Lange o.H.G., Berlin
Books on Demand GmbH, Norderstedt
Reha GmbH, Saarbrücken
Amazon Distribution GmbH, Leipzig
ISBN: 978-3-8381-2957-0

Imprint (only for USA, GB)
Bibliographic information published by the Deutsche Nationalbibliothek: The Deutsche Nationalbibliothek lists this publication in the Deutsche Nationalbibliografie; detailed bibliographic data are available in the Internet at http://dnb.d-nb.de.
Any brand names and product names mentioned in this book are subject to trademark, brand or patent protection and are trademarks or registered trademarks of their respective holders. The use of brand names, product names, common names, trade names, product descriptions etc. even without a particular marking in this works is in no way to be construed to mean that such names may be regarded as unrestricted in respect of trademark and brand protection legislation and could thus be used by anyone.

Cover image: www.ingimage.com

Publisher: Südwestdeutscher Verlag für Hochschulschriften GmbH & Co. KG
Dudweiler Landstr. 99, 66123 Saarbrücken, Germany
Phone +49 681 37 20 271-1, Fax +49 681 37 20 271-0
Email: info@svh-verlag.de

Printed in the U.S.A.
Printed in the U.K. by (see last page)
ISBN: 978-3-8381-2957-0

Copyright © 2011 by the author and Südwestdeutscher Verlag für Hochschulschriften GmbH & Co. KG and licensors
All rights reserved. Saarbrücken 2011

Abstract

Limitierte Ressourcen an fossilen Brennstoffen und eine CO_2-bedingte Klimaerwärmung rücken die Entwicklung effizienter und umweltfreundlicher Technologien zunehmend in den Vordergrund. Aufgrund zusätzlich steigender Bevölkerungszahlen und dem zunehmenden Energiebedarf aufstrebender Schwellenländer ist deshalb die Effizienzsteigerung bei der Stromerzeugung durch Gas- und Dampfkraftwerke von essentieller Bedeutung. Ein maßgeblicher Beitrag zur Steigerung des Wirkungsgrades kann hierbei durch die Erhöhung der Gaseinlasstemperatur in die Turbine erreicht werden.

Diese Doktorarbeit beschäftigt sich mit der Werkstoffentwicklung von Nickel-Basis Superlegierungen für Turbinenschaufeln der vordersten Laufreihe, welche höchsten thermischen und mechanischen Belastungen ausgesetzt sind. Das Ziel der Arbeit ist es, zum Verständnis der Auswirkung der beiden Legierungselemente Re und Ru beizutragen, welche sowohl die Hochtemperaturfestigkeit als auch die Phasenstabilität des Materials entscheidend bestimmen. Um die Materialeinflüsse der oftmals mehr als zehn Elemente umfassenden Legierungen eindeutig auf Re und Ru zurückführen zu können, wurde dazu im Gegensatz zu bisherigen Arbeiten eine auf Atomprozentbasis systematisch abgestufte Legierungsserie entwickelt. Der Umfang der Untersuchungen dieser Legierungen erstreckt sich vom Erstarrungsprozess über die Wärmebehandlung hin zu Hochtemperaturkriecheigenschaften und Phasenstabilitätsanalysen, um umfassende Zusammenhänge aufzeigen zu können. Als Resultat ließen sich daraus unter anderem ein möglicher Ansatz für weiterführende Entwicklungen auf Simulationsbasis und eine Steigerung des Wirkungsgrades pro Legierungsanteil Re und Ru ableiten. In Bezug auf die Phasenstabilität des Materials ist es durch einen neuen analytischen Ansatz erstmals gelungen ein Modell für die Ursache der reduzierten Sprödphasenbildung durch Ru zu erstellen.

INHALTSVERZEICHNIS

1. MOTIVATION UND ZIELSETZUNG	**1**
2. GRUNDLAGEN	**3**
2.1. Legierungsentwicklung	3
2.1.1. Entwicklung der Nickel-Basis Superlegierungen	3
2.1.2. Legierungselemente Re und Ru	4
2.2. Gerichtet erstarrte Nickel-Basis Superlegierungen	6
2.2.1. Prozesstechnik - HRS Vakuum-Feinguss	6
2.2.2. Erstarrungsmorphologie	8
2.2.3. Mikrosegregation und Erstarrungsmodelle	11
2.2.4. Eutektische Erstarrung	13
2.3. Wärmebehandlung	15
2.3.1. Ziele und Grenzen	15
2.3.2. Diffusion in Multiphasensystemen	17
2.4. Mikrostruktur und Materialverhalten	19
2.4.1. Eigenschaften der Einzelgefügebestandteile γ und γ'	19
2.4.2. Festigkeit der zweiphasigen γ/γ'-Mikrostruktur	21
2.4.3. Elementabhängige γ/γ'-Mikrostrukturmerkmale	22
2.4.4. Mikrostruktureinfluss auf Festigkeit und Vergröberung	24
2.5. Zeitstandverhalten	27
2.5.1. Kriechverhalten metallischer Werkstoffe	27
2.5.2. Gerichtete Vergröberung der γ/γ'-Mikrostruktur	30
2.5.3. Extrapolation von Zeitstanddaten	31
2.6. Phasenstabilität – TCP Sprödphasen	32
2.6.1. Eigenschaften und Zusammenhänge	32
2.6.2. Einflussmöglichkeiten auf Keimbildung	35
2.6.3. Einflussmöglichkeiten auf Keimwachstum	38
3. EXPERIMENTELLE METHODIK	**43**
3.1. Legierungsserie Astra1	43
3.1.1. Definition der Legierungsserie	43
3.1.2. Legierungsherstellung	43
3.2. HRS-Vakuumfeinguss	44
3.2.1. Vorgehensweise und Prozesstechnik	44
3.2.2. Qualitätskontrolle	46
3.3. Wärmebehandlung	48
3.3.1. Definition der Standardwärmebehandlungsparameter	48
3.3.2. Variation der Auslagerungsdauer - Ostwaldreifung	49

3.3.3. Spezielle Wärmebehandlung zur detaillierten γ/γ'-Untersuchung — 49
3.3.4. Kontrollierte Alterung - Phasenstabilität — 50

3.4. Probenpräparation — 50
3.4.1. Position der Probenentnahmen — 50
3.4.2. Metallographische Probenpräparation — 51

3.5. Mikrostrukturelle Gefügeanalysen — 52
3.5.1. Lichtmikroskopische Untersuchungen — 52
3.5.2. Rasterelektronenmikroskop (REM) — 53
3.5.3. Electron Probe Micro Analysis (EPMA, Mikrosonde) — 55
3.5.4. Focused-Ion-Beam-Tomography (FIB) — 57
3.5.5. Röntgenbeugungsversuche — 58

3.6. Thermophysikalische Eigenschaften — 59
3.6.1. Dynamische Differenzkalorimetrie (DSC, Thermoanalyse) — 59
3.6.2. Dichte — 60
3.6.3. Wärmeleitfähigkeit, -kapazität und thermische Ausdehnung — 60

3.7. Mechanische Eigenschaften (Zeitstandversuche) — 61
3.7.1. Probenherstellung — 61
3.7.2. Zeitstandversuche — 61
3.7.3. Auswertung — 62

4. ERGEBNISSE — 63

4.1. Mikrostruktur im Gusszustand — 63
4.1.1. Dendritische Gussstruktur — 63
4.1.2. Mikrosegregation in Abhängigkeit von Re/Ru — 65
4.1.3. Eutektischer Anteil in Abhängigkeit von Re/Ru — 67
4.1.4. Erstarrung der Restschmelze — 68

4.2. Thermophysikalische Eigenschaften — 71
4.2.1. Phasendiagramme und thermodynamische Simulation — 71
4.2.2. Thermophysikalische Messungen — 74

4.3. Mikrostruktur im wärmebehandelten Zustand — 75
4.3.1. Einfluss der Wärmebehandlungsdauer — 75
4.2.2. γ'-Morphologie in Abhängigkeit von Re/Ru — 77
4.3.3. γ'-Größe und Wachstumsverhalten in Abhängigkeit von Re/Ru — 78
4.3.4. γ'-Volumenanteil in Abhängigkeit von Re/Ru — 80
4.3.5. Verteilungskoeffizient k γ/γ' — 82
4.3.6. Gitterkonstanten und Gitterfehlpassung — 84

4.4. Zeitstandfestigkeit — 87
4.4.1. DS-Kriecheigenschaften in Abhängigkeit von Re/Ru — 87
4.4.2. Einfluss der Korngrenze - Vergleich DS/SX — 90
4.4.3. Mikrostrukturevolution und Bruch — 91

4.5. Phasenstabilität (TCP-Bildung) — 93
4.5.1. Grundphänomen TCP-Phasenbildung — 94

4.5.2. Rechnerische Abschätzung der TCP-Phasenbildung	95
4.5.3. Zellkolonieentwicklung - Einfulss der Korngrenze	97
4.5.4. Zusammensetzung der TCP-Zellkolonie	98
4.5.5. Keimbidung und Wachstum der TCP-Zellkolonie	101

5. DISKUSSION 105

5.1. Erstarrungsverhalten in Abhängigkeit von Re/Ru   105
    5.1.1. Dendritenstammabstand   105
    5.1.2. Eutektischer Anteil   107
    5.1.3. Erstarrungsverlauf der Restschmelze   108
    5.1.4. Auswirkungen auf Wärmebehandlung   110

5.2. Hochtemperaturfestigkeit in Abhängigkeit von Re/Ru   111
    5.2.1. Mikrostrukturelle Einflüsse   112
    5.2.2. Mischkristallhärtungseffekte   117
    5.2.3. Gesamtbewertung   118

5.3. Phasenstabilität in Abhängigkeit von Re/Ru   120
    5.3.1. Keimbildung   120
    5.3.2. Wachstum von TCP-Zellkolonien   125
    5.3.3. Gesamtbewertung im Hinblick auf Kriechbeständigkeit   127

6. FAZIT FÜR LEGIERUNGSENTWICKLUNG 129

7. LITERATURVERZEICHNIS 132

8. VERZEICHNIS DER FORMELZEICHEN UND ABKÜRZUNGEN 149

9. ANHANG 153

1. Motivation und Zielsetzung

Die absehbare Verknappung der Ressourcen an fossilen Brennstoffen und Prognosen über eine CO_2-bedingte, weltweite Klimaerwärmung haben die Forderungen nach effizienten und umweltfreundlichen Technologien in den letzten Jahren zunehmend in den Vordergrund politischer und öffentlicher Diskussionen gerückt. Im Bereich der Primärenergieerzeugung wird sich der derzeitige Anteil fossiler Energieträger von rund 60% aufgrund des bisher geringen und nur langsam steigenden Beitrags regenerativer Energien jedoch zunächst wenig ändern. Unter dem Aspekt der zusätzlich in den nächsten zwei Jahrzehnten zu erwartenden Verdoppelung des weltweiten Energiebedarfs durch steigende Weltbevölkerungszahlen und zunehmendem Energiebedarf in Schwellenländern sind Effizienzsteigerungen der Kraftwerke deshalb besonders wichtig (AGEB 2008, Freudenreich 2008, Ziesing 2008).

In Deutschland ist bereits ein hoher technischer Standard bei der Energieerzeugung erreicht. Das weltweit modernste Gas- und Dampfturbinenkraftwerk in Irsching zeichnet sich mit einem Wirkungsgrad von über 60% aus (Müller 2002, Wagner 2007). Allerdings weisen aufgrund der hohen Lebensdauer energietechnischer Anlagen die älteren im Bestand befindlichen Kraftwerke teilweise noch Wirkungsgrade von unter 35% auf. Neben dem sich daraus ergebenden Einsparungspotential durch die Implementierung effizienterer Kraftwerke, besteht aufgrund der CO_2-Problematik auch weiterhin ein konsequenter Entwicklungsbedarf. Dieser ist vor allem durch die zukünftig geforderte CO_2-Abtrennung gegeben, welche eine Verringerung des Wirkungsgrades moderner Anlagen um etwa 10 Prozentpunkte verursacht. Umgerechnet kommt dies einer Erhöhung des spezifischen Verbrauchs um 25% oder der Kompensation des kraftwerkstechnischen Fortschritts der letzten 20 Jahre gleich (Mathieu 2006, Wagner 2007).

Die Wirkungsgradsteigerung von Gas- und Flugturbinen wird maßgeblich durch die Erhöhung der Gaseinlasstemperatur beeinflusst (Abb. 1.1). Hierbei ist der begrenzende Faktor durch die maximale Einsatztemperatur der direkt hinter der Brennkammer befindlichen Lauf- und Leitschaufeln aus Nickel-Basis Superlegierungen gegeben (Abb. 1.2). Somit kommt der Werkstoffentwicklung dieser Legierungen - neben Verbesserungen der Turbinenschaufelkühlung und thermischen Schutzschichten - eine zentrale Bedeutung zu. Die derzeit höchsten Einsatztemperaturen von über 1000°C (maximale Gaseinlasstemperatur mit thermischer Schutz-

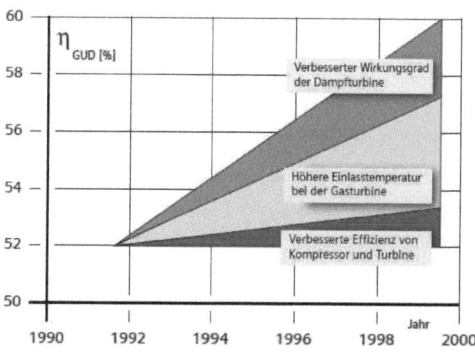

Abb. 1.1: Effekte auf die Zunahme des Wirkungsgrades von Gas- und Dampfturbinenkraftwerken (Müller 2002).

schicht 1500 °C) konnten dabei in den letzten Jahren durch die gezielte Weiterentwicklung von Einkristalllegierungen mit dem Legierungsbestandteil Rhenium (Re) erreicht werden (Müller 2002, Bose 2007, Horlock 2007, Ziesing 2008).

Re führt zu einer deutlichen Erhöhung der Kriechfestigkeit von Nickel-Basis Superlegierungen, welche dadurch den extremen Anforderungen für gesteigerte Gaseinlasstemperaturen gerecht werden. Allerdings ist die Zulegierung an Re durch die gleichzeitig sinkende Langzeit-

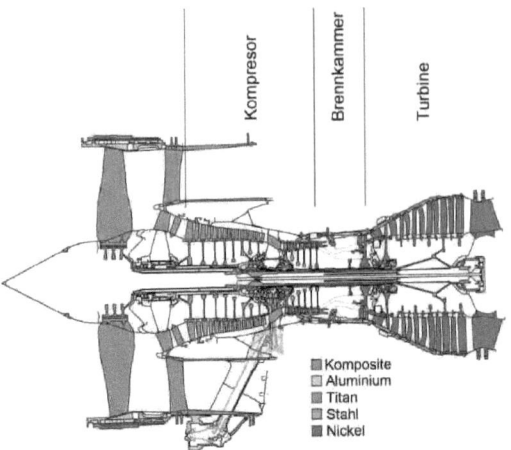

Abb. 1.2: Einsatzbereich von Nickel-Basis Superlegierungen am Beispiel der Flugzeugturbine *Trent800* der Fa. Rolls Royce, nach (Reed 2006).

phasenstabiltät der Legierungen begrenzt. Neuere Entwicklungen haben gezeigt, dass hierbei die Zugabe von Ruthenium (Ru) Abhilfe schaffen kann, da es wesentlich zur Phasenstabilisierung beiträgt (O'Hara 1996, Rae 2001, Reed 2006, Sato 2006, Hobbs 2008c). Über die Mechanismen beider Elemente konnten in bisherigen Forschungsarbeiten jedoch nur wenige Aufschlüsse erbracht werden. Gerade in wirtschaftlichem Hinblick ist dies jedoch wichtig, da sich eine Optimierung der extrem teuren Legierungsbestandteile Re und Ru deutlich auf die Werkstoffkosten niederschlägt.

Das Ziel dieser Arbeit ist es, ein besseres Verständnis der Einflüsse von Re und Ru zu gewinnen, um daraus Anhaltspunkte für eine optimierte Legierungsentwicklung abzuleiten. Bisherige Arbeiten auf diesem Themengebiet wurden entweder nur an einzelnen Legierungen oder bei einer gleichzeitigen Variation mehrerer Legierungselemente durchgeführt. Durch die gegenseitige Elementbeeinflussung der oftmals mehr als zehn Elemente umfassenden Nickel-Basis Superlegierungen konnten dadurch bislang keine eindeutigen Elementzusammenhänge aufgezeigt werden. Im Rahmen dieser Arbeit wurde deshalb eine auf Atomprozentbasis systematisch abgestufte Legierungsserie ausgehend von der kommerziellen Nickel-Basis Legierung CMSX-4 entwickelt, welche erstmals detaillierte Rückschlüsse auf den Einfluss der schrittweise hinzugefügten Elemente Re und Ru sowie deren Auswirkung in Mengenanteilen ermöglicht. Ein Schwerpunkt dieser Arbeit beschäftigt sich dabei mit dem Erstarrungsverhalten in Abhängigkeit von Re und Ru, um mikrostrukturelle Unterschiede und deren Folgeeinflüsse aufzuklären. Ein weiterer Fokus umfasst die Beurteilung des Verbesserungspotentials durch Re und Ru in Hinblick auf die Hochtemperaturfestigkeit sowie eine Ursachenanalyse der durch Ru verbesserten Langzeitphasenstabilität der Legierungen.

2. Grundlagen

2.1. Legierungsentwicklung

Nickel-Basis Superlegierungen blicken auf eine lange Entwicklungsgeschichte zurück. Ausgehend von der historischen Entstehung und einer Darstellung der einzelnen Elementeinflüsse umfasst das Kapitel den aktuellen Stand moderner Nickel-Basis Legierungen mit Rhenium (Re) und Ruthenium (Ru).

2.1.1. Entwicklung der Nickel-Basis Superlegierungen

Nickel-Basis Superlegierungen stellen heute von sämtlich bekannten Legierungen die mechanisch, thermisch und korrosiv am weitesten entwickelte Legierungsklasse dar. Ihre Entwicklung seit Beginn der 40er Jahre ist in Abb. 2.1 anhand der maximalen Einsatztemperatur für eine feste Lebensdauer veranschaulicht. Der Grundstein heutiger Legierungsentwicklung wird dabei durch den Übergang von den zuerst als Schmiedelegierung entwickelten Legierungen zur gießtechnologischen Herstellung der Turbinenschaufeln markiert. Als wesentliches Unterscheidungsmerkmal beider Legierungsklassen gilt der Phasenanteil härtender γ'-Ausscheidungen, welcher in den Gusslegierungen dank endkonturnaher Fertigung ohne nötige Umformvorgänge bis zu 70 vol.-% erreichen kann. Prozesstechnische Entwicklungen vom konventionellen Feingussverfahren (*conventional cast* - CC) mit zunächst noch polykristallin erstarrten Bauteilen, über stängelkristalline (*directional solidified* – DS) hinzu einkristallinen Turbinenschaufeln (*single crystal* – SX) führten zu weiteren Verbesserungen, welche sich vorwiegend durch die Eliminierung der als Schwachstelle geltenden Korngrenzen definieren lassen

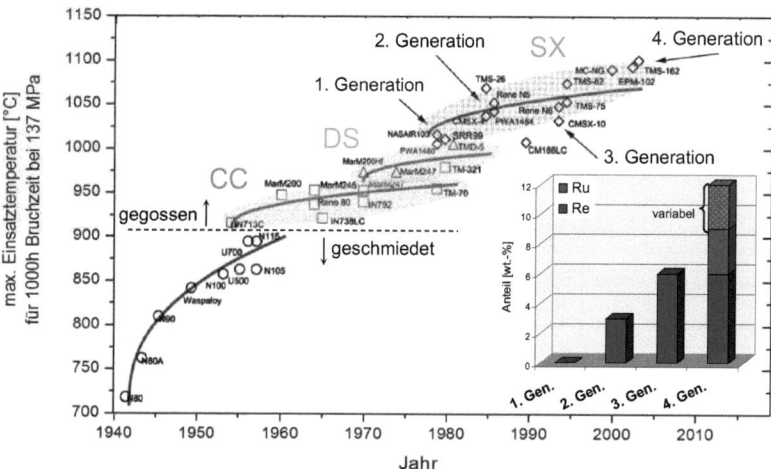

Abb. 2.1: Historische Entwicklung der Nickel-Basis Superlegierungen anhand der Hochtemperatur-Kriechfestigkeit, nach (Reed 2006). Die heutige einkristalline Legierungsentwicklung wird durch die Legierungselementzusätze Re und Ru definiert (separate Darstellung rechts unten).

(McLean 1983, Bürgel 2006, Reed 2006). Der gesamte Fortschritt der Turbinenwerkstoffe lässt sich auch gut anhand von Gaseinlasstemperaturen realer Turbinen ablesen. 1940 betrug diese bei einem *Rolls Royce W1* Triebwerk rund 800 ° C, während 2006 durch Werkstoffentwicklung zusammen mit thermischen Schutzschichten (*thermal barrier coatings* – TBC) und zusätzlichen Kühlkanalsystemen in den Schaufeln im neuesten *Rolls Royce Trent800* Triebwerk eine Gaseinlasstemperatur von 1500 °C erreicht wird (Cumpsty 1997).

Die heutige Entwicklung einkristalliner Nickel-Basis Superlegierungen basiert vollständig auf Verbesserungen der Legierungszusammensetzung. Wie in Abb. 2.1 anhand der Definition der verschiedenen SX-Generationen dargestellt ist, spielen die Elemente Re und Ru hierbei eine wesentliche Rolle. Die hervorragenden Eigenschaften dieser Legierungen basieren auf einem vielschichtigen und komplexen Zusammenspiel von bis zu 15 Legierungselementen bei Gesamtanteilen von rund 50 wt.-%. Für wichtige Hochtemperatur-Werkstoffanforderungen wie Kriechbeständigkeit und Phasenstabilität sind die verschiedenen Elementeinflüsse anhand einer Übersicht in Tab. 2.1 zusammengefasst. Parallele Zusammenhänge mit anderen wichtigen Anforderungen wie Oxidationsbeständigkeit, mechanische und thermische Ermüdungsfestigkeit oder Gießbarkeit sind stichpunktartig aufgeführt, um die komplexen Einflussmöglichkeiten einzelner Elemente aufzuzeigen.

Tab. 2.1: Übersicht über legierungselementbedingte Einflüsse in Bezug auf Kriechfestigkeit und Phasenstabilität. Unter Nachteil/Einschränkung ist ein Einblick in die komplexen Überschneidungen mit anderen Eigenschaften aufgezeigt. Quellen z.B. (Nathal 1985a, Volek 2002, Bürgel 2006, Feng 2006, Reed 2006)

Einflussgrößen	Hauptelemente		Nachteil / Einschränkung
Mischkristall (MK) -Härter	Re > W, Mo > Ru, Co, Cr, Ta	Allg.:	- zu hohe Anteile bewirken TCP-Bildung
		Re:	- besonders wirksamer MK-Härter, jedoch teuer
			- schlechtere SX-Gießbarkeit
		Re/W:	- starke Seigerung / geringer Diffusionskoeff.
			- hohe Dichte
		Mo:	- schlechtere Oxidationsbeständigkeit
		Cr:	- fördert TCP-Bildung
γ'-Bildung und -Volumenanteil	Al, Ta, Ti, (Pt)	Ta:	- hohe Dichte
		Ta/Ti:	- fördert TCP-Bildung
			- Erhöhung des γ' Gitterparameters (Einfluss auf Misfit)
		Pt:	- wirksame Erhöhung der γ' Solvustemperatur, jedoch sehr teuer
reduzierte Stapelfehlerenergie	Co		- fördert TCP-Bildung
			- kann Hochtemperaturkorrosionsverhalten verschlechtern
			- verändert γ' Morphologie
(Sub-) Korngrenzenhärtung	Minorelemente C, B, Zr, Mg	Allg.:	- Senkung der Liquidustemperatur
		Zr/Hf:	- Einfluss auf Gießbarkeit
γ/γ' Misfit, γ'-Morphologie, γ'-Größe	alle Elemente v.a. Re, Co, Ta, Ti		- optimaler γ/γ' Misfit kontrovers diskutiert
			- Morphologie möglichst eckig, ist jedoch anhängig vom γ/γ' Misfit
			- optimale γ'-Größe ebenfalls abhängig vom γ/γ' Misfit
Unterdrückung der TCP-Bildung	Ru, (Pt)	Ru:	- teuer

■ Kriechbeständigkeit   ■ Phasenstabilität   ■ Kriechbeständigkeit und Phasenstabilität

2.1.2. Legierungselemente Re und Ru

Re wurde erstmals Mitte der 80er Jahre als Legierungselement in Nickel-Basis Superlegierungen der 2. Generation eingesetzt und erwies sich als besonders effektiv

2. Grundlagen

zur Verbesserung der Kriechbeständigkeit (typische Vertreter: CMSX-4, PWA1484, René N5). Allerdings gibt es zur Erklärung dieses physikalischen Effekts bisher immer noch verschiedene Ansätze. In der Literatur findet sich oft die Argumentation über die Anreicherung der verhältnismäßig großen Re-Atome in der γ Matrix und der damit verbundenen Mischkristallhärtung (Darolia 1988, Bürgel 2006). Andere Autoren schlugen als Erklärungsansatz die Behinderung von Versetzungsbewegungen durch 1 nm große Re-Cluster in der γ-Matrix vor (Anton 1984, Blavette 1986, Forster 1988). Nach einer neueren Arbeit von Mottura (Mottura 2008) sind diese Ergebnisse jedoch eher kritisch zu beurteilen. Aufgrund neuerer Diffusions- und Modellierungsstudien von Reed et al. und Karunaratne et al. (Karunaratne 2000a, 2003, Fu 2004, Janotti 2004, Reed 2006) ist die durch Re verlangsamte Versetzungsbewegung auf erhöhte Aktivierungsenergien für atomare Platzwechselvorgänge und dem daraus resultierenden niedrigen Diffusionskoeffizienten zurückzuführen (vgl. Kap. 2.4.).

Um die Kriechbeständigkeit der Nickel-Basis Superlegierungen weiter zu steigern, wurde der Re-Gehalt in den Legierungen der 3. Generation von 3 auf 6 *wt.*-% erhöht (typische Vertreter: CMSX-10, René N6). Zahlreiche Arbeiten belegen jedoch, dass der Re-Anteil nicht beliebig ohne diverse Nachteile gesteigert werden kann. Diese lassen sich durch folgende Beeinträchtigungen zusammenfassen (Darolia 1988, Fuchs 2002, Volek 2002, Walston 2004, Feng 2006, Reed 2006):

Verschlechterung der mechanischen Eigenschaften durch die Bildung von *topologically close-packed* (TCP) Sprödphasen (vgl. Kap 2.6)
1. Erschwerte Gießbarkeit von Einkristallen durch zunehmende Frecklebildung
2. Höhere Restsegregation nach der Wärmebehandlung aufgrund höherer Mikrosegregation und niedrigem Diffusionskoeffizienten (vgl. Kap. 2.3)
3. Maßgeblicher Einfluss auf γ/γ' Mikrostruktur und γ/γ' Misfit, wodurch die Kriecheigenschaften mitbestimmt werden (vgl. Kap. 2.4.)

Die Zugabe von Ru führt zu einer Unterdrückung der schädlichen TCP-Phasenbildung und trägt somit in den neuesten Legierungen der 4. Generation (typische Vertreter: TMS-162, EPM-102) indirekt zur Verbesserung der mechanischen Eigenschaften bei. Die Ursache für die abgeschwächte TCP-Bildung wird in der Literatur bisher meist auf das so genannte *reverse partitioning (RP)* zurückgeführt, welches sich auf das Re-Verteilungsverhältnis zwischen γ-Matrix und Ausscheidungsphase γ' bezieht. Ru fördert hierbei die Re-Löslichkeit in der γ'-Phase und reduziert damit die als Triebkraft geltende Re-Übersättigung der γ-Matrix (z.B.(O'Hara 1996, Rae 2001, Tin 2004, Hobbs 2008c)). Wie hoch sich dabei der kriechverfestigende Verlust durch die niedrigere Re-Konzentration in der γ-Matrix auswirkt, ist nicht bekannt. Insgesamt wird der RP-Effekt durch Ru in der Literatur jedoch kontrovers diskutiert, da die Re-Umverteilung nicht für alle Legierungen beobachtet werden kann (Yokokawa 2003, Reed 2004, Volek 2005). Experimentelle Arbeiten von Carroll et al. (Carroll 2006) und Simulationsstudien von Rettig (Rettig 2010) belegen neuerdings, dass der RP-Effekt mit der Gesamtzusammensetzung der Legierung zusammenhängt. Neben dem RP-Effekt scheinen also auch andere Mechanismen die TCP-Bildung zu beeinflussen. Arbeiten von Hobbs et al. (Hobbs 2008c) und Rettig (Rettig 2010) ziehen deshalb erstmals weitere Einflussmöglichkeiten auf die TCP-Keimbildung in Betracht. Eine detaillierte und umfassende Beurteilung von grundsätzlich möglichen Einflussfaktoren ist in Kap. 2.6. gegeben.

Die Fortschritte bei den mechanischen Eigenschaften durch Zusätze von Re und Ru stehen extremen Elementkosten und starken Preisschwankungen gegenüber. Abb. 2.2 verdeutlicht die durch Re und Ru verursachte Preissteigerung in den verschiedenen Nickel-Basis-Generationen im Vergleich zu einer Basislegierung ohne Re/Ru. Aus wirtschaftlicher Sicht ist es dringend erforderlich, eine mengenmäßig optimierte Zugabe der Elemente bei gleichbleibenden oder besseren Festigkeitseigenschaften zu erreichen.

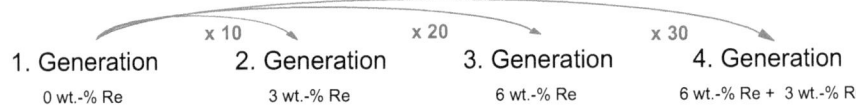

	x 10	x 20	x 30
1. Generation	2. Generation	3. Generation	4. Generation
0 wt.-% Re	3 wt.-% Re	6 wt.-% Re	6 wt.-% Re + 3 wt.-% Ru

Abb. 2.2: Abschätzung der Preissteigerung durch die Zugabe von Re/Ru. Die Berechnung basiert auf Elementpreisen zum Jahreswechsel 2007/2008 (London Metal Exchange). Als Ausgangslegierung wurde die Grundzusammensetzung Astra1-00 der in dieser Arbeit verwendeten Legierungsserie herangezogen (vgl. Kap 3.1., Grundpreis knapp 30 $/kg).

2.2. Gerichtet erstarrte Nickel-Basis Superlegierungen

Ausgehend von den Grundlagen der Gießprozesstechnik, werden die Zusammenhänge der gerichteten Erstarrung erläutert. Der Fokus des Kapitels liegt auf der sich ausbildenden, gussspezifischen Mikrostruktur, welche von grundlegender Bedeutung für Wärmebehandlungen und mechanische Eigenschaften ist.

2.2.1. Prozesstechnik - HRS Vakuum-Feinguss

Die Herstellung gerichtet erstarrter Bauteile über das als *High Rate Solidification* (HRS) oder auch *Bridgman* bezeichnete Vakuum-Feinguss-Verfahren, entstand aus der Weiterentwicklung der polykristallinen (CC) Gießtechnik und ist seit Mitte der 70er Jahre Stand der Technik. Wesentliche Vorteile der Technik bestehen in der Herstellung dünnwandigerer Bauteile mit der Integrationsmöglichkeit der zur Schaufelkühlung notwendigen Kühlkanal-Hohlstrukturen, sowie der Ausrichtung oder Eliminierung von festigkeitsmindernden Korngrenzen in Stängel- (DS) bzw. Einkristallen (SX) (Whittaker 1986, Goldschmidt 1994a, Singer 1994, Lohmüller 2002, Elliott 2004, Reed 2006). Das HRS-Grundprinzip basiert auf der Aufprägung eines uniaxialen Temperaturgradienten entlang des zu erstarrenden Gussteils. Prozesstechnisch wird dies durch eine abgeschirmte Heizzone mit Temperaturen oberhalb der Liquidustemperatur der Legierung und einer Absenkung der Formschale in eine kühle Umgebungszone realisiert (Abb.

2. Grundlagen

2.3 a). Heiz- und Kühlzone werden dabei durch ein so genanntes Baffle voneinander getrennt. Typischerweise liegen die Abzugsgeschwindigkeiten bei 2-10 mm/min, so dass die Erstarrungsfront sehr langsam voranschreitet. Der parallel zur Abzugsrichtung verlaufende Temperaturgradient G bestimmt zusammen mit der konstanten Abzugsgeschwindigkeit v die Mikrostruktur des Bauteils (vgl. Kap. 2.2.2.). Die Erstarrungsbedingungen können jedoch über die Erstarrungslänge variieren, da G von folgenden Faktoren beeinflusst wird (Hocking 1969, Lund 1972, Goldschmidt 1994a, Fitzgerald 1997):

- Wärmeabtransport über den Festkörper (Wärmeleitfähigkeit der Legierung und Querschnitt des Bauteils)
- Erstarrungsenthalpie und Wärmekapazität der Legierung
- Kühleffizienz der am Fuß der Formschale befindlichen Kühlplatte
- Strahlungskühlung, sowie Wärmeleitfähigkeit und Dicke der Formschale
- Temperaturunterschied zwischen Heiz- und Kühlzone (Genauigkeit der Temperatursteuerung in der Heizzone und Spaltmaß des starren Baffles bei variabler Formschalengeometrie)

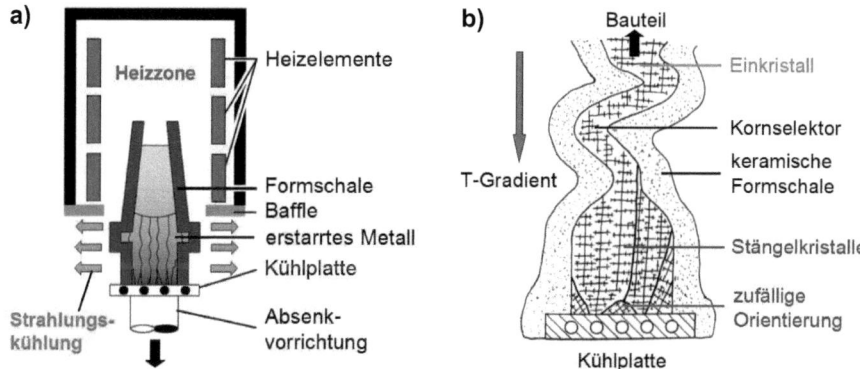

Abb. 2.3: a) Schematische Darstellung des HRS- Gießprozesses. Die gerichtete Erstarrung der Bauteile entsteht durch das vertikale Absenken der Formschale. Nach (Lohmüller 2002)
b) Schematische Darstellung einer Formschale zur Herstellung von SX-Bauteilen. Die Verjüngung des Kornselektors bedingt den Übergang von stängelkristalliner zu monokristalliner Struktur. Nach (Bürgel 2006)

Die gerichtete Erstarrung industrieller DS- und SX-Bauteile unterscheidet sich durch die Geometrie der Formschale (von Impfkristallzüchtungen abgesehen). Hierbei wird für die Herstellung einkristalliner Turbinenschaufeln meist eine spiralförmige Helix – ein so genannter Kornselektor – verwendet, welcher vor dem eigentlichen Gussteil in der Formschale integriert ist (Abb. 2.3 b, (Goulette 1984)). Nach der instantanen Bildung zufällig orientierter Keime an der Kühlplatte, beginnt das Wachstum der Körner entgegengesetzt zum Temperaturgradienten G. Die in kfz-Metallen bevorzugte Wachstumsrichtung in <001> Orientierung begünstigt dabei das Wachstum von parallel zu G ausgerichteten Körnern, so dass missorientierte Körner hinter der Erstarrungsfront zurückbleiben und überwachsen werden. Durch die geometrische Restriktion des Kornselektors entsteht aus dem stängelkristallinen Gefüge schließlich ein Einkristall (Flemmings 1974, Kurz 1989, Porter 2004). Auftretende Gießfehler wie Großwinkelkorngrenzen durch fehlgeschlagene Kornselektion, oder Kornneubildung infolge zunehmender Schmelzeströmungen (*Freckles*), führen zum Ausschuss des SX-Bauteils. Wie neuere Untersuchungen belegen, sind hiervon vor allem Legierungen der 3. und 4. Generation betroffen, da die Freckle-Neigung mit steigendem Re-Anteil zunimmt (Pollock 1995, Feng 2002).

2.2.2. Erstarrungsmorphologie

Die Erstarrung von Legierungen wird durch ein komplexes Zusammenspiel aus Temperaturgradienten, Wachstumsraten und Entmischungsvorgängen an der fest-flüssig Grenzfläche bestimmt. Für den vorliegenden Fall des Wärmeabtransports über den Festkörper können die Zusammenhänge vereinfachend anhand eines binären Phasendiagramms mit konstanter Steigung der Liquidus- und Soliduslinie beschrieben werden (Abb. 2.4). Der Konzentrationsunterschied an der Wachstumsfront ist unter der Annahme lokaler Gleichgewichtsbedingten durch den konstanten Verteilungskoeffizienten k gegeben (Tiller 1953, Kurz 1989):

$$k = \frac{c_S}{c_L} \qquad \text{Gl. 1.1}$$

k Gleichgewichts-Verteilungskoeffizient
c_S Konzentration im Festkörper   [*at.-%*]
c_L Konzentration in der Schmelze   [*at.-%*]

Aufgrund der geringeren Löslichkeit $c_0 \cdot k$ im erstarrenden Festkörper kommt es zu einer Anreicherung des Legierungselements x in der Schmelze (vgl. Abb. 2.4), so dass sich eine angereicherte Grenzschicht mit der Spitzenzusammensetzung c_0/k vor der Wachstumsfront bildet. Mit der veränderten Zusammensetzung vor der Erstarrungsfront weicht auch die lokale Liquidustemperatur T_L der Schmelze von der Liquidustemperatur der Grundzusammensetzung $T_L(c_0)$ ab. Bei flach verlaufenden Temperaturgradienten kann dadurch die lokale Liquidustemperatur T_L unter die aktuelle Temperatur der Schmelze T_{qL} sinken, was zu einer konstitutionellen Unterkühlung der Schmelze führt. Aus der Breite des Konzentrationsprofils $d = D_L/v$ (vgl. Abb. 2.4) ergibt sich als Bedingung für die konstitutionelle Unterkühlung (Tiller 1953, Kurz 1989, Porter 2004):

$$G \leq \frac{\Delta T_0}{d} \qquad \text{bzw.} \qquad \frac{G}{v} \leq \frac{\Delta T_0}{D_L} \qquad \text{Gl. 1.2}$$

mit: G Temperaturgradient   [*K/m*]
        ΔT_0 Erstarrungsintervall   [*K*]
        v Erstarrungsfrontgeschwindigkeit   [*m/s*]
        D_L Diffusionskoeffizient der Schmelze   [*m²/s*]

2. Grundlagen

Kommt es zu einer konstitutionellen Unterkühlung der Schmelze, wird die planare Wachstumsfront instabil. Statistisch bedingte Unregelmäßigkeiten in der Front ragen in ein Gebiet unterkühlter Schmelze und können bevorzugt wachsen. Der Grad der konstitutionellen Unterkühlung kann durch G/v ausgedrückt werden und steuert die Morphologie der Erstarrungsfront. Mit abnehmendem Quotienten G/v findet so ein Übergang von zellularen zu dendritischen Stängelkristallen, hin zu polykristallinem Gefüge statt (vgl. Abb. 2.5). Die Feinheit der Mikrostruktur wird durch das Produkt $G \cdot v$ beschrieben (Kurz 1989, Goldschmidt 1994a).

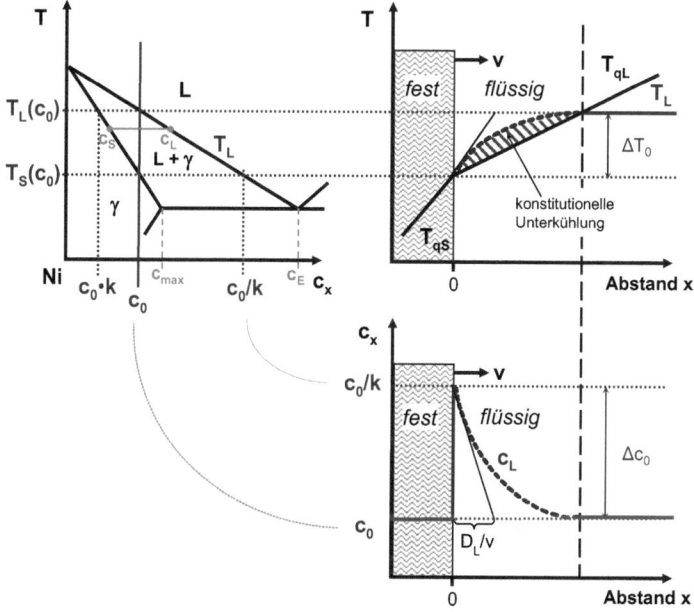

Abb. 2.4: Modell der konstitutionellen Unterkühlung. Die geringere Löslichkeit im Festkörper führt zu einem Pile-up mit der Zusammensetzung c_0/k. Bei flachen Temperaturgradienten kann die lokale Liquidustemperatur T_L der Schmelze niedriger sein als die aktuelle Temperatur T_{qL} der Schmelze. Nach (Kurz 1989).

Da in der HRS-Technik in gewissen Grenzen v und G frei wählbar sind, ist es möglich die Mikrostruktur kontrolliert einzustellen. Allerdings ist G anlagenspezifisch stark nach oben begrenzt. Werte von 20 K/mm sind bereits außerordentlich hoch (Kurz 1989). Typischerweise liegen die erreichbaren HRS-Gradienten nur bei etwa 2 K/mm. Für den Übergang von zellularen zu dendritischen Mikrostrukturen bedeutet dies eine maximale Abzugsgeschwindigkeit von 0,015 mm/min, wenn man das von Ma und Sahm (Ma 1991) für die Legierung SRR99 ermittelte Grenzverhältnis G/v von 132 K·min/mm^2 zugrunde legt. In aller Regel wird unter wirtschaftlichen Aspekten aber eine möglichst hohe Abzugsrate nahe der Grenze zu polykristalliner Erstarrung gewählt, so dass eine dendritische Erstarrungsmorphologie zu beobachten ist.

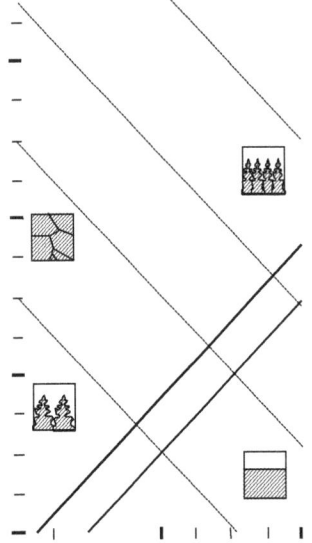

Der primäre Dendritenarmabstand oder Dendritenstammabstand λ lässt sich leicht experimentell bestimmen und ist über den funktionellen Zusammenhang mit den Erstarrungsparametern G und v verknüpft (Tiller 1953, Kurz 1989):

$$\lambda = K \cdot G^{-0,5} \cdot v^{-0,25} \qquad \text{Gl. 1.3}$$

$$K = \frac{4{,}3 \cdot (\Delta T_0 \cdot D_L \cdot \Gamma)^{0,25}}{k^{0,25}} \qquad \text{Gl. 1.4}$$

mit:
- λ Dendritenstammabstand [µm]
- G Temperaturgradient [K/m]
- v Abzugsgeschwindigkeit [m/s]
- Γ Gibbs-Tomson-Koeffizient [Km]
- ΔT_0 Erstarrungsintervall [K]
- K Prop.-konstante [$m^{0,75}K^{0,5}s^{-0,25}$]

Somit können aus experimentellen Mikrostrukturdaten Rückschlüsse auf die in einem Gießprozess herrschenden Parameter gezogen werden. λ stellt zugleich ein Maß für die Feinheit der Mikrostruktur dar und hat direkten Einfluss auf die diffusionsgesteuerte Homogenisierungswärmebehandlung und die mechanischen Eigenschaften.

Nach Krug (Krug 1998) kann die Proportionalitätskonstante K für Nickel-Basis Legierungen als 1444 $m^{0,75}K^{0,5}s^{-0,25}$ angenommen werden. Allerdings ist aus Gl. 1.4 ersichtlich, dass K vom jeweiligen Erstarrungsintervall ΔT_0 der Legierung und dem Segregationskoeffizienten k beeinflusst wird. Die Erstarrungsmorphologie gerichtet erstarrter Nickel-Basis Legierungen hängt somit nicht nur von den Prozessparametern G und v, sondern auch von den legierungsspezifischen Eigenschaften ab. Der Zusammenhang mit λ ist aus dem Kriterium für konstitutionelle Unterkühlung ersichtlich (Kurz 1989):

$$\lambda = 2\pi \left(\frac{\Gamma}{\Phi}\right)^{1/2} = 2\pi \left(\frac{D_L \cdot \Gamma}{v \cdot \Delta T_0}\right)^{1/2} \qquad \text{Gl. 1.5}$$

mit: Φ konstitutionelle Unterkühlung

Demnach führt nicht nur ein höheres Erstarrungsintervall ΔT_0, sondern auch eine größere konstitutionelle Unterkühlung Φ aufgrund höherer, segregationsbedingter Konzentrationsgradienten Δc_0 zu einer Verringerung des Dendritenstammabstands.

2. Grundlagen

2.2.3. Mikrosegregation und Erstarrungsmodelle

Die unterschiedlichen Löslichkeiten verschiedener Legierungselemente in Festkörper und Schmelze führen während der dendritischen Erstarrung zu Mikrosegregation. Für den Fall der Elementanreicherung in der Schmelze $k < 1$ (vereinfachtes binäres Phasendiagramm Abb. 2.4, Zusammenhänge auch auf $k > 1$ übertragbar) ist zu Beginn der Erstarrung die Konzentration des Festkörpers mit $c_0 \cdot k$ definiert. Bei theoretisch unendlich langsamer Abkühlung könnte sich die entstandene Mikrosegregation durch vollständige Diffusion im Festkörper wieder zu c_0 ausgleichen. In technischen Prozessen kann das thermodynamische Gleichgewicht jedoch aufgrund der hohen Abkühlraten nicht erreicht werden, weil die Festkörperdiffusion zu langsam von statten geht. Unter der Grundannahme konstanter Erstarrungsbedingungen (G, v konst.) und vollständig unterdrückter Festkörperdiffusion wurden daher verschiedene Erstarrungsmodelle entwickelt, um die Mikrosegregation beschreiben zu können. Ausgehend von den Anfangsbedingungen $c_0 \cdot k$ und c_0/k der Gleichgewichtserstarrung unterscheiden sich die Modelle in der Ausbildung des Konzentrationsprofils in der Schmelze. Nachfolgend sind die Modelle kurz erläutert, eine graphische Darstellung der Konzentrationsverläufe zusammen mit dem jeweiligen Berechnungsmodell und den getroffenen Annahmen gibt Abb. 2.6.

Modell 1 – vollständige Konvektion in der Schmelze
Unter der Annahme vollständiger Durchmischung durch Konvektion in der Schmelze verteilt sich das vor der fest/flüssig Grenzfläche zu c_0/k angereicherte Legierungselement in der Schmelze, so dass die ursprüngliche Gesamtzusammensetzung c_0 der Schmelze kontinuierlich ansteigt. Gleichzeitig folgt die Konzentration des erstarrenden Festkörpers der Soliduslinie bis die maximale Löslichkeit des Legierungselements c_{max} im Festkörper erreicht ist. Die Restschmelze hat zu diesem Zeitpunkt die Konzentration c_E erreicht und erstarrt folglich eutektisch. Eine quantitative Beschreibung dieses Modells (Abb. 2.6) wurde erstmals von Gulliver (Gulliver 1922) und später von Scheil (Scheil 1942) hergeleitet und ist unter dem Namen Scheil-Gulliver bekannt.

Modell 2 – Diffusion in der Schmelze – keine Konvektion
Ohne Konvektion bildet sich ein diffusionskontrollierter Pile-up vor der fest-flüssig Grenzfläche mit der konstanten Konzentration c_0/k aus (vgl. Kap. 2.2.2). Der Festkörper erstarrt deshalb im stationären Bereich mit der konstanten Konzentration c_0, bis sich der Pile-up gegen Erstarrungsende aufstaut und c_E erreicht. Tiller et al. (Tiller 1953) publizierten erstmals die Lösung der durch eine Differentialgleichung beschriebenen Zusammenhänge der Schmelzanreicherung (Abb. 2.6).

Modell 3 – Diffusion in der Schmelze – begrenzte Konvektion
Burton et al. (Burton 1953) kombinierte Modell 1 und 2, indem eine schmale Diffusionszone der Breite δ vor der fest-flüssig Grenzfläche angenommen wird, in weiterem Abstand jedoch Konvektion stattfindet. Für schmale δ im Vergleich zur Konvektionszone kann ein effektiver Gleichgewichts-Verteilungskoeffizient k' definiert werden (Abb. 2.6), der den Konzentrationsverlauf der Scheil-Gulliver-Gleichung (Modell 1) korrigiert.

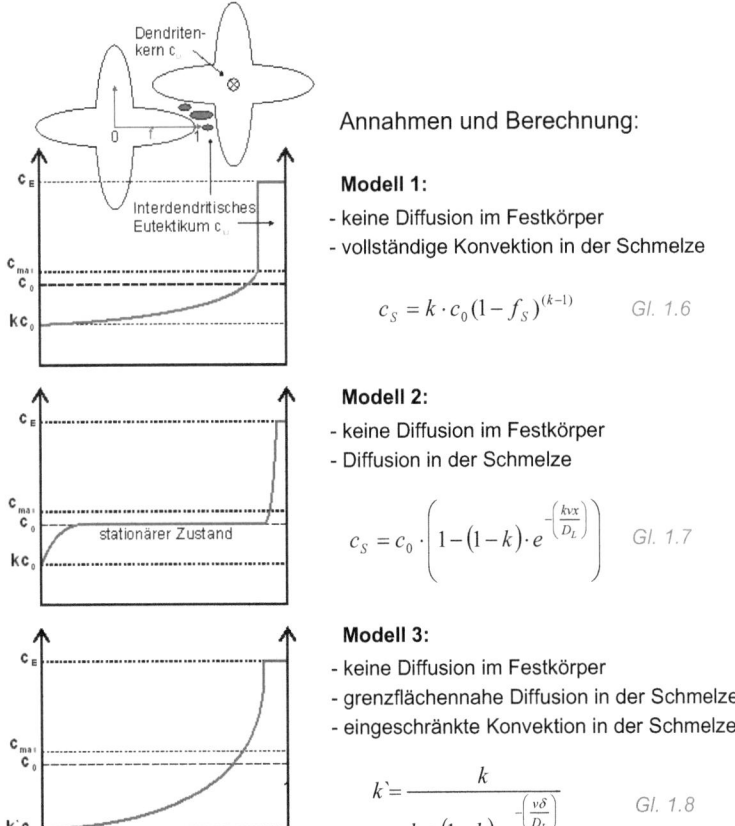

mit:
- c_S Festkörperkonzentration an der Phasengrenzfläche
- k Gleichgewichts-Verteilungskoeffizient
- c_0 nominelle Zusammensetzung
- f_S Festphasenanteil
- v Erstarrungsfrontgeschwindigkeit
- x Fortschritt der Erstarrungsfront
- D_L Diffusionskoeffizient der Schmelze
- δ Dicke der strömungsfreien Schicht
- $k`$ effektiver Gleichgewichts-Verteilungskoeffizient

Abb. 2.6: Übersicht der Erstarrungsmodelle zur Entstehung von Mikrosegregation. Nach (Flemmings 1974, Volek 2002)

Da es in technischen Prozessen aufgrund der ausgeprägten Mikrosegregation auch immer zu Dichteströmungen kommt, können die Konzentrationsverläufe entlang des Dendriten durch Modell 1 oder 3 am besten beschrieben werden. Allerdings lässt sich der Parameter δ in Modell 3 experimentell nicht ermitteln, so dass meist auf die quantitative Beschreibung der Scheil-Gulliver-Gleichung zurückgegriffen wird. Es muss jedoch berücksichtigt werden, dass die im Modell vereinfachende Annahme k = konstant nicht streng gilt, da k in Wirklichkeit temperaturabhängig ist (Flemmings 1974). Einschrän-

2. Grundlagen

kend ist auch zu bedenken, dass das Modell nur eindimensionale Effekte beschreiben kann. Modell 2 wird zur Beschreibung der konstitutionellen Unterkühlung verwendet.

Tab. 2.2: Übersicht elementspezifischer Seigerungsverteilungskoeffizienten k_S einiger Nickel-Basis Legierungen (Sung 1998, Bürgel 2006).

Verteilungskoeff. →	$k_S < 1$ ($c_D < c_{ID}$)			$k_S > 1$ ($c_D > c_{ID}$)				
Legierung ↓	Al	Ta	Ti	Re	W	Co	Cr	Mo
SRR99	0,81	0,77	0,51	-	1,54	1,06	0,92	-
CMSX-4	0,86	0,67	0,86	1,66	1,31	1,08	1,05	0,86
PWA 1480	0,89	0,61	0,43	-	1,67	1,13	-	-
IN-700	0,96	0,6	0,51	-	-	1,08	1,05	0,9

Die Legierungselemente in Nickel-Basis Superlegierungen werden in Bezug auf die Mikrosegregation in $k < 1$ (Anreicherung im Interdendritischen Bereich) oder $k > 1$ (Anreicherung im Dendritenkern) unterschieden. Da k für Multikomponentensysteme nicht aus einem Phasendiagramm entnommen werden kann, wird bei Nickel-Basis Legierungen experimentell meist ein so genannter Seigerungs-Verteilungskoeffizient k_S ermittelt, welcher dem einfach zu bestimmenden Quotienten c_D/c_{ID} aus dendritischer c_D und interdendritischer Konzentration c_{ID} entspricht (Sung 1998, Caldwell 2004). Eine elementtypische Seigerungsübersicht anhand Literatur entnommener Verteilungskoeffizienten für verschiedene Nickel-Basis Legierungen gibt Tab. 2.2. Es ist ersichtlich, dass eine Abhängigkeit von der Legierungszusammensetzung besteht, die charakteristischen Segregationstendenzen stimmen jedoch überein. Besonders starke Segregation in den Dendritenkern zeigen Re und W. Elemente wie Al und Ta reichern sich hingegen bevorzugt in der Schmelze an und führen zu einer eutektischen Erstarrung der Restschmelze im interdendritischen Bereich.

2.2.4. Eutektische Erstarrung

Neben der dendritischen Erstarrung (vgl. Kap. 2.2.2) ist die eutektische Erstarrung die zweite grundlegende Erstarrungsform. Aufgrund der Segregation der Elemente während der dendritischen Erstarrung kommt es zu einer Anreicherung der Elemente Al, Ta, Ti im interdendritischen Bereich (vgl. Kap. 2.2.3.). In Abb. 2.7 ist dies anhand aneinander stoßender Dendriten mit abgegrenzten interdendritischen Bereichen nochmals verdeutlicht. Das Erstarrungsintervall ΔT_0 ist durch T_L-T_E gekennzeichnet, wobei T_E die eutektische Erstarrungstemperatur der zu c_E angereicherten Schmelze markiert. Für den einfachen Fall einer binären Legierung kann die eutektische Erstarrung der Schmelzekonzentration durch die Umwandlung $L \rightarrow \alpha + \beta$ ausgedrückt werden. Die beiden Mischkristalle α und β wachsen dabei simultan und bilden typischerweise eine lamellare Struktur aus. Ursache ist die Anreicherung von B-Atomen vor α bzw. A-Atomen vor β, und deren diffusionskontrollierter Ausgleich (Abb. 2.7). Die Wachstumsgeschwindigkeit v hängt indirekt proportional vom Lamellenabstand λ_L ab, welcher den Diffusionsweg definiert. Des Weiteren ist der Diffusionskoeffizient proportional zum Konzentrationsunterschied $\Delta c_{\alpha\beta}$ der Phasen α und β. Der Zusammenhang folgt somit der Beziehung (Porter 2004):

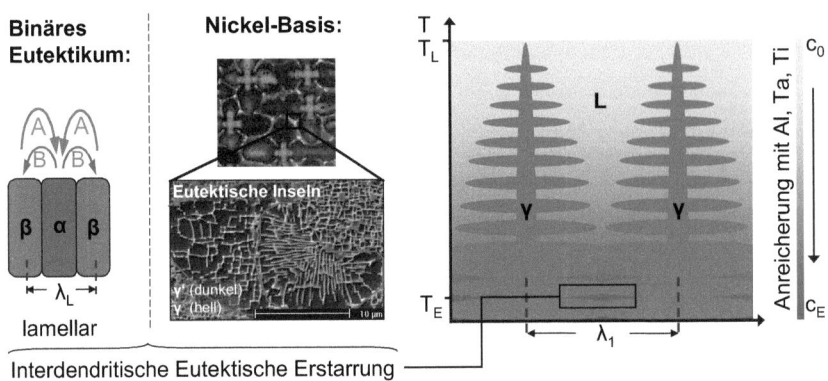

Abb. 2.7: Übersicht der interdendritischen Bereiche mit Anreicherung von Al, Ta, Ti und Darstellung von binären Eutektika im Vergleich zu eutektischen Inseln in Nickel-Basis Superlegierungen.

$$v = K_1 \cdot D_S \cdot \frac{\Delta c_{\alpha\beta}}{\lambda_L} \qquad \text{Gl. 1.9}$$

mit:
- v Wachstumsgeschwindigkeit
- λ_L Lamellenabstand
- D_S Diffusionskoeffizient in der Schmelze
- $\Delta c_{\alpha\beta}$ Konzentrationsunterschied der Phasen α und β
- K_1 Proportionalitätskonstante

Im Multikomponentensystem der Nickel-Basis Superlegierungen bilden sich bei der Erstarrung der Restschmelze im interdendritischen Bereich ebenfalls zwei Phasen aus. Die Zusammensetzung besteht aus einem γ-Mischkristall und einem hohen Anteil an intermetallischen, primären γ'-Ausscheidungen der Zusammensetzung $Ni_3(Al,Ta,Ti)$. Im Vergleich zu Eutektika in binären Systemen, erstarrt die Restschmelze im Multikomponentensystem jedoch nicht schlagartig, sondern durchläuft ein Temperaturintervall (Warnken 2005). Ähnlich zu eutektischen Rinnen in ternären Systemen ändert sich dadurch weiterhin die Zusammensetzung der Restschmelze. Anstelle einer lamellaren Struktur treten deshalb unterschiedliche Morphologien auf, welche inselartig nebeneinander existieren (vgl. Strukturbeispiel in Abb. 2.7). Die Ursache der Strukturunterschiede ist nach dem derzeitigen Stand der Literatur nicht bekannt.

Hinsichtlich des Erstarrungsverlaufs der Restschmelze zeigen grundlegende Arbeiten von Lee et al. (Lee 1994a, c, b), dass in binären Ni-Al Legierungen innerhalb einer Zusammensetzungsvariation von weniger als 1 at.-% Al eine Koexistenz eines Peritektikums und Eutektikums vorliegt. Eine solche peritektische Reaktion wurde auch im Multikomponentensystem der Nickel-Basis Legierungen vorgeschlagen (Walter 2005, Warnken 2005, D'Souza 2006, 2008). Das von D'Souza (D'Souza 2006) postulierte Erstarrungsmodell geht dabei zu Beginn der Erstarrung von einer peritektischen Umwandlung der Restschmelze L mit dem γ-Dendriten zu groben γ'-Ausscheidungen aus, welche danach in eine eutektische Reaktion mit feinem γ/γ' übergeht. Allerdings zeigen beispielsweise Abschreckversuche an der Legierung IN792 (Zhang 2002), dass die feinen γ/γ'-Bereiche eher am Anfang der Reaktion vorhanden sind und somit Widersprüchlichkeiten in der Theorie von D'Souza vorhanden sind. Insgesamt gilt die Erstarrungsart und -abfolge im Multikomponentensystem der Nickel-Basis Legierungen immer noch als ungeklärt. Von der Bezeichnung *Peritektikum* für die interdendritisch erstarrte Restschmelze wird in dieser Arbeit deshalb Abstand genommen und die gebräuchliche Bezeichnung γ/γ'-*Eutektikum* beibehalten.

2.3. Wärmebehandlung

Das Kapitel umfasst die Grundprinzipen der Wärmebehandlung, sowie eine detaillierte Betrachtung der durch Diffusion bestimmten Homogenisierungsvorgänge in Multikomponentensystemen.

2.3.1. Ziele und Grenzen

Die Mikrostruktur gegossener Nickel-Basis Superlegierungen ist durch die dendritische Erstarrung mit eutektischen Inseln im interdendritischen Bereich äußerst inhomogen (vgl. Kap. 2.2.). Um homogene und optimale mechanische Eigenschaften zu erreichen, wird deshalb üblicherweise eine Wärmebehandlung durchgeführt. Diese unterteilt sich in die Teilschritte Lösungsglühen und Auslagern und ist durch folgende Hauptziele gekennzeichnet:

Lösungsglühung:
- Ausgleich der Mikroseigerungen
- Auflösen der γ/γ'-Eutektika
- Ausscheidung fein verteilter γ'

Auslagerung:
- Einstellung der γ'-Größe
- Einstellung der γ'-Morphologie

Von besonderer Bedeutung ist die Lösungsglühung, welche die Resthomogenität des Gefüges durch Festkörperdiffusion bestimmt. Die Geschwindigkeit des Konzentrationsausgleichs hängt von der Temperatur, dem Diffusionsweg und der Mikroseigerung ab (vgl. Kap. 2.3.2.). Das Wärmebehandlungsfenster ΔT_{WB} ergibt sich aus der maximalen Lösungsglühtemperatur, welche durch die Anschmelztemperatur der zuletzt erstarrten Eutektika begrenzt ist, und der unteren Temperaturgrenze durch die γ'-Solvustemperatur. Letztere muss überschritten werden, um die γ'-Ausscheidungen vollständig in Lösung zu bringen. Das mit der kommerziellen Datenbank ThermoCalc (ThermoCalc, Stockholm, Schweden) simulierte quasi-binäre Phasendiagramm in Abb. 2.8 verdeutlicht, dass Lage und Breite von ΔT_{WB} stark von der Legierungszusammensetzung beeinflusst wird. Bei Legierungen mit engen ΔT_{WB}, wie beispielsweise bei CMSX-4, wird die Temperatur deshalb während des Lösungsglühprozesses schrittweise angehoben, um die aufgrund des Diffusionsausgleichs steigende Anschmelztemperatur des γ/γ'-Eutektikums auszunutzen (Fuchs 2001, Wilson 2003).

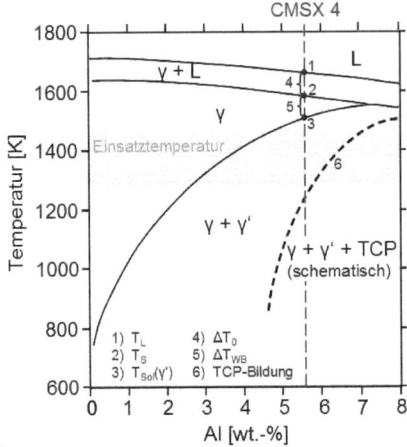

Abb. 2.8: Quasi-binäres Phasendiagramm auf Basis der Grundzusammensetzung von CMSX-4. Das Wärmebehandlungsfenster ΔT_{WB} hängt von der Legierungszusammensetzung ab.

Die Auflösung des γ/γ'-Eutektikums scheint in modernen Nickel-Basis Legierungen mit stark segregierten Re und W-Anteilen (vgl. Tab. 2.2) im Vergleich zur Homogenisierung eine untergeordnete Rolle zu spielen. Arbeiten von Tancret und Ojo (Tancret 2007, Ojo 2009) zeigen beispielsweise, dass grobe eutektische γ'-Ausscheidungen von 5 µm bereits bei Aufheizraten von bis zu 10 K/s durch Diffusion in Lösung gebracht sind. Der Ausgleich der starken Re-Inhomogenität ist jedoch selbst nach Lösungsglühzeiten von über 24 h nicht vollständig möglich (Wilson 2003, Lamm 2007). Die Ursache wird bei einem Vergleich der Diffusionskoeffizienten D_S in Abb. 2.9 deutlich. Während die im Eutektikum angereicherten γ'-Former Al, Ti, Ta sehr hohe D_S-Werte aufweisen, diffundieren die stark segregierenden Elemente Re und W extrem langsam (Karunaratne 2000a, 2001a, Fu 2004). Die unterschiedlichen D_S der Elemente führen außerdem zu ungleichen Diffusionsströmen, welche ungleichen Leerstellenströmen entsprechen. Dies führt bei langen Lösungsglühzeiten zu Übersättigungen an Leerstellen und Kirkendall-Porosität, sowie zu einer Vergrößerung bereits vorhandener Poren (Lamm 2007).

Eine optimierte Mikrostruktur zeichnet sich durch fein verteilte, rechteckige γ'-Ausscheidungen von unter 500 nm in einer möglichst homogenen γ-Matrix aus (vgl. Kap. 2.4). Eine hohe Abkühlgeschwindigkeit am Ende des Lösungsglühprozesses garantiert die nötige Triebkraft für hohe γ'-Keimbildungsraten. Im anschließenden Auslagerungsprozess werden die anfangs noch runden γ'-Ausscheidungen bei Temperaturen um etwa 1100° C zunächst in der Größe optimiert. Ein zweiter Auslagerungsschritt bei rund 900°C dient der Stabilisierung der Ausscheidungsmorphologie (Reed 2006).

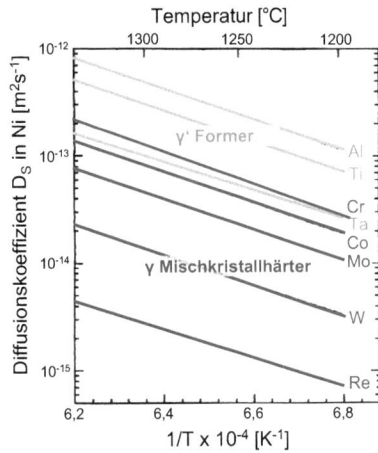

Abb. 2.9: Diffusionskoeffizienten in binären Ni-X Legierungen mit c(x)=10 at.-%. Die typischen Mischkristallhärter diffundieren deutlich langsamer als Al, Ti, Ta. Nach (Karunaratne 2000a, 2001a, Fu 2004).

2.3.2. Diffusion in Multiphasensystemen

Die Wirtschaftlichkeit des Lösungsglühprozesses wird vom Diffusionsausgleich der gussbedingten Mikroseigerungen bestimmt. Maßgeblich für die Geschwindigkeit der Diffusionsvorgänge ist der über eine *Arrhenius*-Beziehung beschriebene Zusammenhang des Festkörper-Diffusionskoeffizienten D_S mit der Temperatur T:

$$D_S = D_0 \cdot e^{\left(-\frac{Q}{RT}\right)} \qquad \text{Gl. 1.10}$$

mit:
- D_S Diffusionskoeffizient im Festkörper   [m^2/s]
- D_0 Diffusionskonstante   [m^2/s]]
- Q Aktivierungsenergie   [J/mol]
- R allgemeine Gaskonstante   [$J/(mol \cdot K)$]
- T Absoluttemperatur   [K]

Die Parameter Q und D_0 sind elementspezifische Größen und unabhängig von der Temperatur. Für typische Nickel-Basis Legierungselemente finden sich an Diffusionspaaren experimentell ermittelte Werte für Q und D_0 in Arbeiten von Karunaratne (Karunaratne 2000b) und Semiatin (Semiatin 2004).

Eine weitere wichtige Einflussgröße auf Diffusionsvorgänge ist der segregationsbedingte Konzentrationsunterschied der Elemente, welcher die treibende Kraft der Platzwechselvorgänge darstellt. Der quantitative Zusammenhang des Konzentrationsgradienten mit dem gerichteten Teilchenstrom wird für den Fall eindimensionaler Diffusion über das *1. Fick'sche Gesetz* beschrieben (Gl.1.11). Das *2. Fick'sche Gesetz* (Gl. 1.12) definiert die zeitliche und örtliche Konzentrationsänderung in Abhängigkeit des Diffusionskoeffizienten.

1. Fick'sches Gesetz: *2. Fick'sches Gesetz:*

$$j = -D_S \frac{dc}{dx} \qquad \text{Gl. 1.11} \qquad \frac{\partial c}{\partial t} = D_S \cdot \frac{\partial^2 c}{\partial x^2} \qquad \text{Gl. 1.12}$$

mit:
- $\frac{dc}{dx}$ Konzentrationsgradient in x-Richtung
- $\frac{\partial c}{\partial t}$ 1. Ableitung der Konzentration nach der Zeit
- $\frac{\partial^2 c}{\partial x^2}$ 2. Ableitung der Konzentration nach dem Ort
- j Teilchenstrom

Von praktischer Bedeutung ist vor allem das *2. Fick'sches Gesetz*. Eine anwendungsbezogene Lösung der Differenzialgleichung für die Annahme sinusförmiger, periodischer Elementverteilungen wurde von Purdy und Kirkaldy (Purdy 1971) ermittelt (Gl. 1.13). Diese eignet sich in erster Näherung als Beschreibung der dendritischen Mikrosegregation und verknüpft somit den orts- und zeitabhängigen Konzentrationsausgleich mit dem ursprünglichen Gusszustand der Legierung.

$$c_i(x,t) = c_{i0} + \Delta c_{i0} \cdot \cos\left(\frac{2\pi \cdot x}{L_D}\right) \cdot \exp\left(-\frac{4\pi^2 D_S t}{L_D^2}\right) \qquad \text{Gl. 1.13}$$

mit: $c_i(x,t)$ Konzentration des Elements i am Ort x zur Zeit t
         c_{i0} Gesamtkonzentration des Elements i
         Δc_{i0} Differenz aus größter oder kleinster Konzentration des Elements i und der mittleren Konzentration für t = 0
         L_D Diffusionslänge

L_D kann nach Merz (Merz 1979) für zwei nebeneinander angeordnete und sich berührende Dendriten als 0,5·λ angenommen werden. Verkürzte Diffusionswege von $(1/\sqrt{8})\lambda$ definieren den Zustand verschachtelter Dendriten. Experimentelle Studien von Purdy und Kirkaldy (Purdy 1971) sowie Ward (Ward 1965) belegen, dass der eindimensionale Zusammenhang in Gl. 1.13 für binäre Legierungen gut geeignet ist. Für Multikomponentensysteme können jedoch Abweichungen entstehen, wie Untersuchungen von Weinberg und Buhr (Weinberg 1969) belegen. Nach Homogenisierungsmodellierungen an der Nickel-Basis Legierung CMSX-4 von Karunaratne et al. (Karunaratne 2000b) zu urteilen, sollte die Anwendung von Gl. 1.13 auf Wärmebehandlungszeiten von über 10h beschränkt sein. Als Ursache der Abweichung bei kürzeren Wärmebehandlungszeiten ist nach Karunaratne der tatsächlich 3-dimensional verlaufende Diffusionsausgleich und die Beeinflussung des Diffusionskoeffizienten jedes einzelnen Elements durch die chemischen Gradienten aller anderen Komponenten zu sehen.

Um die Abhängigkeit der Diffusionsströme vom chemischen Potenzial als Funktion der Zusammensetzung zu beschreiben, wurde ausgehend von der Theorie von Onsager (Onsager 1931), von Ågren und Anderson (Agren 1982, Andersson 1992) ein auf Diffusions- und Konzentrationsgradienten basierter Zusammenhang für Multikomponentensysteme erstellt (Gl. 1.14). Dieser stellt die Grundlage für Diffusionssimulationen mit der Software DICTRA dar.

$$j_i = -\sum_{j=1}^{n-1} D_{ij}^n \nabla c_j \qquad \text{Gl. 1.14}$$

mit: j_i Teilchenstrom des Elements i (i = 1, ...n)
         j Wechselwirkung mit anderen Elementen
         D_{ij}^n chemische Diffusivität einer *(n-1) x (n-1)* Matrix
         ∇c_j Konzentrationsgradient aller Komponenten in Wechselwirkung

DICTRA-Berechnungen von Rettig (Rettig 2010) zeigen jedoch, dass selbst die Anpassung chemischer Gradienten und Diffusionskoeffizienten in Gl. 1.14 den wahren Verlauf der Konzentrationsverläufe nur unter willkürlich verringertem λ wiedergeben können. Somit kann gefolgert werden, dass der reale Segregationsausgleich von den kürzeren Diffusionsdistanzen zwischen den Dendritenarmen dominiert wird und im Detail über eindimensionale Modelle nicht ausreichend exakt beschrieben werden kann.

2.4. Mikrostruktur und Materialverhalten

Die Mikrostruktur von Nickel-Basis Superlegierungen wird zunächst einzeln für die beiden Gefügebestandteile γ und γ' betrachtet. Anschließend liegt der Fokus des Kapitels auf den Festigkeitseigenschaften der zweiphasigen γ/γ'-Mikrostruktur sowie auf den γ/γ'-Mikrostrukturmerkmalen in Abhängigkeit der Elementzusammensetzung, welche in Zusammenhang mit ihren Einflüssen auf die Kriechfestigkeit und diffusionskontrollierte Vergröberungen erläutert werden.

2.4.1. Eigenschaften der Einzelgefügebestandteile γ und γ'

Das γ-Grundgefüge der Nickel-Basis Legierungen besteht aus einem kubischflächenzentrierten (kfz) Ni-Mischkristall, welcher eine ausreichende Duktilität des Materials gewährleistet. Als γ-Mischkristallhärter zählen neben den besonders effektiven Refraktärmetallen Re, W, Mo auch Ru, und in abgeschwächter Form Co, Cr und Ta. Ihr Potential als Mischkristallhärter bei hohen Kriechtemperaturen wird mit ihrem niedrigen Diffusionskoeffizienten korreliert, obwohl die grundlegenden Wechselwirkungsmechanismen der Mischkristallhärtungsatome und der Versetzungsbewegung in der γ-Matrix noch nicht vollständig geklärt sind. Wie ursprünglich von Cottrell (Cottrell 1948) vorgeschlagen, könnte ein sogenannter *solute drag* Mechanismus die Versetzungen im Verzerrungsfeld gelöster Atome verankern. In Abhängigkeit der Beweglichkeit dieser Verankerungsatome wäre der Härtungseffekt das Resultat der jeweiligen Konzentration an Mischkristallhärtern und deren Diffusionskoeffizient in der γ-Matrix. Wie aus Abb. 2.9 und Abb. 2.10 ersichtlich ist, handelt es sich bei den effektiven Mischkristallhärtern der γ- Matrix ausschließlich um Elemente mit niedrigem Diffusionskoeffizienten. Ein Zusammenhang mit der jeweiligen Atomgröße wie von Pelloux and Grant (Pelloux 1960) sowie Parker und Hazlett (Parker 1954) beschrieben, kann jedoch nicht als alleinige Ursache herangezogen werden (vgl. Abb. 2.10). Ein möglicher Erklärungsansatz der niedrigen Diffusionskoeffizienten wird erstmals von Decker (Decker 1969a) anhand von detaillierten Phasenanalysen von Mihalisin (Mihalisin 1968b), Kriege (Kriege 1969) und Loomis (Loomis 1969) an Mischkristallhärtern in CC-Legierungen über einen Unterschied in der Elektronenkonfiguration der Elemente beschrieben. Reed et al. griffen diesen Ansatz neu auf (Karunaratne 2000a, Fu 2004, Janotti 2004, Reed 2006). Ihre Diffusionsstudien belegen, dass die niedrigsten Diffusionskoeffizienten immer bei Elementen in der Mitte des d-Blocks im Periodensystem (Re, W, Mo, Ru) auftreten, welche eine große

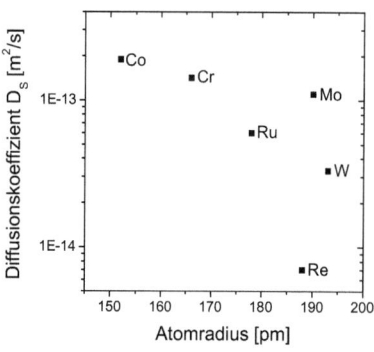

Abb. 2.10: Vergleich der Diffusionskoeffizienten wichtiger Mischkristallhärter in Ni bei 1200 °C (Karunaratne 2001a, Fu 2004) und deren berechneter Atomradius.

Anzahl ungepaarter Elektronen aufweisen. Nach Reed et al. können diese Elemente stärkere Bindungen mit den umgebenden Ni-Atomen des Wirtsgitters eingehen und auf diese Weise zu erschwerten Platzwechselvorgänge führen.

Der zweite Gefügebestandteil der Nickel-Basis Legierungen besteht aus den in der γ-Matrix eingebetteten γ'-Ausscheidungen. Diese intermetallische Phase besitzt, ebenso wie die γ-Matrix, ein kfz-Gitter. Mit Ni auf den Flächenseiten und Al auf den Ecken des Gitters, ist die Ni$_3$Al Einheitszelle im Vergleich zu γ jedoch eine geordnete Phase und kann durch die kristallographische L1$_2$ Struktur beschrieben werden. Substitutionsmöglichkeiten ergeben sich für Ni durch Co und für Al beispielsweise durch Ti, Ta und Mo, welche gleichzeitig auch als Mischkristallhärter der γ'-Phase gelten (Decker 1969a, Stoloff 1976).

In Studien von Davies (Davies 1965) und Flinn (Flinn 1962) wird erstmals über den ungewöhnlichen Festigkeitsverlauf der Ni$_3$Al-Phase berichtet. Mit steigender Temperatur fällt die für plastische Verformung nötige Fließspannung nicht wie bei Metallen ab, sondern nimmt bis etwa 800 °C zu (vgl. Abb. 2.11). Dieses als Fließspannungsanomalie bezeichnete Verhalten wird anhand einer thermisch aktivierten Versetzungsblockierung, dem so genannten Kear-Wilsdorf-Lock, begründet (Kear 1962). Allerdings weist die Theorie bis heute immer noch Unsicherheiten auf (z.B. (Veyssiere 1996, 2001)).

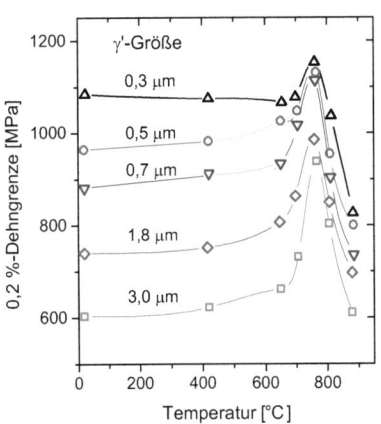

Abb. 2.11: 0,2 % Dehngrenze in PWA1480 für verschiedene γ'-Größen als Funktion der Temperatur (Shah 1984).

Ein weiterer wichtigerer Effekt ist die im Vergleich zur γ-Matrix höhere Festigkeit der intermetallischen γ'-Phase, weil durch die geordnete L1$_2$-Struktur Schneidvorgänge von Versetzungen zu einem Stapelfehler im Gitter führen. Die zur Bildung der so genannten Antiphasengrenzfläche (APB) nötige Energie γ_{APB} hängt dabei indirekt proportional von der Stapelfehlerenergie γ_{SF} des Gitters ab. TEM-Studien von Kruml et al. (Kruml 2002) zufolge beträgt γ_{SF} in binärem Ni$_3$Al etwa 0,1 J/m^2, was umgerechnet einer beachtlichen Schneidspannung von etwa 400 *MPa* entspricht. Die Versetzungen müssen die γ'-Phase deshalb stets in Paaren schneiden, so dass die APB durch die nachfolgende Versetzung wieder anihiliert wird.

2.4.2. Festigkeit der zweiphasigen γ/γ'-Mikrostruktur

Die Festigkeit der zweiphasigen γ/γ'-Mikrostruktur ist bei Weitem höher als die Einzelbeiträge der Gefügebestandteile γ und γ'. Beispielsweise liegen die Maximalspannungen einer fein verteilten γ/γ'-Struktur in PWA1480 von etwa 1100 MPa (vgl. Abb. 2.11) in etwa 50-fach höher als die Streckgrenze von reinem Ni. Ursache dieser außerordentlichen Festigkeitssteigerung ist die Wechselwirkung der hauptsächlich in der γ-Matrix fortschreitenden Versetzungen mit den typischerweise sehr fein ausgeschiedenen γ'-Phasen (vgl. Abb. 2.12). Die Behinderung der Versetzungsbewegung durch Ausscheidungen lässt sich in die Mechanismen Schneiden, Umgehen oder Überklettern einteilen. Nachfolgend werden diese unterschiedlichen Prozesse einzeln dargestellt, um die mikrostrukturellen Einflussgrößen auf den Festigkeitsbeitrag zu erläutern.

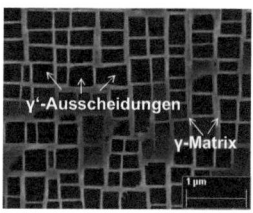

Abb. 2.12: Typische γ/γ' Mikrostruktur von Nickel-Basis Legierungen.

Schneiden

Nach der Theorie von Gerold and Haberkorn (Gerold 1966) hängt die zum Schneiden der γ'-Ausscheidungen nötige Spannung von der γ'-Größe, dem γ'-Volumenanteil sowie von der Kohärenzspannung zwischen γ-Matrix und γ' ab (vgl. Kap. 2.4.3.). Experimentelle Härteuntersuchungen von Decker und Mihalisin (Decker 1969b) an ternären Legierungen bestätigen diese Theorie. Der Zusammenhang lässt sich folgendermaßen darstellen:

$$\Delta \tau_{CS} = 3G \cdot \sigma_{CS}^{3/2} \left(\frac{d_{\gamma'} \cdot V_{\gamma'}}{2b} \right) \qquad \text{Gl. 1.15}$$

mit:
- $\Delta \tau_{CS}$ kritische Schneidspannung
- $d_{\gamma'}$ Durchmesser/Kantenlänge der γ' Ausscheidungen
- $V_{\gamma'}$ Volumenanteil der γ' Ausscheidungen
- G Schermodul
- b Burgersvektor
- σ_{CS} Kohärenzspannung zwischen γ/γ' (vgl. Kap. 2.4.3 und 2.4.4)

Somit ergibt sich eine Steigerung von $\Delta \tau_{CS}$ durch höhere σ_{CS}, $d_{\gamma'}$ und $V_{\gamma'}$. Der Einfluss einer veränderten Stapelfehlerenergie wird nicht erfasst. Wie aus Abb. 2.11 ersichtlich ist, kann das in Gleichung 1.15 implizierte Verbesserungspotenzial mit zunehmendem $d_{\gamma'}$ jedoch nicht uneingeschränkt gelten, da die Fließspannung der kommerziellen Legierung PWA1480 mit abnehmendem $d_{\gamma'}$ zunimmt. Der Grund für diese Diskrepanz liegt in einem Mechanismuswechsel vom Schneiden zum Umgehen oder Überklettern der Ausscheidungen, wenn $\Delta \tau_{CS}$ ab einer bestimmten γ'-Größe nicht mehr überwunden werden kann (vgl. Abb. 2.13 a). Für das Umgehen der Ausscheidungen nimmt die aufzubringende Orowanspannung τ_{OR} mit zunehmendem $d_{\gamma'}$ ab (vgl. Abb. 2.13 a), was auch der Beobachtung in Abb. 2.11 entspricht.

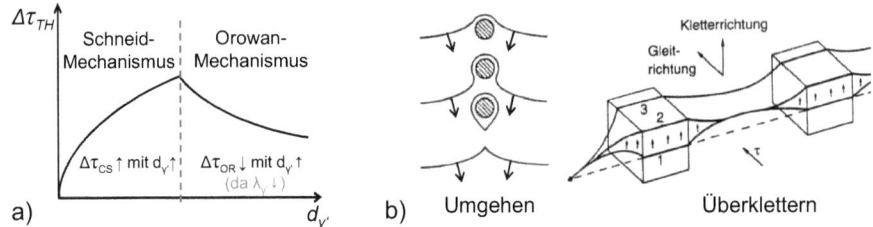

Abb. 2.13: a) Abhängigkeit der Teilchenhärtung $\Delta\tau_{TH}$ vom Teilchendurchmesser $d_{\gamma'}$ (Rösler 2006).
b) Darstellung des Umgehungsmechanismus nach Orowan und dem Überklettermechanismus (1 nach 3) von Ausscheidungsteilchen (Vollertsen 1989).

Umgehen/Überklettern

Der Unterschied zwischen Umgehen und Überklettern ist schematisch in Abb. 2.13 b dargestellt. Nach der Theorie von Orowan (Orowan 1948) umgehen Versetzungen ein Hindernis durch die Bildung eines Versetzungsrings um nicht schneidbare Ausscheidungen (vgl. Abb. 2.13 b). Die dazu notwendige Mindestspannung τ_{OR} ist durch die Verlängerung an Versetzungslinienlänge gegeben und hängt indirekt proportional vom Teilchenabstand $\lambda_{\gamma'}$ ab ($\tau_{OR} = Gb/2\lambda_{\gamma'}$). Bei höheren Temperaturen können die Ausscheidungen durch diffusionsgesteuerte Klettervorgänge der Versetzungen umgangen und dadurch Linienlänge eingespart werden. Der Härtungseffekt nicht schneidbarer Teilchen wird üblicherweise in dem von Lund und Nix (Lund 1976) erstellten Zusammenhang mit der Kriechrate $\dot{\varepsilon}$ ausgedrückt, welcher in Kap. 2.5.2. näher erläutert wird.

2.4.3. Elementabhängige γ/γ'-Mikrostrukturmerkmale

Die γ/γ'-Mikrostrukturmerkmale sind an die Legierungszusammensetzung und die daraus resultierende Elementverteilung gekoppelt. Üblicherweise wird die Verteilung der einzelnen Elemente i zwischen beiden Phasen über den γ/γ'-Verteilungskoeffizient $k_i^{\gamma/\gamma'}$ definiert:

$$k_i^{\gamma/\gamma'} = \frac{c_i^{\gamma}}{c_i^{\gamma'}} \qquad \text{Gl. 1.16}$$

mit: $k_i^{\gamma/\gamma'}$ γ/γ'-Verteilungskoeffizient
$c_i^{\gamma'}$ Konzentration des Elements i in γ'
c_i^{γ} Konzentration des Elements i in γ

Aufgrund der typischen γ'-Ausscheidungsgrößen von unter 500 nm mit γ-Kanälen von oft weniger als 100 nm (vgl. Abb. 2.12) erfordert die Bestimmung von $k_i^{\gamma/\gamma'}$ einen hohen experimentellen Aufwand unter Verwendung von Transmissions-Elektronen-Mikroskopie (TEM). Messungen von Pyczak et al. (Pyczak 2004) und Jia et al. (Jia 1994) sind in Abb. 2.15 dargestellt, um einen Überblick der Verteilungstendenzen der einzelnen Elemente zu geben. Vor allem die Mischkristallhärter Re, Ru und Cr reichern sich

2. Grundlagen 23

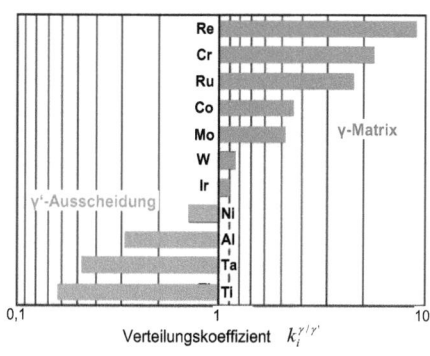

Abb. 2.15: γ/γ'-Verteilungskoeffizienten $k_i^{\gamma/\gamma'}$ für verschiedene Legierungselemente. Nach (Jia 1994, Pyczak 2004).

Abb. 2.14: Abhängigkeit der auf Raumtemperatur normierten, relativen Gitterfehlpassung von der Temperatur und der Konzentration an Re und Ru (Neumeier 2010).

bevorzugt in der γ-Matrix an ($k_i^{\gamma/\gamma'} \gg 1$). Interessanterweise liegen die effektiven Mischkristallhärter W und Mo (vgl. Kap. 2.4.1.) deutlich gleichverteilter vor. Al, Ta, Ti weisen als γ'-bildende Elemente erwartungsgemäß Werte $k_i^{\gamma/\gamma'} \ll 1$ auf. Ein Überblick von Volek (Volek 2002) über experimentelle Studien von Murakami et al. (Murakami 2000) und Jia et al. (Jia 1994) an ternären Ni-Al-X Legierungen zeigt vor allem für Mo eine deutliche $k_i^{\gamma/\gamma'}$-Abhängigkeit von der Legierungszusammensetzung. Die Segregation der übrigen Elemente wird weniger stark durch die Variation der Legierungsanteile verschoben, so dass die Grundtendenz der $k_i^{\gamma/\gamma'}$ Werte erhalten bleibt (Kriege 1969, Hemmersmeier 1998, Schulze 2000).

Die γ/γ'-Elementzusammensetzung beeinflusst neben der Verteilung der Mischkristallhärter, welche sich direkt auf die mechanischen Eigenschaften auswirkt, auch die Gitterparameter a_γ und $a_{\gamma'}$ beider Phasen. Als Maß für die Gitterfehlpassung wird ein so genannter Misfit δ definiert, welcher ein wesentliches Merkmal der Nickel-Basis Legierungen darstellt:

$$\delta = \frac{2(a_{\gamma'} - a_\gamma)}{(a_{\gamma'} + a_\gamma)} \qquad \text{Gl. 1.17}$$

mit: δ Misfit / Gitterfehlpassung
        $a_{\gamma'}$ Gitterkonstante γ'
        a_γ Gitterkonstante γ

Die ähnliche Gitterstruktur von γ und γ' ermöglicht in der Regel eine Gitterfehlpassung von $|\delta| < 0{,}25$. Dieser Wert definiert zugleich die Grenze zwischen (semi-)kohärenten und inkohärenten Ausscheidungen (Porter 2004). Für eine perfekte Gitterübereinstimmung $\delta = 0$ sind keine Kohärenzspannungen σ_{CS} vorhanden, so dass aus Gründen der Oberflächenminimierung runde Ausscheidungen auftreten. Geringe σ_{CS} nahe 0 können durch elastische Gitterverzerrungen an der γ/γ'-Phasengrenze ausgeglichen werden, die Ausscheidung erfolgt jedoch unter Minimierung der Gitterverzerrungsenergie. Da die

Gitterverzerrung bei niedrigerem E-Modul geringer ist, scheidet sich die γ'-Phase immer in <001> Orientierung des γ-Wirtsgitters aus. Das Resultat ist eine typisch kubische γ'-Morphologie (vgl. Abb. 2.12). Durch die eckige Form kommt es bei negativer Gitterfehlpassung δ zu Druckspannungen in den γ-Kanälen und Zugspannungen in den γ'-Ausscheidungen (Kuhn 1991). Die Gitterfehlpassung δ ist somit zum einen eine wesentliche Einflussgröße auf die γ'-Morphologie, zum anderen definiert δ aber auch den Spannungszustand und die Kohärenzspannungen σ_{CS}, welche gemäß Gl. 1.15 (Kap. 2.4.2.) die Schneidspannung $\Delta\tau_{CS}$ für Versetzungen beeinflusst.

Je nach Verteilung der Elemente kann δ positiv oder negativ werden. In modernen Nickel-Basis Legierungen mit Re und Ru finden sich bei Raumtemperatur jedoch meist negative δ, da $a_{\gamma'} < a_{\gamma}$. Unterschiedliche thermische Ausdehnungskoeffizienten beider Phasen und Veränderungen der $k_i^{\gamma/\gamma'}$-Werte aufgrund des mit steigender Temperatur sinkenden γ'-Volumenanteils führen zu einer Temperaturabhängigkeit von δ (Wang 2006, Gornostyrev 2007). Abb. 2.14 zeigt dies anhand einer auf Raumtemperatur normierten relativen Gitterfehlpassung $\Delta\delta$ aus Röntgenbeugungsversuchen von Pyczak et al. (Pyczak 2004) und Neumeier (Neumeier 2010) für Re- und Ru-haltige Legierungen. Eine steigende Gesamtkonzentration c(Re+Ru) bis etwa 2 at.-% führt zu einer Stabilisierung der sonst ab etwa 900 °C sinkenden Gitterfehlpassung. Für höhere c(Re+Ru) wird $\Delta\delta$ ab 900 °C in den positiven Bereich verschoben, was einer Umkehrung des Vorzeichens der relativen Gitterfehlpassung entspricht. Somit ist zu erkennen, dass bereits kleine Veränderungen der Gesamtkonzentration einen wesentlichen Einfluss auf δ haben können.

2.4.4. Mikrostruktureinfluss auf Festigkeit und Vergröberung

Die γ/γ'-Mikrostruktur von Nickel-Basis Superlegierungen wird vor allem durch die Gesamtzusammensetzung c_{ges} und die Gitterfehlpassung δ zwischen beiden Phasen gesteuert (vgl. Kap. 2.4.3.). Eine weitere Beeinflussung ergibt sich aus den Parametern Wärmebehandlungsdauer t_{WB}, sowie Temperatur T und Abkühlgeschwindigkeit v_{AK} des Wärmebehandlungsprozesses. Anhand der einzelnen Mikrostrukturcharakteristika lassen sich die Einflussfaktoren wie folgt zuordnen:

Mikrostrukturcharakteristikum: *Einflussfaktoren* (erstgenanntes überwiegt):
- γ'- Verteilung   → v_{AK} Wärmebehandlung
- γ'- Größe   → t_{WB}, T, v_{AK} Wärmebehandlung und δ
- γ'- Morphologie   → t_{WB}, T Wärmebehandlung und δ
- γ'- Volumenanteil   → c_{ges} Legierung und t_{WB} Wärmebehandlung

Anhand der Zuordnung mehrerer Einflussfaktoren auf ein Mikrostrukturcharakteristikum ist deutlich zu erkennen, dass die Beeinflussung eines einzelnen Gefügemerkmals aufgrund der komplexen Zusammenhänge kaum möglich ist. Beispielsweise hängt die γ'-Größe $d_{\gamma'}$ zunächst von der Abkühlgeschwindigkeit v_{AK} (Unterkühlung als Triebkraft der γ'-Ausscheidung) ab. Während der Auslagerung wächst $d_{\gamma'}$ diffusionskontrolliert, also

2. Grundlagen

abhängig von Dauer t_{WB} und Auslagerungstemperatur T, an. Parallel wird aber das γ'-Wachstum sowie die γ'-Morphologie zusätzlich von der Gitterfehlpassung δ beeinflusst. Ricks et al. (Ricks 1983) zeigen an einer Studie der γ'-Evolution unterschiedlicher Nickel-Basis Legierungen, dass die von δ abhängigen Kohärenzspannungen σ_{CS} einen großen Einfluss auf die Evolutionsdauer der γ'-Morphologie haben. Je höher dabei die Triebkraft σ_{CS} ist, desto schneller bildet sich aus den ursprünglich runden γ'-Ausscheidungen die kubische γ'-Form aus. Experimentelle Untersuchungen von MacKay et al. (MacKay 1990a) und Phasenfeldsimulationen von Wang et al. (Wang 2008a) belegen weiterhin, dass die γ'-Wachstumsgeschwindigkeit mit steigender Gitterfehlpassung abnimmt. Als Ursache gelten die im Vergleich zu gekrümmten Teilchenformen erschwerten Atomanlagerungsprozesse an planaren Oberflächen (vgl. auch Kap. 2.6.3.). Unterschiedliche Verteilungs- und Diffusionskoeffizienten der Elemente tragen zusätzlich zur Komplexität der Zusammenhänge bei. Giamai und Anton (Giamai 1985) berichten für Re-haltige Legierungen beispielsweise von einer bis zu 30 % verlangsamten Vergröberungskinetik aufgrund des niedrigen Re-Diffusionskoeffizienten (vgl. Abb. 2.9 und Kap. 2.4.2.). Zusammenfassend lässt sich somit festhalten, dass für unterschiedliche Legierungszusammensetzungen durch überschaubare Wärmebehandlungsvariationen keine exakt gleiche Mikrostruktur erreicht werden kann.

Zur Beschreibung des γ'-Vergröberungsprozesses wird meist die von Lifshitz und Slyozow (Lifshitz 1961) sowie Wagner (Wagner 1961) entwickelte *LWS*-Theorie herangezogen, welche streng genommen eigentlich auf kleine Volumenanteile der Ausscheidungsphase in einer spannungsfreien Matrix eingeschränkt ist:

$$r_t^3 - r_0^3 = k_{LWS} \cdot t \quad \text{mit.} \quad k_{LWS} = \frac{2}{\rho_{LWS}^2} \cdot \frac{D_S \cdot \gamma^{\gamma/\gamma'} \cdot c_0 \cdot V_m^2}{R \cdot T} \quad \text{Gl. 1.18}$$

mit:
- r_t Ausscheidungsgröße nach der Zeit t
- r_0 Ausscheidungsgröße zur Zeit $t = 0$
- k_{LWS} Wachstumsrate
- $\gamma^{\gamma/\gamma'}$ Grenzflächenenergie γ/γ'
- c_0 Gleichgewichtskonzentration
- V_m molares Volumen der γ' Ausscheidung
- R allgemeine Gaskonstante
- ρ_{LWS} Ausscheidungsverteilungsabhängige Konstante (nach LWS ca. 1,5)

Diverse experimentelle Arbeiten an Nickel-Basis Superlegierungen belegen jedoch, dass die *LWS*-Theorie auch für hohe γ'-Volumenanteile mit Gitterfehlpassungen herangezogen werden kann (MacKay 1990a, Booth-Morrison 2008, Wang 2008a, Wang 2008b). Hierbei wird meist die Wachstumsrate k_{LSW} der Ausscheidungen bestimmt, um einen Vergleichswert zwischen unterschiedlichen Legierungen zu erhalten.

Anhand Gleichung 1.15 und Abb. 2.13 in Kap. 2.4.2. ist erkennbar, dass $d_{\gamma'}$ einen maßgeblichen Einfluss auf die mechanischen Eigenschaften der Legierung hat. Zusätzlich besteht gemäß Gleichung 1.15 eine Abhängigkeit von der Kohärenzspannung σ_{CS}. Eine Studie von Nathal (Nathal 1986) an unterschiedlich gealterten Nickel-Basis Legierungen zeigt den Zusammenhang dieser beiden Parameter in Hinblick auf optimale Kriecheigenschaften auf (vgl. Abb. 2.17). Für Gitterfehlpassungen von 0,1 < |δ| < 0,5 findet sich ein ausgeprägtes Maximum der Bruchzeit bei $d_{\gamma'}$ ~ 500 nm. Untersuchungen von Neumeier et al. (Neumeier 2008) bestätigen diesen Zusammenhang durch Messungen an wärmebehandelten, nicht gealterten Nickel-Basis Legierungen der 3. und 4. Generation. Die minimale Kriechgeschwindigkeit für δ = 0,23 liegt im Unterschied zu den Messungen von Nathal bei $d_{\gamma'}$ ~ 300 nm, was auf die legierungsbedingte, höhere Ausgangsfehlpassung und die unterschiedliche γ'-Morphologie zurückgeführt wird.

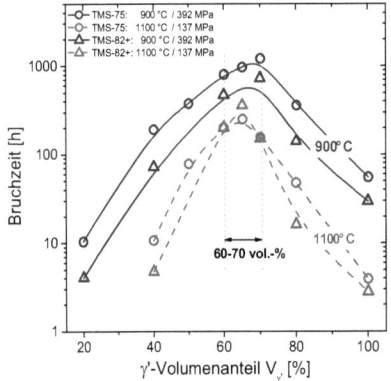 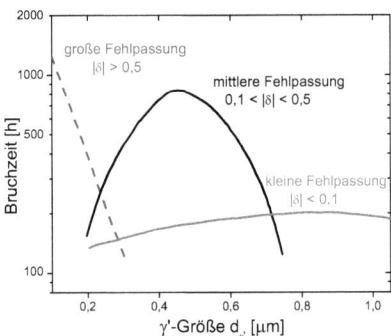

Abb. 2.16: Abhängigkeit der Kriechfestigkeit in Abhängigkeit des γ'-Volumenanteils $V_{\gamma'}$ für unterschiedliche Legierungen und Temperaturen. Nach (Murakumo 2004b).

Abb. 2.17: Abhängigkeit der Kriechfestigkeit von der Gitterfehlpassung δ und der γ'-Größe $d_{\gamma'}$. Nach (Nathal 1986).

Ein weiterer wichtiger Einflussfaktor auf die Kriechbeständigkeit ist durch den Volumenanteil $V_{\gamma'}$ und dem damit verknüpften γ'-Abstand $\lambda_{\gamma'}$ gegeben. Messungen von Murakumo et. al. (Murakumo 2004b, a) zeigen, dass ein Maximum der Kriechbeständigkeit bei $V_{\gamma'}$ ~ 60-70 % erreicht wird (vgl. Abb. 2.16). Dieses Optimum scheint generell für Nickel-Basis Legierungen zu gelten und entspricht üblichen $V_{\gamma'}$ gegossener Nickel-Basis Legierungen. Höhere $V_{\gamma'}$ bewirken einen Verlust der feinen γ/γ'-Mikrostruktur durch Bereiche reiner γ'-Phase, so dass die Kriechbeständigkeit abfällt.

Zusammenfassend lässt sich der Mikrostruktureinfluss auf Kriechfestigkeit und Vergröberung durch die von der Gitterfehlpassung δ abhängige Kohärenzspannung σ_{CS}, die γ'-abhängigen Parameter $V_{\gamma'}$, $\lambda_{\gamma'}$ und $d_{\gamma'}$ sowie die Festkörperdiffusion D_S beschreiben. Allerdings sind in der Literatur, abgesehen von $V_{\gamma'}$, keine Angaben über optimale Größen zu finden, weil das komplexe Zusammenspiel der einzelnen Einflussfaktoren bisher keine legierungsübergreifenden Aussagen erlaubt.

2.5. Zeitstandverhalten

Ausgehend von den allgemeinen Grundlagen des Kriechverhaltens umfasst das Kapitel eine Betrachtung der mikrostrukturellen Veränderungen während Kriechvorgängen in Nickel-Basis Superlegierungen. Anschließend wird kurz auf die Extrapolation von Zeitstanddaten eingegangen.

2.5.1. Kriechverhalten metallischer Werkstoffe

Kriechen ist ein zeitabhängiger, plastischer Verformungsformgang, welcher unterhalb der Streckgrenze des Materials erfolgt. Dieser „schleichende" Prozess findet bereits ab homologen Temperaturen $T_H > 0{,}4 \cdot T_S$ statt und spielt somit für die Einsatzfähigkeit von Nickel-Basis Legierungen eine entscheidende Rolle. Üblicherweise wird die Kriechverformung als Zeitstandversuch unter konstanter Last, in selteneren Fällen auch als aufwändigere Prüfmethode bei konstanter Spannung untersucht. Anhand der Kriechdehnung in Abhängigkeit der Zeit lässt sich das Materialverhalten, wie in Abb. 2.18 dargestellt, in die Bereiche primäres, sekundäres und tertiäres Kriechen unterteilen. Im primären Bereich finden nach Überschreiten der elastischen Dehnung ε_{el} zunächst Verfestigungsvorgänge durch Versetzungsmultiplikation und Wechselwirkungen mit den γ' Ausscheidungen statt. Beim Übergang zum sekundären (oder stationären) Kriechen erreicht $\dot{\varepsilon}$ einen annähernd konstanten Wert, welcher durch ein dynamisches Gleichgewicht aus Verfestigungs- und Erholungsvorgängen bestimmt wird. Zunehmende Porenbildung führt im tertiären Bereich schließlich zu einer Mikrostrukturschädigung und Querschnittsverringerung, so dass $\dot{\varepsilon}$ bis zum Bruch stärker ansteigt (Reed 2006).

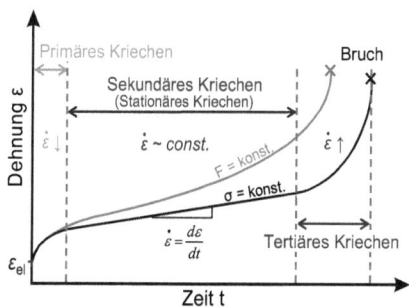

Abb. 2.18: Schematische Darstellung der Kriechdehnung für konstante Last oder Spannung in Abhängigkeit der Zeit. Die Einteilung in charakteristische Kriechbereiche erfolgt nach der eingezeichneten Änderung der Kriechrate.

Die zeitabhängige Kriechrate $\dot{\varepsilon}$ ist neben dem Werkstoff und dem Werkstoffzustand eine Funktion der anliegenden Spannung σ und der Temperatur T. Unter der Annahme, dass $\dot{\varepsilon}$ im stationären Kriechbereich ein thermisch aktivierter Vorgang ist, kann die Temperaturabhängigkeit nach dem Ansatz von Zener und Holomon (Zener 1944) beschrieben werden:

$$\dot{\varepsilon} = A(\sigma) \cdot e^{\left(-\frac{Q}{RT}\right)} \qquad \text{Gl. 1.19}$$

mit: $A(\sigma)$ Funktion der Spannung
Q Aktivierungsenergie

Umfassende Studien von Sherby et al. (Sherby 1958) bestätigen diesen Zusammenhang und zeigen, dass Q für höhere T in etwa der Aktivierungsenergie für Selbstdiffusion entspricht. Die Spannungsabhängigkeit von $\dot{\varepsilon}$ ist in diesem Ansatz durch $A(\sigma)$ gegeben.

Zur Beschreibung der Spannungsabhängigkeit von $\dot{\varepsilon}$ finden sich je nach vorliegendem Verformungsmechanismus unterschiedliche Zusammenhänge. Eine Einteilung der σ- und T- abhängigen Kriechmechanismen kann in so genannten Ashby-Maps abgelesen werden. Wie in Abb. 2.19 gekennzeichnet, liegen Nickel-Basis Legierungen mit ihrem Einsatzbereich von $T_H > 0{,}65$ und Spannungen von etwa 100-400 MPa typischerweise im Bereich des Versetzungskriechens. Einen Ansatz für die Spannungsabhängigkeit von $\dot{\varepsilon}$ in diesem Bereich gibt das Norton'sche Kriechspannungsgesetz:

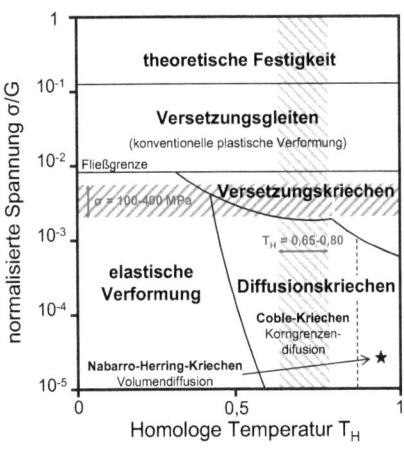

$$\dot{\varepsilon} = A'(T) \cdot \sigma^{n_K} \qquad \text{Gl. 1.20}$$

mit: $A'(T)$ Funktion von T
          n_K Spannungsexponent

Abb. 2.19: Einteilung der Kriechverformungsmechanismen anhand einer idealisierten Ashby-Map (nach (Forst 1980)). Die markierten T- und σ-Bereiche entsprechen dem typischen Einsatzgebiet von Nickel-Basis Legierungen.

Für reines Ni liegen die Spannungsexponenten n_K in einem für kfz-Metalle typischen Bereich von 4-6 (Forst 1980).

Während sich das Verhalten reiner Metalle über beide Gleichungen (Gl. 1.19 und Gl. 1.20) gut beschreiben lässt, können für zweiphasige Werkstoffe wie Nickel-Basis Legierungen deutliche Abweichungen auftreten (Johnson 1972, Lund 1976). Von einer modellmäßigen Gesamterfassung der Temperatur-, γ'-Morphologie-, γ'-Verteilung-, γ'-Größe- und Gitterspannungseinflüsse in Nickel-Basis Legierungen ist man derzeit jedoch noch weit entfernt (Duhl 1989, Goldschmidt 1994b, Mughrabi 2009).

Ein akzeptierter Kriechmechanismus zur Beschreibung der Teilchenhärtung in Nickel-Basis Legierungen wurde auf Basis des Zener-Holomon-Ansatzes (Gl. 1.19) von Lund und Nix erbracht (Lund 1976). Ihre Studien zeigen, dass die in einer Matrix eingebetteten Teilchen als eine Reduzierung der anliegenden Kriechspannung σ um den Betrag σ_T betrachtet werden können, welcher sich proportional zur Orowanspannung verhält:

$$\dot{\varepsilon} = C \cdot (\sigma - \sigma_T)^n \cdot e^{\left(-\frac{Q}{RT}\right)} \qquad \text{Gl. 1.21}$$

mit: n Spannungsexponent

2. Grundlagen

C Konstante
σ_T Spannungsbeitrag proportional zur Orowanspannung

Eine Erweiterung des Norton'schen Kriechspannungsgesetzes wurde in Simulationsstudien von Miodownik und Saunders (Miodownik 2003) unter Einbezug eines effektiven Diffusionskoeffizienten für Mischkristallhärtung verifiziert:

$$\dot{\varepsilon} = A \cdot D_{eff} \cdot \left(\frac{\gamma_{SF}}{G \cdot b}\right)^3 \cdot \left(\frac{\sigma}{E}\right)^4 \qquad \text{Gl. 1.22}$$

$$D_{eff} = \left[\sum_i x_i \cdot D_i^o\right] \cdot \exp\left[-\left(\sum_i x_i \cdot Q_i\right)/(R \cdot T)\right] \qquad \text{Gl. 1.23}$$

mit:
A mikrostrukturabhängige Konstante
γ_{SF} Stapelfehlerenergie der γ-Matrix
D_{eff} effektiver Diffusionskoeffizient
G Schubmodul der γ-Matrix
E Elastizitätsmodul der γ-Matrix
x_i Konzentration des Elements i in γ [at.-%/100]
Q_i Aktivierungsenergie von i in γ [kJ/mol]
D_i^0 Diffusionskonstante von i in γ [m²/s]

Die anhand Gl. 1.22 berechneten sekundären Kriechraten $\dot{\varepsilon}$ von Miodownik und Saunders stimmen sehr gut mit experimentell ermittelten Kriechraten in verschiedenen Nickel-Basis Legierungen überein, so dass sich die Definition von D_{eff} vermutlich zur Abschätzung von Mischkristallhärtungseffekten in Nickel-Basis Legierungen eignet (vgl. Kap. 2.4.1.). Ein weiterer Ansatz zur Beschreibung der Mischristallhärtung wurde für binäre Systeme anhand eines gewichteten Diffusionskoeffizienten $\tilde{D}$ von Herring vorgeschlagen (Gl. 1.24, (Herring 1950, Langdon 1974)) und in Studien von Johnson, Barret und Nix (Johnson 1972) experimentell überprüft. Da der Zusammenhang in Gl. 1.24 einer Parallelschaltung entspricht, lässt sich der Ansatz für Multikomponentensysteme gemäß Gl. 1.25 erweitern:

$$\tilde{D} = \frac{D_A \cdot D_B}{c_A \cdot D_B + c_B \cdot D_A} \qquad \text{Gl. 1.24}$$

$$\tilde{D} = \frac{1}{\sum_i \frac{c_i}{D_i}} = \frac{1}{\frac{c_1}{D_1} + \frac{c_2}{D_2} + \cdots + \frac{c_i}{D_i}} \qquad \text{Gl. 1.25}$$

mit:
c_A, c_B Konzentration des Elements A bzw. B [at.-%]
D_A, D_B Diffusionskoeffizient von A bzw. B in γ [m²/s]
c_i Konzentration des Elements i in γ [at.-%]
D_i Diffusionskoeffizient des Elements i in γ [m²/s]

Aufgrund eines fehlenden Literaturvergleiches der beiden in Gl. 1.23 und Gl. 1.25 dargestellten $\tilde{D}$ und D_{eff} Ansätze ist jedoch leider keine Aussage darüber möglich, welcher Zusammenhang sich besser zur Beschreibung von Mischkristallhärtung eignet.

2.5.2. Gerichtete Vergröberung der γ/γ'-Mikrostruktur

Bei Temperaturen ab $T_H > 0{,}6$ tritt bei Kriechvorgängen eine gerichtete Vergröberung der γ/γ'-Mikrostruktur auf. Diese als Floßbildung oder Rafting bezeichnete Umwandlung basiert auf einer Überlagerung der γ/γ'-Kohärenzspannungen σ_{CS} mit der von außen aufgebrachten Spannung σ und wird somit über die Triebkraft zur Verringerung der Grenzflächenenergie gesteuert. Eine detaillierte Beschreibung der vorherrschenden Spannungszustände in Abhängigkeit von σ_{CS} und σ findet sich in weiterführender Literatur (Glatzel 1989, Kuhn 1991, Pollock 1994, Arrell 1996, Mughrabi 2000). Im Folgenden werden nur die für diese Arbeit relevanten mikrostrukturellen Veränderungen in Nickel-Basis Legierungen mit negativem δ unter Zugspannung in <001> Orientierung erläutert.

Bei negativer Gitterfehlpassung δ liegen im unbeanspruchten Zustand Druckspannungen in der γ-Matrix vor (vgl. Kap. 2.4.3). Durch eine von außen aufgebrachte Zugspannung werden diese Druckspannungen in den vertikalen γ-Kanälen verstärkt und in den horizontalen γ-Kanälen abgebaut. Um die γ/γ'-Grenzflächenspannungen auszugleichen, wandern folglich Versetzungen in die vertikalen γ-Kanäle und lagern sich an der γ/γ'-Grenzfläche an. Gleichzeitig bedingt dieser diffusionsgesteuerte Prozess einen Materialtransport, welcher eine Ausdünnung der vertikalen γ-Stege und ein Zusammenwachsen der γ'-Ausscheidungen bewirkt (Carry 1977, Kuhn 1991, Field 1992, Pollock 1994, Reed 1999). Wie in Abb. 2.20 veranschaulicht, ist dieser Vorgang zu Beginn des sekundären Kriechens bereits vollständig abgeschlossen. Der Umwandlungsprozess von kubischen γ'-Ausscheidungen zu so genannten γ'-Flößen läuft dabei umso schneller ab, je höher Temperatur, Spannung und Gitterfehlpassungen sind (MacKay 1985, Nathal 1985b). Im weiteren Kriechverlauf bleiben die senkrecht zur Belastungsrichtung gebildeten γ'-Flöße stabil und vergröbern nur geringfügig durch Ostwaldreifung (Feller-Kniepmeier 1989, Link 2000,

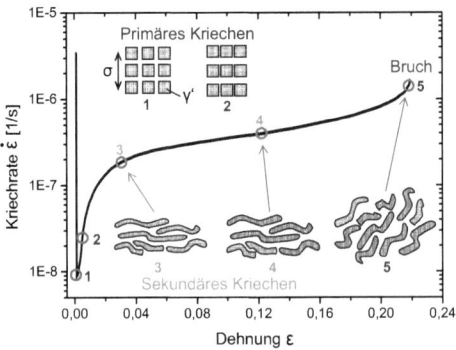

Abb. 2.20: Schematische Darstellung der Mikrostrukturevolution in den unterschiedlichen Kriechstadien anhand von Daten und Beobachtungen für CMSX-4 bei 950 °C/300 MPa (nach (Schneider 1993)). Die Bildung von Flößen aus den ursprünglich eckigen γ' ist nach dem primären Kriechen abgeschlossen und bleibt im sekundären Bereich bis auf Vergröberungsprozesse stabil.

Mughrabi 2000). In Folge der Querschnittsverringerung steigt jedoch die anliegende Spannung stetig an. Zunehmende Schneidvorgänge der γ'-Phase degradieren die Floßstruktur und führen folglich zu einer bis zum Bruch stetig ansteigenden Kriechrate (vgl. Abb. 2.20).

Ursprünglich wurde die Floßbildung bei hohen T und niedrigen σ als nachteilig für die Kriechfestigkeit angesehen. Mehrere Untersuchungen belegen jedoch, dass die γ'-Flöße im Vergleich zur anfänglich feinen γ/γ'-Mikrostruktur von Versetzungen schlechter umgangen oder überklettert werden können. Zudem werden Schneidvorgänge durch ein dichtes Netzwerk an Grenzflächenversetzungen unterdrückt, so dass insgesamt bessere Krieccheigenschaften erzielt werden (Pearson 1980, Feller-Kniepmeier 1989, Reed 1999, Tetzlaff 2000, Mughrabi 2009). Die plastische Verformung wird somit hauptsächlich von der Versetzungsbewegung in den γ-Kanälen getragen. Eine Studie von Kondo et al. (Kondo 1996) belegt dies durch eine linear mit der γ-Kanalbreite ansteigenden Kriechrate. Verbesserungen der Kriechbeständigkeit können deshalb durch effektive Mischkristallhärtung der γ-Matrix und der schnellen Ausbildung einer möglichst lang gestreckten, feinen γ'-Floßstruktur erreicht werden. Letzteres wird dabei maßgeblich durch die Triebkraft der γ/γ'-Gitterfehlpassung beeinflusst. Eckige γ'-Ausscheidungen wandeln sich aufgrund der höheren Kohärenzspannungen deutlich schneller in γ'-Flöße um als runde γ'-Ausscheidungen und zeigen gleichzeitig eine höhere Stabilität der Floßstruktur (Zhang 2003, 2004).

2.5.3. Extrapolation von Zeitstanddaten

Reale Einsatzbedingungen erfordern von Turbinenschaufeln eine extrem lange Lebensdauer von mehreren Jahren. Solche Zeitspannen sind für mechanische Tests zur Beurteilung neuer Nickel-Basis Legierungen jedoch unrealistisch, so dass die aus kürzeren Versuchsdauern experimentell ermittelte Kriechfestigkeit extrapoliert werden muss. Als Stand der Technik wird dazu meist der so genannte Larson-Miller-Plot verwendet, welcher die relevanten Parameter Spannung σ, Temperatur T, Kriechrate $\dot{\varepsilon}$ und Zeit t miteinander verknüpft. Basis dieser Extrapolationsart bildet der von Monkman-Grant (Monkman 1956) aufgestellte Zusammenhang zwischen der sekundären oder minimalen Kriechrate $\dot{\varepsilon}$ und der Zeit t:

$$K = t \cdot \left(\dot{\varepsilon}\right)^m$$

Gl. 1.26

mit: t Zeit als t_B oder $t_{(\%)}$
           K Konstante
           m Konstante, meist nahe 1

In der Praxis wird t oftmals einfacherweise als Zeit t_B bis zum Bruch angenommen. Allerdings gilt der Zusammenhang auch für beliebige Zeitpunkte im stationären Kriechbereich, wodurch anstelle der Zeitstandfestigkeit t_B ebenso ein Zeitdehngrenzwert $t_{(\%)}$ verwendet werden kann (Bürgel 2006). Die Kombination der Monkman-Grant-Beziehung mit der Zener-Holomon-Gleichung (vgl. Gl. 1.19, Kap. 2.5.2.) ermöglicht zusätzlich die Verknüpfung von $\dot{\varepsilon}$ und t mit T und führt zum Larson-Miller-Parameter P:

$$P = T \cdot (C + \log t) \cdot 10^3 \qquad \text{Gl. 1.27}$$

mit: P Larson-Miller-Parameter
C Larson-Miller-Konstante
T Temperatur in [K]
t Zeit als t_B oder $t_{(\%)}$ in [h]

Unter der Annahme infiniter T und P ergibt sich nach der Abschätzung von Larson-Miller (Larson 1952) für C in etwa ein Wert von 20. Einzelne Versuche bei unterschiedlichen Spannungen und Temperaturen ergeben durch die Larson-Miller-Parameterisierung eine Masterkurve, welche üblicherweise als logarithmierte Spannung über P dargestellt wird. Diese Auftragung ermöglicht Rückschlüsse auf betriebsrelevante Lebensdauern oder das Materialverhalten bei anderen T und σ und eignet sich außerdem um verschiedene Legierungen miteinander zu vergleichen.

2.6. Phasenstabilität – TCP Sprödphasen

Nickel-Basis Legierungen befinden sich unter Hochtemperaturbelastung oftmals an der Grenze der Langzeitphasenstabilität. Nachfolgend werden die Ursache der unerwünschten Sprödphasenbildung sowie typische Erscheinungsarten erläutert. Die Sprödphasenunterdrückung durch Ru wird anhand grundsätzlich möglicher Einflussfaktoren auf Keimbildung und Keimwachstum und einem Vergleich mit dem aktuellen Stand der Forschung dargestellt.

2.6.1. Eigenschaften und Zusammenhänge

Bereits seit frühem Beginn der Nickel-Basis Legierungsentwicklung ist bekannt, dass die Verbesserung der Kriechbeständigkeit durch Teilchen- und Mischkristallhärtung mit der Gefahr der Sprödphasenbildung einhergeht (Rideout 1951, Decker 1969a). Begünstigt wird die Bildung der so genannten *topologically closed packed* (TCP)-Sprödphasen vor allem durch die besonders festigkeitssteigernden Refraktärmetalle Re, W und Mo. Die Bezeichnung TCP rührt von der Bildung äußerst komplexer Kristallstrukturen hoher Packungsdichte mit teilweise enorm großen Einheitszellen (EZ) her, welche jedoch nicht raumfüllend sind. Studien von Darolia et al. (Darolia 1988) zufolge sind für Re-haltige Nickel-Basis Legierungen vor allem die TCP-Strukturtypen σ, P und μ Phase von Bedeutung, welche in Tab. 2.1 als Übersicht zusammengefasst sind. Für hohe Re-Anteile in Nickel-Basis Legierungen der 3. und 4. Generation wird bei Temperaturen ab 950°C meist die Keimbildung der sehr ähnlichen und kaum zu unterscheidenden σ und P Phase beobachtet, wobei letztere offensichtlich an σ nukleiert (Rae 2001, Rettig 2010). Nach der Keimbildung findet überwiegend nur das Wachstum der P-Phase, mit typischen Bestandteilen von etwa 50 % Re, 20 % W, 10 % Ni, und Mo, Co, Cr mit je ca.

2. Grundlagen 33

7-8 % statt (Werte in wt.-% für einen Re-Gesamtanteil einer Legierung der 3. oder 4. Generation von 6 wt.-%) (Rae 2000, Karunaratne 2001b, Rae 2001, Hobbs 2008c).

Tab. 2.3: Übersicht der Kristallstrukturen wichtiger TCP-Phasen in Re-haltigen Legierungen (Shoemaker 1957, Darolia 1988, Rae 2001).

TCP-Phase	Kristallstruktur	Raumgruppe	Atome/EZ	Gitterparameter [Å]		
σ	tetragonal	P42/mnm	30	a=9,12		c=4,72
P	orthorombisch	Pnma	56	a=16,9	b=4,71	c=9,04
μ	rhomboedrisch	$R\bar{3}m$	39	a=4,73		c=25.54

Als Triebkraft der TCP-Bildung gilt die Übersättigung der γ-Matrix mit Refraktärmetallanteilen. Unzureichende Wärmebehandlungen mit Restsegregation an Re und W (vgl. Kap. 2.3.2.) führen deshalb in einkristallinen Nickel-Basis Legierungen vor allem zur Sprödphasenbildung im Bereich des Dendritenkerns (Karunaratne 2001b, Rae 2001, Volek 2004, Hobbs 2008c). Typischerweise bilden sich aufgrund von Ebenen mit geringer Fehlpassung zum γ-Wirtsgitter Nadeln oder Platten auf den {111}-Ebenen (Abb. 2.21). Extreme Nadellängen von 50 μm und mehr sind dabei keine Seltenheit. Die Folge sind schlechtere mechanische Eigenschaften, welche dem Fehlen von Gleitsystemen und der dadurch bedingten Rissinitiierung an den langen spröden TCP-Nadeln zugeschrieben werden. Aufgrund der gleichzeitigen Verarmung von γ an Mischkristallhärtern können jedoch auch kleine Nadeln oder blockige TCP bereits eine Abnahme der Kriechfestigkeit bewirken (Mihalisin 1968a, Darolia 1988, Murakami 2000, Volek 2004).

Abb. 2.21: Nadelförmige TCP-Ausscheidungen in Re-haltigen Nickel-Basis Legierungen. Aus (Volek 2002).

Neben der Bildung nadelförmiger TCP-Ausscheidungen im Korninneren gibt es eine weitere Art der TCP-Phaseninstabilität in der Form von Zellkolonien. Diese ist vor allem im Bereich der *thermal barrier coatings* (TBC) bekannt und wird dort als *secondary reaction zone* (SRZ) bezeichnet (Walston 1996, Suzuki 2009). Übersättigungen der γ-Matrix und Oberflächenspannungen führen innerhalb der Interdiffusionszone des TBC zu einer diskontinuierlichen Transformation der 2-phasigen γ/γ'-Mikrostruktur in eine zellulare 3-phasen Struktur aus einer γ'-Matrix mit lamellaren γ- und TCP-Ausscheidungen. Die Umwandlungsreaktion kann folgendermaßen zusammengefasst werden:

$$\underbrace{\gamma_{Matrix} + \gamma'_{Ausscheidung}}_{\text{Übersättigtes Grundgefüge}} \longrightarrow \underbrace{\gamma'_{Matrix} + \gamma_{Ausscheidung} + TCP}_{\text{Gleichgewichtsphasen der Zellkolonie}}$$

Studien von Scarlin (Scarlin 1976) und später von Pollock und Tin et al. (Pollock 1995, Tin 2003), sowie Walston et al. (Walston 1996) und Nystrom et al. (Nystrom 1997) belegen erstmals, dass die gleiche Umwandlung auch an Korngrenzen im Materialinneren erfolgen kann. Zur Abgrenzung von den SZR wird die Transformation dort, nach bekannten Beispielen aus binären Systemen wie Ni-Al oder Pb-Sn (Williams 1959, Tu 1967), als Zellkolonie oder diskontinuierliche Ausscheidung bezeichnet. Eine typische Mikrostruktur einer Zellkolonie ist in Abb. 2.22 dargestellt, um einen Eindruck der beträchtlichen Mikrostrukturvergröberung zu geben. Da die Umwandlung von einem übersättigten Grundgefüge in ein Phasensystem des Gleichgewichtszustands überführt wird (z.B. vergleichbar mit der eutektoiden Perlitumwandlung in Stahl), zeigt das Beispiel ebenso eindrucksvoll das Maß an Instabilität der Legierungen auf. Ungewöhnlich im Vergleich zu binären Systemen ist der Matrixwechsel von γ zu γ'. Den Studien zufolge hängt das Zellkoloniewachstum und die Umverteilung der Elemente mit den TCP-Ausscheidungen der hoch Re-haltigen P-Phase an der Korngrenze zusammen (Pollock 1995, Walston 1996, Nystrom 1997). Betroffen sind von der Phasentransformation im Bereich homologer Temperaturen von $T_H \sim$ 0,7-0,85 vor allem Nickel-Basis Legierungen der 3. Generation mit 6 wt.-% Re. Untersuchungen von Walston et al. (Walston 1996) zeigen jedoch, dass auch Legierungen der 2. Generation wie CMSX-4 betroffen sein können. Die Problematik des Zellkoloniewachstums beschränkt sich zwar meist auf Korngrenzen und die SRZ der TBC's, jedoch können durch Rekristallisationsvorgänge auch in Einkristallen polykristalline Bereiche auftreten (Wang 2009). Bei sehr hohen Re-Übersättigungen im Gusszustand wurde zudem bereits Zellkoloniebildung innerhalb des Dendritenkerns beobachtet. Dramatische Verschlechterungen der Kriechfestigkeit von bis zu 30% sind die Folge (Walston 1996).

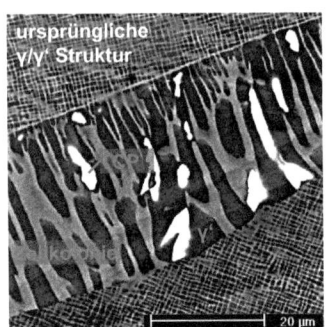

Abb. 2.22: TCP-Zellkolonie einer Re-haltigen Nickel-Basis Legierung. Das Zellwachstum beginnt an der Korngrenze und führt zu einer enormen Vergröberung des ursprünglich feinen γ/γ'-Gefüges.

Um eine Abschätzung der Phasenstabilität von Nickel-Basis Legierungen ohne experimentellen Aufwand zu ermöglichen, wurde von Boesch und Slaney (Boesch 1964) und Woodyatt et al. (Woodyatt 1966) für die Bildung von σ-TCP-Phasen in Legierungen ohne Re die so genannte PHACOMP-Methode entwickelt (Gl. 1.27). Als Grundlage dienten hierzu Studien von Pauling (Pauling 1938), welche die Elektronenschalenbesetzung der Elemente ihrer Valenzelektronenkonfiguration zuordnen. Im PHACOMP-Modell wird die TCP-fördernde Wirkung einzelner Legierungselemente mit steigender Anzahl unbesetzter Elektronenschalen korreliert und eine mittlere Elektronenleerstellenzahl $\bar{N}_v$ auf Basis der Elektronenleerstellenzahlen N_v^i der einzelnen Legierungselemente berechnet:

$$\bar{N}_v = \sum_{i=1}^{n} M_i \cdot N_v^i \qquad \text{Gl. 1.28}$$

mit: $\bar{N}_v$ mittlere Elektronenleerstellenzahl der Legierung

N_v^i Elektronenleerstellenzahl des Elements i
M_i Anteil des Legierungselements i in γ [at.-%/100]
n Anzahl der Elemente in der Legierung

Zu beachten ist, dass sich M_i auf die Zusammensetzung der γ-Matrix bezieht. Eine Übersicht wichtiger N_v^i-Werte gibt Tab. 2.4. Der Schwellwert der TCP-Bildung liegt nach Sims (Sims 1987) bei $\overline{N_v} > 2{,}45$. Allerdings kann die kritische Grenze für verschiedene Legierungssysteme schwanken. Nach Darolia et al. (Darolia 1988) und Volek (Volek 2002) können die $\overline{N_v}$-Berechnungen für Re-haltige Legierungen außerdem nur als Anhaltspunkt angesehen werden, da die experimentellen Ergebnisse nicht immer mit der PHACOMP-Methode übereinstimmen. Gleiches gilt auch für die weiterentwickelte New-PHACOMP oder auch M$_d$-Methode, so dass auf die Erläuterung dieses Models an dieser Stelle verzichtet und auf weiterführende Literatur verwiesen wird (Morinaga 1984, Zhang 1993).

Tab. 2.4: Wichtige N_v^i-Elektronenleerstellenzahlen nach (Schubert 1971, Volek 2002) und *) für Nickel-Basis Legierungen korrigierte Mo und W Werte nach (Mihalisin 1968a).

	Al	Ti	Ta	Cr	Co	Mo	W	Re	Ru
N_v	7,66	6,66	5,66	4,66	1,66	9,66 *)	9,66 *)	3,66	2,66

Moderne Simulationssoftware bietet die Berechnung thermodynamischer Gleichgewichte von beliebig komplexen Systemen. Die Vorhersage von TCP-Phasen auf Basis der so genannten CALPHAD-Methode (_calculation of phase diagrams_) ist deshalb wesentlich genauer als die PHACOMP-Methoden. Anhand eines Ausscheidungsmodells untersucht Rettig (Rettig 2010) auf Basis der CALPHAD-Methode erstmals verschiedene Einflussfaktoren auf die Keimbildung und das Keimwachstum von TCP-Phasen.

2.6.2. Einflussmöglichkeiten auf Keimbildung

Die thermodynamische Triebkraft für Ausscheidungsvorgänge basiert allgemein immer auf der Minimierung der gesamten freien Enthalpie ΔG_{ges} des Systems. Im Detail setzt sich ΔG_{ges} aus energetischen Teilbeiträgen zusammen, welche in Tab. 2.5 im Hinblick auf die heterogene TCP-Keimbildung im Festkörper erläutert sind. Phasenreaktionen können nur stattfinden, wenn die in Gl. 1.28 dargestellte Energiebilanz die Bedingung $\Delta G_{ges} < 0$ erfüllt (Porter 2004):

$$\Delta G_{ges} = -(V \cdot \Delta G_V) + (V \cdot \Delta G_{GV}) + (A \cdot \gamma_{GF}) - \Delta G_{Def} \qquad \text{Gl. 1.29}$$

mit: ΔG_{ges} Gesamte freie Enthalpie des Systems
ΔG_V Volumenenthalpie
ΔG_{GV} Gitterverzerrungsenthalpie
ΔG_{Def} Defektenthalpie
γ_{GF} Grenzflächenenergie
A Oberfläche der Ausscheidung
V Volumen der Ausscheidung

Für Nickel-Basis Legierungen ist die entscheidende Größe durch die Übersättigung der γ-Matrix gegeben, welche das Maß an freiwerdender Enthalpie ΔG_V bestimmt (vgl. Tab. 2.5). γ_{GF} ist im Gegensatz zur Keimbildung aus der Schmelze kein einheitlicher Wert, sondern setzt sich aus kohärenten und inkohärenten Grenzflächenanteilen der TCP zusammen. Mit Kohärenzspannungen von 0-0,2 J/m³ für kohärente und 0,5-1 J/m³ für inkohärente Phasengrenzen können somit je nach Anteil der verschiedenen Grenzflächen innerhalb einer TCP-Ausscheidung unterschiedliche γ_{GF}-Werte existieren (Porter 2004). Der oberflächenabhängige Teilbeitrag von γ_{GF} ist nicht zu verwechseln mit ΔG_{GV}, welches vom Volumen der TCP abhängt und das Maß an ΔG_V reduziert (vgl. Abb. 2.23).

Tab. 2.5: Übersicht der Einflussgrößen auf die thermodynamische Energiebilanz der TCP-Ausscheidungsvorgänge.

ΔG_{ges} Teilbeiträge		Art	Beschreibung im Hinblick auf TCP-Bildung
ΔG_V	Volumenenthalpie	frei werdend	G(Mischkristall mit TCP-Ausscheidung) - G(Übersättigter Mischkristall)
ΔG_{GV}	Gitterverzerrungsenthalpie	aufzuwenden	Kohärenzspannungen durch Gitterfehlpassung TCP/Matrix
γ_{GF}	Grenzflächenenergie	aufzuwenden	Gitterübergang TCP/Matrix (kohärent/semi-kohärent/inkohärent)
ΔG_{Def}	Defektenthalpie	frei werdend	Enthalpieeinsparung durch Heterogene Keimbildung an Fehlstellen

Die graphische Darstellung der Enthalpiebeiträge in Abb. 2.23 veranschaulicht, dass eine Verringerung von ΔG_{ges} mit weiterem Wachstum erst ab einer kritischen Keimgröße r^* möglich ist. Statistisch bedingte Zusammenlagerungen von Atomen werden also umso schneller einen wachstumsfähigen Keim erreichen, je kleiner r^* und die zugehörige Aktivierungsenthalpie ΔG^* ist. Durch Ableitung von ΔG_{ges} nach dem Keimradius r lassen sich ΔG^* und r^* folgendermaßen ausdrücken (Porter 2004):

$$\Delta G^* = \frac{16 \cdot \pi \cdot \gamma_{GF}^3}{3 \cdot (\Delta G_V - \Delta G_{GV})^2} \quad \text{Gl. 1.30,} \qquad r^* = \frac{2 \cdot \gamma_{GF}}{(\Delta G_V - \Delta G_{GV})} \quad \text{Gl. 1.31}$$

mit:
ΔG^* Aktivierungsenthalpie
r^* kritischer Keimradius
γ_{GF} Grenzflächenenergie
ΔG_V Volumenenthalpie
ΔG_{GV} Gitterverzerrungsenthalpie

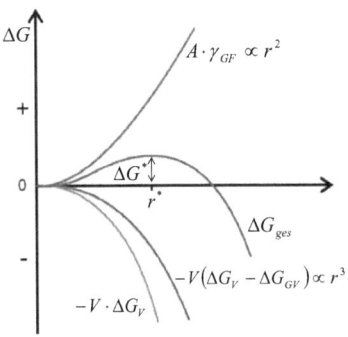

Abb. 2.23: Graphische Darstellung der Einflussgrößen auf die Keimbildung im Festkörper sowie Definition ΔG^* und r^*. Nach (Porter 2004)

Neben den maßgeblichen Einflussgrößen γ_{GF}, ΔG_V und ΔG_{GV} wird ΔG^* bei heterogener Keimbildung zusätzlich durch Einsparung an Defektenthalpie reduziert. Dieser Beitrag steigt von Punktdefekten über Linien- hin zu Flächendefekten an. Die Zellkolonieentwicklung mit TCP-Phasen auf der Korngrenze (vgl. Kap. 2.6.1.) erfolgt deshalb deutlich schneller als die nadelförmige TCP-Keimbildung an energieärmeren Defekten im Korninneren (Pollock 1995, Nystrom 1997).

2. Grundlagen

Der Einfluss von Ru auf die TCP-Phasen Unterdrückung wurde ausgehend von O'Hara et al. (O'Hara 1996) zunächst nur der erhöhten Löslichkeit von Re in den γ'-Ausscheidungen zugeschrieben (reverse partitioning, vgl. Kap. 2.1.2.). Die dadurch verringerte Übersättigung der γ-Matrix führt zu einer Abnahme von ΔG_V, so dass ΔG^* und r^* zunehmen. Diverse Arbeiten zeigen jedoch, dass die TCP-Hemmung durch Ru-Zusätze nicht immer mit einem niedrigeren Verteilungskoeffizient $k_{Re}^{\gamma/\gamma'}$ in Verbindung gebracht werden kann (Yokokawa 2003, Reed 2004, Hobbs 2008c). Hobbs et al. (Hobbs 2008c) diskutieren erstmals, dass eine geringere Re-Übersättigung auch mit einem verringerten γ'-Volumenanteil durch Ru-Zugaben zusammenhängen könnte, indem sich Re auf einen höheren γ-Anteil verteilt. Allerdings steht der verringerte γ'-Volumenanteil im Widerspruch zu experimentellen Arbeiten von Reed et al. (Reed 2004) und Neumeier et al. (Neumeier 2010). Weitere Diskussionsansätze zu einer Einflussnahme auf ΔG_V sind in der Literatur bisher nicht zu finden, obwohl beispielsweise auch die Höhe der Löslichkeitsgrenze eine wichtige Rolle für die Übersättigung der γ-Matrix spielen.

Der Einfluss von Ru auf γ_{GF} und ΔG_{GV} wird ebenfalls von Hobbs et al. (Hobbs 2008c) erstmals diskutiert. Übereinstimmend mit anderen Arbeiten findet er keine signifikante Veränderung der TCP-Zusammensetzung durch den Zusatz von Ru, jedoch eine Erhöhung des γ-Gitterparameters a_γ (Rae 2000, 2001, Tin 2003, Yeh 2004a). Somit könnte selbst bei unveränderter Zusammensetzung der TCP-Phasen ein Einfluss auf die Gitterfehlpassung zwischen TCP/Matrix, und damit eine Veränderung von γ_{GF} und ΔG_{GV} möglich sein. Der Effekt sollte nach Hobbs et al. jedoch geringer ausfallen als der Einfluss durch ΔG_V. Nach Simulationsdaten von Rettig (Rettig 2010) zu urteilen, könnten geringfügig erhöhte γ_{GF}-Werte hingegen einen deutlichen Einfluss auf die Keimbildung bewirken, wie auch anhand Gleichung 1.30 und 1.31 erkennbar ist.

Neben den thermodynamischen Zusammenhängen der Keimbildung spielt auch die Kinetik eine Rolle. Die Beziehung ist aus der Keimbildungsrate I mit dem thermodynamischen (ΔG^*) und dem kinetischen Term (ΔG_d) ersichtlich (Kurz 1989, Porter 2004):

$$I = I_0 \cdot e^{\left(-\frac{\Delta G^*}{k \cdot T}\right)} \cdot e^{\left(-\frac{\Delta G_d}{k \cdot T}\right)} \quad \text{Gl. 1.32}$$

mit: I Keimbildungsrate
I_0 Vorfaktor, nach (Kurz 1989) etwa 10^{41} m^{-3}/s
ΔG_d diffusionsabhängige Aktivierungsenthalpie

Da die Kinetik durch die Mobilität der Atome bedingt wird, kann die Keimbildungsrate bei einer isothermen Betrachtung der Keimbildung durch eine Veränderung des Diffusionskoeffizienten beeinflusst werden. Nach Untersuchungen von Hobbs et al. (Hobbs 2008a) und Simulationsdaten von Rettig (Rettig 2010) zeigt die Zugabe von Ru jedoch keinen signifikanten Einfluss auf den Diffusionskoeffizienten von Re. Eine weitere Einflussgröße auf den diffusionsgesteuerten Teilchenstrom ergibt sich gemäß Gl. 1.11 und Gl. 1.12 (vgl. Kap. 2.3.2.) aus dem vorliegenden Konzentrationsgradienten, so dass die

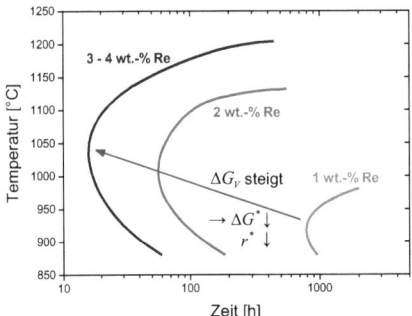

Abb. 2.24: Einfluss von Re auf die maximale Umwandlungsgeschwindigkeit am Beispiel eines experimentell ermittelten ZTU-Diagramms (Darolia 1988).

Kinetik der TCP-Hemmung durch die Re-Übersättigung der γ-Matrix beeinflusst wird. Die Auswirkung der Re-Übersättigung auf die Umwandlungsrate ist anhand eines ZTU-Diagramms für verschiedene Re-Anteile ersichtlich (Abb. 2.24). Mit steigender Übersättigung verschiebt sich die maximale Umwandlungsrate zu deutlich höheren Temperaturen und kürzeren Zeiten. Für Legierungen der 2. Generation mit 3 wt.-% Re findet sich die maximale Umwandlungsrate in unterschiedlichen experimentellen Arbeiten übereinstimmend bei etwa 1030 °C (Darolia 1988, Rae 2000, Karunaratne 2001b). Unterhalb von 950 °C und ab 1150 °C findet keine TCP-Bildung statt. Der Temperaturbereich der TCP-Bildung entspricht in etwa $T_H = 0{,}7\text{-}0{,}8$ und fällt damit ungünstigerweise genau in den Haupteinsatzbereich der Legierungen. Eine mögliche Unterdrückung oder Verzögerung der TCP-Phasen durch Ru ist deshalb besonders wichtig. Experimentell wurde die Keimbildungsrate in Abhängigkeit von Ru bisher nur in einer Studie von Sato et al. (Sato 2006) ermittelt. Der Einfluss scheint jedoch groß, da die Keimanzahl durch 2,5 wt.-% Ru bei 1000 °C von etwa $3 \cdot 10^{15}$ m^{-3} auf $9 \cdot 10^{13}$ m^{-3} reduziert wird. Neueste Simulationsergebnisse von Rettig (Rettig 2010) zeigen erstmals, dass die Parameter γ_{GF} und ΔG_V die Ursache für eine Reduzierung dieser Größenordnung sein könnten.

Zusammenfassend lassen sich ΔG_V und ΔG_d als direkt von der Re-Übersättigung beeinflusste Einflussmöglichkeiten auf die Keimbildung beschreiben. Die Parameter γ_{GF} und ΔG_{GV} werden beide über die Art des Phasenübergangs bestimmt und hängen somit von den Gitterparametern der einzelnen Phasen ab. Aus den Parametern γ_{GF}, ΔG_{GV} und ΔG_V resultiert ΔG^* welches zusätzlich durch ΔG_{Def} reduziert wird. Somit bestimmt das Maß an ΔG^* die Art der zur Keimbildung nutzbaren Gitterdefekte und dadurch indirekt die Keimanzahl.

2.6.3. Einflussmöglichkeiten auf Keimwachstum

Ein Keim ist wachstumsfähig, wenn mit Erreichen von $r > r^*$ die freie Enthalpie ΔG_{ges} durch Anlagerung weiterer Atome abnimmt (vgl. Abb. 2.23). Somit spielen für das Keimwachstum, ebenso wie bei der Keimbildung, die Einflussgrößen γ_{GF}, ΔG_{GV} und ΔG_V eine Rolle. Im Wachstumsprozess kommt den Parametern γ_{GF} und ΔG_{GV} zusätzlich eine wichtige Bedeutung in Bezug auf den Wachstumsmechanismus zu.

Kohärente Phasengrenzen mit geringer γ_{GF} zeichnen sich durch einen annähernd perfekten Übergang zum Matrixgitter aus und haben dadurch ebene Grenzflächen mit

2. Grundlagen

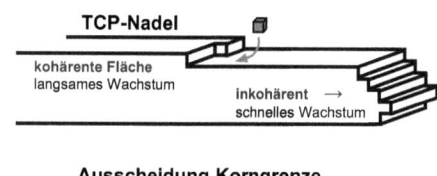

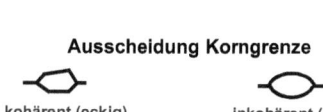

Abb. 2.25: Schematische Darstellung des Ledge-Mechanismus. Geringe γ_{GF} kohärenter Grenzflächen führen zu ebenen Phasengrenzen mit wenigen Atomanlagerungsplätzen. Hohe γ_{GF} inkohärenter Phasengrenzen sind durch runde Grenzflächen und unbegrenzte Anlagerungsplätze charakterisiert. Nach (Porter 2004)

einer geringen Anzahl geeigneter Stufenanlagerungsplätze (Ledge-Mechanismus, vgl. Abb. 2.25). Ungünstige Atomanlagerungen an ebenen Flächen würden durch Aufbrechen von Bindungen einen zusätzlichen Energieaufwand erfordern, so dass die Wachstumsgeschwindigkeit von der Stufendichte und der Diffusion entlang der Phasengrenze kontrolliert wird (Porter 2004). Untersuchungen der Phasengrenze TCP/γ' von Hobbs et al. (Hobbs 2008c) zeigen, dass die Zugabe von Ru zu einer Verringerung der Stufendichte und somit zu langsamerem Wachstum führen kann. Die Ursache wird auf eine Veränderung des Matrix-Gitterparameters durch Ru und damit auf γ_{GF} und ΔG_{GV} zurückgeführt (Rae 2000, Tin 2003, Hobbs 2008c). Die Hauptwachstumsrate der TCP wird jedoch durch das schnelle Wachstum inkohärenter Grenzflächen dominiert, da der Anlagerungsprozess aufgrund der Fehlorientierung am Phasenübergang nicht auf bestimmte Plätze beschränkt ist. Geschwindigkeitsbestimmender Schritt bei hoher Grenzflächenenergie ist somit nur die Volumendiffusion D_s der Elemente zur Grenzfläche. Das schnellere Wachstum inkohärenter Teilgrenzflächen ist gleichzeitig ein möglicher Grund der nadelförmigen TCP-Morphologie im Korninneren (vgl. Abb. 2.25 und Abb. 2.21). Eine andere Ursache kann in unterschiedlichen Grenzflächenenergien bestehen (Wulff'sches Theorem).

Eine ähnliche Abhängigkeit des Wachstumsmechanismus von der Grenzflächenart besteht auch bei der Betrachtung des TCP-Wachstums in Zellkolonien (vgl. Kap. 2.6.1.). Pollock (Pollock 1995), Nystrom et al. (Nystrom 1997) und Walston et al. (Walston 1996) berichten von einer Abhängigkeit der Zellkolonienbildung in Nickel-Basis Legierungen vom Verkippungswinkel der Korngrenze. Während unterhalb von 10° Missorientierung meist nur TCP-Ausscheidungen ohne Zellkolonieentwicklung zu beobachten sind, tritt ab einem Korngrenzwinkel von 10-15° Zellkoloniebildung mit TCP-Phasen auf. Diese Unterteilung stimmt mit Beobachtungen in anderen Materialsystemen überein und entspricht dem Übergang von Kleinwinkelkorngrenzen mit geringer Fehlpassung zu vollständig fehlorientierten, mobilen Großwinkelkorngrenzen mit hoher Grenzflächenenergie (Hornbogen 1972, Williams 1981, Manna 1998). In Analogie zum Wachstum inkohärenter Ausscheidungen wäre somit ein diffusionskontrolliertes Wachstum der Zellkolonie zu erwarten ($D_S < D_{GB}$). Studien an Zellkolonieentwicklungen anderer Legierungssysteme zufolge, ist jedoch oftmals die Grenzflächendiffusion D_{GB} der geschwindigkeitsbestimmende Mechanismus (Turnbull 1955, Cahn 1959, Aaronson 1968, Manna 2001). Der Unterschied beider Mechanismen ist anhand des Konzentrationsprofils in Abb. 2.26 veranschaulicht.

Bisher sind in der Literatur keine detaillierten Untersuchungen der Zellkoloniemechanismen in Nickel-Basis Legierungen zu finden. Umfassenden Studien an Zellkolonieentwicklungen in binären und ternären Systemen zufolge, gelten wesentliche Fragen - einschließlich der nötigen Grundvoraussetzungen für die Bevorzugung einer Zellkoloniebildung anstelle von kontinuierlichen Ausscheidungen im Korninneren - immer noch als ungeklärt (Manna 1998, 2001). Die Entwicklung von Zellkolonien gilt insgesamt als komplizierter Mechanismus, welcher als Kombination der Keimbildung aus einer übersättigten Matrix und der gleichzeitigen Korngrenzenwanderung angesehen werden kann. Die mobile Korngrenze gilt dabei als Reaktionsfront der Umwandlung. Mehrere mathematische Modelle zur Beschreibung der Zellreaktion wurden entwickelt, welche parallel Bestand haben. Die Grundannahmen basieren auf der Umwandlung einer übersättigten Matrix α' in eine perfekte 2-Phasen Struktur aus parallelen α+β Lamellen gleicher Abstände und einer Ausrichtung senkrecht zur ebenen Reaktionsfront (vgl. Abb. 2.7, Kap. 2.2.4). Zener (Zener 1946) definiert als Erster eine mathematische Beschreibung des Zellkoloniewachstums in Anlehnung an eine eutektische oder eutektoide Reaktion (vgl. Gl. 1.9, Kap. 2.2.4.). Als Mechanismus wird ein diffusionskontrolliertes Wachstum ($D_S < D_{GB}$) angenommen (Gl. 1.33). Aufgrund von experimentellen Abweichungen realer Zellkoloniewachstumsraten von theoretisch diffusionskontrollierten Prozessen, entwickelte Turnbull (Turnbull 1955) deshalb den in Gl. 1.34 dargestellten Zusammenhang auf Basis eines grenzflächenkontrollierten Zellkoloniewachstums ($D_S > D_{GB}$).

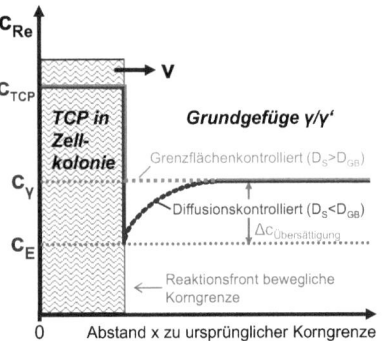

Abb. 2.26: Schematische Darstellung der Konzentrationsverläufe für einen Grenzflächen- und Diffusionskontrollierten Wachstumsmechanismus am Beispiel der Zellkoloniebildung.

$$v_{ZK} = \frac{c_0^{\alpha'} - c_E^{\alpha}}{c_0^{\alpha'}} \cdot \frac{2 \cdot D_S}{\lambda_{\alpha/\beta}} \quad \text{Gl. 1.33} \qquad v_{ZK} = \frac{c_0^{\alpha'} - c_{MS}^{\alpha}}{c_0^{\alpha'}} \cdot \frac{\vartheta \cdot D_{GB}}{\lambda_{\alpha/\beta}^2} \quad \text{Gl. 1.34}$$

mit:
- v_{ZK} — Wachstumsgeschwindigkeit Zellkolonie
- $c_0^{\alpha'}$ — Konzentration der übersättigten Matrix α'
- c_E^{α} — Gleichgewichtskonzentration der Zellkoloniephase α
- c_{MS}^{α} — Metastabile Konzentration der Zellkoloniephase α
- $\lambda_{\alpha/\beta}$ — Lamellenabstand (vgl. Definition Kap. 2.2.4.)
- ϑ — Breite der fehlorientierten Korngrenze

2. Grundlagen

Aus den beiden Grundmodellen weiterentwickelte Zusammenhänge enthalten in Bezug auf die wesentlichen Einflussgrößen der Matrixübersättigung (Einfluss durch ΔG_V), dem Lamellenabstand $\lambda_{\alpha/\beta}$ und den Diffusionskoeffizienten D_S oder D_{GB} keine signifikanten Änderungen. Zudem können in den Erweiterungen teilweise nicht alle nötigen Daten experimentell ermittelt werden, so dass für eine Abschätzung des vorliegenden Wachstumsmechanismus oft die beiden Grundzusammenhänge herangezogen werden. Auf eine Erläuterung weiterer Modelle wird an dieser Stelle deshalb verzichtet und auf den Überblick relevanter Abwandlungen von Manna et al. (Manna 2001) verwiesen.

3. Experimentelle Methodik

3.1. Legierungsserie Astra1

3.1.1. Definition der Legierungsserie

Die Definition der untersuchten Astra1-Legierungsserie erfolgte auf Basis der kommerziellen Legierung CMSX-4 der 2. Nickel-Basis Generation. Aufgrund einer vorab durchgeführten Trendanalyse typischer Nickel-Basis Legierungen der 3. und 4. Generation, wurde gemäß dem Entwicklungstrend auf die Zugabe von Ti und Hf verzichtet. Ansonsten wurden nur geringfügige Änderungen der Al, Mo und Cr Konzentrationen vorgenommen (vgl. Tab. 3.1). Als Besonderheit wurde die Grundzusammensetzung der Basislegierung Astra1-00 in $at.$-% definiert und für alle Elemente bis auf Re und Ru in jeder Astra1-Legierung konstant gehalten. Re und Ru wurden in fein gestuften $at.$-% Schritten auf Kosten von Ni hinzugefügt. Diese Methode ermöglicht im Vergleich zu den sonst einfacherweise in $wt.$-% definierten Legierungsstudien einen systematischen Rückschluss auf die Wirkungsweisen beider Elemente, welche nicht durch unterschiedliche Anteile anderer Legierungselemente beeinflusst werden. Wie aus Tab. 3.1 ersichtlich ist, erfolgte die Benennung der Astra1-Serie durch zwei Ziffern. Die erste Zahl spiegelt den hinzugefügten $at.$-%-Anteil an Re von 1-2 $at.$-%, die Zweite den von Ru im Bereich von 1-4 $at.$-% wider.

Tab. 3.1: Nominelle Zusammensetzung der auf $at.$-%-Basis definierten Astra1-Legierungsserie. Die Zugabe von Re (erste Benennungszahl) und Ru (zweite Benennungszahl) erfolgt in $at.$-%-Schritten auf Kosten von Ni. Zum Vergleich ist der umgerechnete $wt.$-%-Anteil, sowie die Zusammensetzung der Ursprungslegierung CMSX-4 angegeben (ohne Ti und Hf).

Element →	Al		Co		Cr		Mo		Re		Ru		Ta		W		Ni
Legierung	at.-%	wt.-%	at.-%	wt.-%	at.-%	wt.-%	at.-%	wt.-%	at.-%	wt.-%	at.-%	wt.-%	at.-%	wt.-%	at.-%	wt.-%	
Astra1-00	13,50	6,13	9,00	8,92	6,00	5,25	0,60	0,97					2,20	6,70	2,00	6,19	Basis
Astra1-01	13,50	6,08	9,00	8,86	6,00	5,21	0,60	0,96			1,00	1,69	2,20	6,65	2,00	6,14	Basis
Astra1-02	13,50	6,04	9,00	8,80	6,00	5,17	0,60	0,95			2,00	3,35	2,20	6,60	2,00	6,10	Basis
Astra1-10	13,50	6,00	9,00	8,73	6,00	5,14	0,60	0,95	1,00	3,07			2,20	6,56	2,00	6,06	Basis
Astra1-11	13,50	5,96	9,00	8,67	6,00	5,10	0,60	0,94	1,00	3,05	1,00	1,65	2,20	6,51	2,00	6,01	Basis
Astra1-12	13,50	5,92	9,00	8,61	6,00	5,07	0,60	0,94	1,00	3,02	2,00	3,28	2,20	6,47	2,00	5,97	Basis
Astra1-13	13,50	5,88	9,00	8,56	6,00	5,03	0,60	0,93	1,00	3,00	3,00	4,89	2,20	6,42	2,00	5,93	Basis
Astra1-14	13,50	5,84	9,00	8,50	6,00	5,00	0,60	0,92	1,00	2,98	4,00	6,48	2,20	6,38	2,00	5,89	Basis
Astra1-20	13,50	5,88	9,00	8,56	6,00	5,03	0,60	0,93	2,00	6,01			2,20	6,42	2,00	5,93	Basis
Astra1-21	13,50	5,84	9,00	8,50	6,00	5,00	0,60	0,92	2,00	5,97	1,00	1,62	2,20	6,38	2,00	5,89	Basis
Astra1-22	13,50	5,80	9,00	8,44	6,00	4,96	0,60	0,92	2,00	5,93	2,00	3,22	2,20	6,34	2,00	5,85	Basis
Astra1-23	13,50	5,76	9,00	8,38	6,00	4,93	0,60	0,91	2,00	5,89	3,00	4,79	2,20	6,29	2,00	5,81	Basis
CMSX4	12,58	5,60	9,26	9,00	7,58	6,50	0,38	0,60	0,98	3,00			2,18	6,50	1,98	6,00	Basis

3.1.2. Legierungsherstellung

Die Ausgangslegierung Astra1-00 wurde in einem 16 Kg-Gussblock als Meisterschmelze von der Vakuum-Feingießerei Doncasters Precision Castings Bochum GmbH (DPC GmbH, Bochum, Deutschland) inklusive einer WD-XRF (wavelength dispersive X-Ray fluoreszenz spectroscopy) Analyse der Zusammensetzung zur Verfügung gestellt. Ebenso wurden alle zur Auflegierung nötigen Reinelemente bis auf Re und Ru von DPC bereitgestellt. Die Beschaffung der Reinelemente Re und Ru erfolgte in Reinheitsgraden von 99,9 % oder höher. Um Verunreinigungen durch die oxidbehaftete Gusshaut zu vermeiden, wurde der Gussblock vor der Weiterverarbeitung abgedreht und abgeschliffen. Ein Lichtbogenofen diente zur Herstellung einer Vorlegierung aus den nötigen Elementzusätzen der jeweiligen Legierung und einem Anteil von rund 60% Meisterschmelze. Zur Kontrolle wurden stets Ein- und Auswaage der Vorlegierungen überwacht und nur Vorlegierung mit Abweichungen unter 0,3 % verwendet. Typische Legierungsmengen lagen für einen DS-Abguss mit drei Zylinderstäben bei 650 g, für Abgüsse eines SX-Zylinders bei 350 g. Die Vorlegierung wurde aus Gründen der Volumenbeschränkung am Lichtbogenofen erst in der HRS-Gießanlage mit dem noch fehlenden Anteil an Meisterschmelze zusammenlegiert. Im Fall von CMSX-4 wurde eine fertig legierte Meisterschmelze von DPC GmbH bezogen.

3.2. HRS-Vakuumfeinguss

3.2.1. Vorgehensweise und Prozesstechnik

Für die gerichtete Erstarrung der Nickel-Basis Legierungen wurde zu Beginn dieser Arbeit eine HRS-Vakuum-Feingießanlage konzipiert und gebaut. Der Anlagenaufbau ist in Abb. 3.1 abgebildet. Kernstück der Anlage ist die induktiv beheizte Schmelzkammer und die HRS-Formenkammer mit der Abzugseinrichtung zur gerichteten Erstarrung der Bauteile (vgl. Kap. 2.2.). Nach dem Erschmelzen und 5-minütigen Homogenisieren der Legierung bei 1560 °C in einem sicherheitsrelevanten 3-fach Keramik-Graphit-Keramik

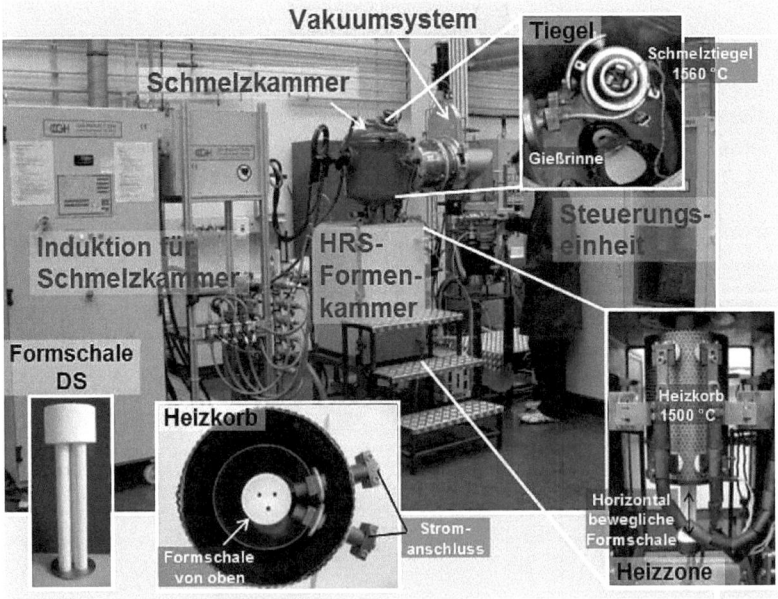

Abb. 3.1: HRS-Vakuum-Feingießanlage am Lehrstuhl WTM. Neben dem Grundaufbau mit Schmelz- und Formenkammer, inklusive detaillierterer Darstellungen, sind die Peripherie-Geräte Induktionsanlage, Vakuumsystem und Steuerungseinheit zu erkennen.

3. Experimentelle Methodik 45

Tiegelsystem, erfolgte der Abguss über eine Gießrinne und ein Fallrohr in die auf 1500 °C geheizte Formschale in der Formenkammer. Vor dem Absenken der Formschale aus der Heizzone wurde zwei Minuten gewartet um die Schmelze zu beruhigen und eventuelle Schwebeteilchen aus der Schmelze aufsteigen zu lassen. Der Prozessdruck wurde über das mit der Steuerungseinheit geregelte Vakuumsystem konstant überwacht und betrug bis auf den Zeitpunkt des Schmelzetransfers zwischen den Kammern stets < $3 \cdot 10^{-3}$ mbar. Zur Steigerung der Prozessqualität und – sicherheit wurde in der speziell entwickelten Steuerungseinheit für den gesamten Gießprozess neben der Temperatur und Drucksteuerung auch die elektronische Datenerfassung für herrschende Temperaturen innerhalb und außerhalb der Heizzone, der Abzugsparameter und der Druckverläufe beider Kammern integriert. Zusätzlich wurde eine Prozessüberwachung sämtlicher Kühlwasserkreisläufe, sowie der Heizleistung und möglicher Heizkorb-Kurzschlüsse realisiert.

Auf eine detaillierte Erläuterung weiterer Anlagen- und Prozessdetails soll im Rahmen dieser Arbeit verzichtet werden. Stattdessen wird zur Darstellung der Reinheitsaspekte eine Übersicht der für jeden Abguss verwendeten Verbrauchsbauteile gegeben, welche mit der Schmelze in Kontakt stehen:

- Der Tiegel zum Schmelzen und Homogenisieren der Legierung besteht aus der kristallwasserfreien Gusskeramik MiMix CA 97 GK auf Korundbasis (Mitec Middeldorf GmbH & Co. KG, Bochum, Deutschland) und wurde speziell für die Anlage entwickelt. Im ausgebrannten Zustand liegt die maximale Einsatztemperatur bei 1800 °C. Für jede Legierung wurde ein neuer Tiegel verwendet.
- Die Gießrinne aus Graphit wurde mit einer keramischen Beschichtung aus Sital-Cast 042 (Firma LWB Refractories GmbH, Werk Magnesital, Oberhausen, Deutschland) versehen, um die Einbringung von Kohlenstoff in die Schmelze zu unterbinden. Eigens für diese Anlage gegossene Fallrohre bestehen ebenfalls aus ausgebranntem Sital-Cast 042. Alle Teile wurden nach jedem Abguss gereinigt.
- Für DS-Abgüsse wurden die Formschalen selbst hergestellt. Als Bodenplatte wurde dazu ein weichgeglühtes LC-99,2-Nickelblech (Alloy 201, F.W. Hempel&Co. GmbH, Oberhausen, Deutschland) mit einer Stärke von 4 mm verwendet. Drei senkrecht in erodierten Nuten der Bodenplatte stehende, dichtgesinterte Rubalitrohre (CeramTec AG, Marktredwitz, Deutschland) mit einem Innendurchmesser von 12 mm, einer Wandstärke von 2 mm und einer Höhe von 180 mm dienten als Formschale der zylindrischen Probekörper. Der Formschalentrichter wurde aus Sital-Cast 042 gegossen. Die Verbindung der Einzelteile wurde nach diversen Vorversuchen mit dem bis 1700 °C stabilen Keramik/Metall-Kleber Fiberplast JS17 (M.E. Schupp Industriekeramik GmbH, Aachen, Deutschland) realisiert und der Aufbau vorab bei 1000 °C für mindestens 2 h ausgebrannt. Abb. 3.2 zeigt eine solche 3-Zylinder-DS-Formschale mit entsprechendem Abguss.

- Für SX-Abgüsse fertigte die Firma DPC speziell für die am Lehrstuhl WTM gebaute HRS-Anlage eine geringe Stückzahl an Kornselektorformschalen (vgl. Kap. 2.2.) nach einer firmeninternen Zusammensetzung. Der Durchmesser der Abgüsse betrug auch hier 12 mm. Die Länge des einkristallinen Probekörpers war auf 80 mm beschränkt (vgl. Abb. 3.2).

Alle Astra1-Legierungen sowie Referenzabgüsse aus CMSX-4 wurden als experimentelle DS-Legierungen mit einer Abzugsgeschwindigkeit von 3 und 9 mm/min gerichtet erstarrt. Für CMSX-4 und Astra1-22 wurden zudem SX-Abgüsse mit einer Abzugsgeschwindigkeit von 3 mm/min hergestellt.

Zur Bestimmung von Temperaturverläufen wurden in der HRS-Anlage zusätzliche Thermoelemente direkt in der DS-Formschalen-Bodenplatte und im Heizkorb angebracht. Die

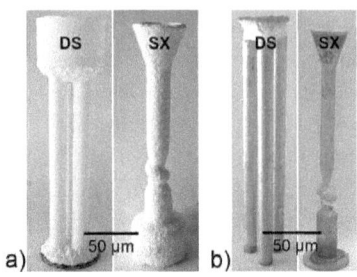

Abb. 3.2: a) Verwendete Formschalen
b) Daraus resultierte Abgüsse

Temperaturdaten und die ermittelten Abzugsgeschwindigkeiten während des Gießprozesses dienten anschließend als Datenbasis, um die resultierende Mikrostruktur der gegossenen Legierungen mit der Simulationssoftware ProCast (ESI Group, Paris, Frankreich) in Zusammenarbeit mit Neue Materialien Fürth (NMF GmbH, Fürth, Deutschland) abzubilden. Details über die Vorgehensweise und die Kalibration des Systems sind unter (Opel 2009) nachzulesen.

3.2.2. Qualitätskontrolle

Für die Elementanalyse von Nickel-Basis Legierungen mit Re und Ru gab es zum Zeitpunkt dieser Arbeit keine Möglichkeit Kalibrationsstandards zu beschaffen, um verlässliche GDOES- (glow discharge optical emission spectroscopy) oder XRD-Analysen durchführen zu können. Neben der Kontrolle der eingewogenen Legierungsbestandteile wurde deshalb zur Überprüfung der tatsächlichen Zusammensetzung nach dem Abguss der Legierungen eine quantitative Elementanalyse mittles ICP-AES (inductively coupled plasma atomic emission spectroscopy) in Zusammenarbeit mit Dr. Marion Wolf Analytik & Consulting von der Anorganischen Chemie der Universität Erlangen-Nürnberg durchgeführt. Nach umfangreichen Voruntersuchungen erfolgte die Entwicklung einer Kombination aus einem nasschemischen Köngiswasser- und Mikrowellen- Materialaufschlusses unter Verwendung von Materialspänen. Allerdings traten Probleme auf, die Legierungen aufgrund geringer Mengen unlöslicher Ta-Verbindungen vollständig in Lösung zu bringen, so dass das Gesamtergebnis verfälscht wurde. Ein Vergleich mit WD-XRF-Referenzanalysen von DPC an der Re- und Ru-freien Meisterschmelze Astra1-00 sowie der kommerziellen Legierung CMSX-4 zeigte, dass sich die Abweichungen vor allem auf die Elemente Ta und W beschränken. Die

3. Experimentelle Methodik

Analyse wurde deshalb im weiteren Vorgehen nur auf die hinzugefügten Hauptelemente Re- und Ru- konzentriert. Sämtliche gegossenen Legierungen zeigten eine sehr gute Übereinstimmung mit der gewünschten Soll-Zusammensetzung (vgl. Tab. 3.2). Als zusätzliche Absicherung wurden EDX-Analysen (energy dispersive X-Ray) am Rasterelektronenmikroskop durchgeführt (vgl. Kap. 3.5.2.). EDX-Analysen an Proben aus verschiedenen Positionen des Gusszylinders dienten weiterhin zur Überprüfung der Markosegregation aller Legierungselemente. In allen Legierungen lagen die Abweichungen über der Gesamtgusslänge von 180 mm unter 0,3 $wt.$-%, so dass eine Makrosegregation ausgeschlossen werden kann.

Tab. 3.2: Gegenüberstellung der Soll-Zusammensetzung und der ICP- und REM-Analyseergebnisse der hinzugefügten Hauptelemente Re und Ru.

	Re					Ru				
	SOLL	EDX/REM		ICP		SOLL	EDX/REM		ICP	
	wt.-%	wt.-%	STABW	wt.-%	STABW	wt.-%	wt.-%	STABW	wt.-%	STABW
Astra1-00	0,00	/	/	< 0,07	/	/	/	/	< 0,01	/
Astra1-01	0,00	/	/	<0,06	/	1,69	1,66	0,22	1,53	0,09
Astra1-02	0,00	/	/	< 0,07	/	3,35	3,50	0,25	3,15	0,19
Astra1-10	3,07	3,27	0,21	3,15	0,20	/	/	/	< 0,01	/
Astra1-11	3,05	3,29	0,11	3,07	0,18	1,65	1,46	0,14	1,5	0,10
Astra1-12	3,02	3,26	0,32	3,03	0,19	3,28	3,06	0,15	3,0	0,18
Astra1-13	3,00	3,34	0,28	2,98	0,19	4,89	5,02	0,13	4,5	0,27
Astra1-14	2,98	3,22	0,29	2,69	0,16	6,48	6,68	0,24	6,2	0,37
Astra1-20	6,01	6,21	0,22	6,01	0,17	/	/	/	< 0,1	/
Astra1-21	5,97	6,32	0,35	5,97	0,14	1,62	1,74	0,19	1,7	0,11
Astra1-22	5,93	6,21	0,38	5,89	0,13	3,22	2,99	0,19	3,1	0,02
Astra1-23	5,89	5,78	0,26	5,93	0,16	4,79	4,87	0,21	4,56	0,28

Eine zusätzliche Qualitätssicherung der Abgüsse erfolgte hinsichtlich der Gussporosität am Lichtmikroskop (vgl. Kap. 3.5.1.) und ergab für alle Abgüsse einen Porenanteil von < 0,15 $vol.$-%. Zur Überprüfung der kristallographischen Orientierung der Abgüsse wurde die Kornorientierung mittels EBSD kontrolliert (vgl. Kap. 3.5.4.). Bereits nach einer Erstarrungslänge von etwa 20 mm wiesen alle Abgüsse eine Orientierung in oder sehr nahe zur <001> Richtung auf (vgl. Abb. 3.3).

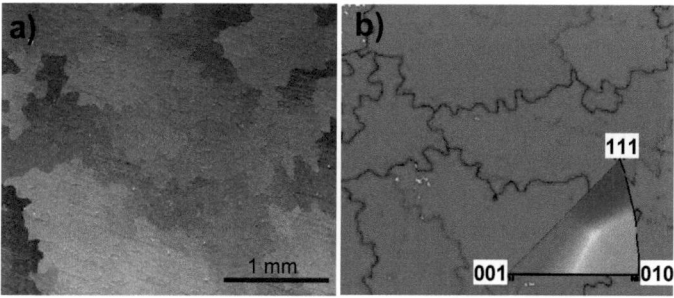

Abb. 3.3: Kornorientierung am Beispiel für CMSX-4 mit einer Abzugsgeschwindigkeit von 3 mm/min nach einer Abzugslänge von 20 mm. a) ungeätztes SE-Bild mit b) der dazugehörigen EBSD inverse pole figure. Dünne Linien entsprechen Korngrenzen > 2°, Korngrenzen > 10° sind als dicke Linien markiert.

3.3. Wärmebehandlung

3.3.1. Definition der Standardwärmebehandlungsparameter

Zur Definition der Lösungsglühtemperatur der Astra1-Legierungen wurden zunächst DSC-Messungen (differential scanning calorimetry, vgl. Kap. 3.6.1.) durchgeführt um das Wärmebehandlungsfenster der Legierungen zu bestimmen. Im Bereich der Solidustemperatur am oberen Ende des Wärmebehandlungsfensters wurden anschließend Anschmelzexperimente bei 1330 °C, 1340 °C und 1350 °C in einem Hochtemperatur-Vakuumofen (AF 300/300-1500G, MUT Advanced Heating GmbH, Jena, Deutschland) durchgeführt. Keine der gewählten Temperaturen zeigte Anschmelzungen der eutektischen Inseln, so dass wegen möglicher Prozesstemperaturschwankungen aus Sicherheitsgründen die mittlere Temperatur von 1340°C als einheitliche maximale Lösungsglühtemperatur der Astra1-Serie definiert wurde. Für die Festlegung der Lösungsglühdauer wurde die Restinhomogenität der Legierungen mit einer EPMA (electron probe micro analysis, vgl. Kap. 3.5.3.) in Abhängigkeit der Lösungsglühtemperatur für 1, 4, 8, 16, 24 und 32 h bestimmt. Eine mit der nach Industriestandard wärmebehandelten Legierung CMSX-4 vergleichbare Restsegregation fand sich für die hoch Re-haltigen Legierungen bei 16 h, so dass diese Dauer für alle Astra1-Legierungen übernommen wurde. Die Auslagerungsschritte wurden für alle Legierungen analog der Standard-Auslagerung von CMSX-4 gewählt (Konter 1997), da eine Optimierung der Wärmebehandlung für jede einzelne Astra1-Legierung den zeitlichen Rahmen dieser Arbeit überschritten hätte.

Da die Abkühlgeschwindigkeit bestehender Schutzgasöfen am Lehrstuhl WTM nicht ausreichte um nach der Lösungsglühung eine ausreichend fein ausgeschiedene γ'-Phase von unter 1 µm zu erzielen (vgl. Kap. 2.3. und 2.4) wurde ein vorhandener Rohrofen (R140/800/14, Nabertherm, Lilienthal, Deutschland) umgebaut. Der schematische Aufbau mit strömender Ar 4.6 - Schutzgasatmosphäre und einem Hochtemperatur-Al$_2$O$_3$-Pythagoras Rohr (Haldenwanger Technische Keramik GmbH, Waldkraiburg, Deutschland) ist in Abb. 3.4 a dargestellt. Die Proben wurden vor Beginn jedes Wärmebehandlungsprozesses auf keramischen Schiffchen in die vermessene stabile

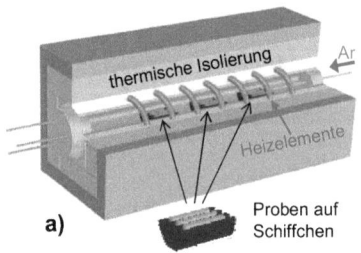
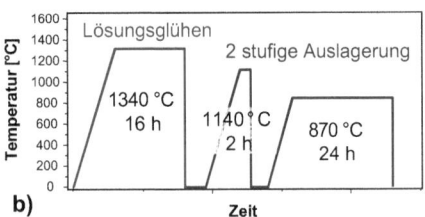

Abb. 3.4: a) Schematische Darstellung des verwendeten Wärmebehandlungsofens mit Ar-Schutzgas. b) Standardwärmebehandlungsprofil der Astra1-Legierungsserie.

3. Experimentelle Methodik

Ofenzone eingebracht und mit aufgeheizt. Hohe Abkühlraten von > 100 K/min wurden durch Dechargierung der Proben bei Prozesstemperatur und Abkühlung an ruhender Luft auf kalten Keramikplatten erreicht. Die 3-stufige Wärmebehandlung der Astra1-Serie ist in Abb. 3.4 b veranschaulicht. Eine detailliertere Zusammenstellung der Heizprofile inklusive der industriellen Standardwärmebehandlung für CMSX-4 gibt Tab. 3.3.

Tab. 3.3: Übersicht der Wärmebehandlungsschritte für CMSX-4 und Astra1-Legierungen.

Lösungsglühen Astra1-Serie (einstufig)			Lösungsglühen CMSX-4 (mehrstufig)			Auslagerung 1 Astra1- Serie und CMSX-4			Auslagerung 1		
Temperatur	Heizrate/Haltezeit		Temperatur	Heizrate/Haltezeit		Temperatur	Heizrate/Haltezeit		Temperatur	Heizrate/Haltezeit	
1280 °C	4 K/min	-	1240 °C	4 K/min	-	1100 °C	4 K/min	-	840 °C	4 K/min	-
1340 °C	1 K/min	-	1290 °C	1 K/min	-	1140 °C	1 K/min	-	870 °C	1 K/min	-
1340 °C	-	16 h	1290 °C	-	0,3 h	1140 °C	-	2 h	870 °C	-	24 h
			1300 °C	-	3 h						
			1315 °C	-	6 h						

Die Lösungsglühung wurde stets an ganzen oder halben Probenstäben durchgeführt, um reproduzierbare Abkühlraten zu erzielen. Kleinere Proben wurden erst nach der Lösungsglühung für diverse Versuche und mikrostrukturelle Gefügeanalysen entnommen. Abweichungen der Wärmebehandlung für spezielle Versuche sind in den nachfolgenden Kapiteln 3.3.2.-3.3.4. erläutert.

3.3.2. Variation der Auslagerungsdauer - Ostwaldreifung

Um den Einfluss der Auslagerungsdauer und der verschiedenen Re- und Ru-Zusätze auf die γ/γ'-Mikrostruktur zu untersuchen, wurde der Auslagerungsschritt 1 bei 1140 °C (vgl. Tab. 3.3) bei ansonsten gleich bleibenden Wärmebehandlungsparametern von 2 h auf 4 und 8 h erweitert. Die Gefügeanalyse erfolgte am Lichtmikroskop und am Rasterelektronenmikroskop hinsichtlich dem γ'-Flächenanteil, der γ'-Morphologie und der γ'-Größe (vgl. Kap. 3.5). Aus den Daten wurde gemäß Gl. 1.18 in Kap. 2.4.4. die elementabhängige γ'-Wachstumsrate k_{LSW} berechnet.

3.3.3. Spezielle Wärmebehandlung zur detaillierten γ/γ'-Untersuchung

Wie in Kap. 2.4.3. erläutert, werden wesentliche Gefügemerkmale durch den Verteilungskoeffizient $k_i^{\gamma/\gamma'}$ der Elemente zwischen der γ-Matrix und den γ'-Ausscheidungen beeinflusst. Aufgrund von γ'-Größen < 0,5 µm lassen sich die $k_i^{\gamma/\gamma'}$-Werte jedoch üblicherweise nur in aufwendigen TEM-Untersuchungen bestimmen. Um eine einfachere EPMA-Analyse der γ/γ'-Zusammensetzung zu ermöglichen, wurde deshalb für die ausgewählten Astra1-Legierungen 00, 02, 20 und 22 sowie für CMSX-4 eine spezielle Wärmebehandlung entworfen, welche analysefähige γ'-Größen von 3-6 µm erreicht. Als Ausgangsproben wurden dazu homogenisierte Proben nach der in Kap. 3.3.1. definierten Standard-Lösungsglühung verwendet. Die fein ausgeschiedenen γ'-Ausscheidungen dieser Proben wurden in einem zweiten Wärmebehandlungsprozess im MUT-Ofen für 1 h bei 1300 °C unter Ar-Schutzgas wieder in Lösung gebracht. Zur Reduzierung der Keimbildungsgeschwindigkeit wurde die Temperatur anschließend mit einer sehr niedrigen Abkühlrate von 15 K/h langsam bis 1150 °C unter die γ'-Solvustemperatur abgesenkt. Die anschließende Abkühlung erfolgte bei normaler Ofenabkühlung, welche innerhalb von 1 h eine Temperatur < 800 °C erreichte.

3.3.4. Kontrollierte Alterung - Phasenstabilität

Für Studien zur Phasenstabilität wurden für die gesamte Astra1-Serie und CMSX-4 Referenzproben im Anschluss an die vollständige Wärmebehandlung gemäß Kap. 3.3.1. verschiedene Alterungs-Wärmebehandlungen in einem Kammerofen (LT9/13, Nabertherm GmbH, Lilienthal, Deutschland) durchgeführt. Die Proben wurden dazu in Al_2O_3-Rohre eingelagert und zum Oxidationsschutz in Edelstahlbehälter mit sauerstoffgetternden Ti-Blechen und Zr-Spänen eingeschweißt. Als Alterungstemperaturen wurden analog zu den Zeitstandversuchen 950 °C und 1050 °C gewählt. Die Alterungsdauer betrug jeweils 500 und 1000 h, bei 950 °C zusätzlich 2000 h.

3.4. Probenpräparation

3.4.1. Position der Probenentnahmen

Aus jedem DS-Abguss konnten 3 zylindrische Probestäbe mit einer Länge von 180 mm entnommen werden, welche aus Gründen der Reproduzierbarkeit alle gemäß der in Abb. 3.5 dargestellten Unterteilung getrennt wurden. Um für die Versuche eine stationäre, gerichtet erstarte Gefügestruktur zu gewährleisten wurde der Angussbereich verworfen. Proben zur Charakterisierung der Mikrostruktur wurden nur aus der gekennzeichneten Gusszylindermitte bei 90-95 mm Abstand zur Bodenplatte des Abgusses entnommen. Der restliche stationäre Gefügebereich wurde bis auf einen halben Gussstab nach der vollständigen Wärmebehandlung gemäß Kap. 3.3.1. für die Fertigung von Kriechproben verwendet. Der verbleibende halbe Gusszylinder wurde zum einen für Gefügeanalysen im Gusszustand und der Bestimmung thermophysikalischer Eigenschaften genutzt. Zum anderen wurde daraus das Ausgangsmaterial für Vorversuche zur Wärmebehandlung und für die in Kap. 3.3.2.-3.3.4. beschriebenen, speziellen Wärmebehandlungen entnommen. Das Erstarrungsende der Gusszylinder diente als Reservematerial, da es noch teilweise in der gerichtet erstarrten Länge der Abgüsse lag (vgl. Abb. 3.5). Ein längerer Abzugsweg war aufgrund des größeren Trichterquerschnitts (vgl. Formschalenaufbau Abb. 3.2) nicht möglich, da das Baffle für möglichst hohe Temperaturgradienten in der HRS-Anlage an den engen zylindrischen Probenkörperbereich der Formschale angepasst wurde.

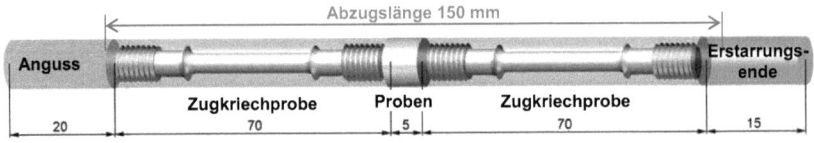

Abb. 3.5: Schematische Darstellung der Probenentnahmestellen aus den Gusszylindern, nach (Schmid 2009).

3.4.2. Metallographische Probenpräparation

Die Proben für sämtliche Gefügeanalysen im Guss- und wärmebehandelten Zustand wurden in <001>-Orientierung als Querschliff des Gusszylinders eingebettet. Einzige Ausnahme stellen die Mikrostrukturanalysen der gekrochenen Zeitstandproben dar, welche vorwiegend im Längsschliff senkrecht zur Belastungsrichtung untersucht wurden (vgl. Kap. 3.7.2.). Als Einbettmittel wurde für alle Untersuchungen das Kalteinbettmittel *Technovit 4071®* (Heraeus Kulzer GmbH, Wehrheim, Deutschland) verwendet. Die metallographische Präparation erfolgte gemäß Tab. 3.4.

Tab. 3.4: Übersicht der verwendeten metallographischen Schliffpräparation. Zwischen den einzelnen Arbeitsschritten wurden die Proben jeweils für 5 min im Ultraschallbad gereinigt. (*) Polierscheiben von der Fa. Struers, Willich, Deutschland. **) für Analysen am EPMA oder FIB 10 min, ansonsten 5 min.)

Arbeitsschritt	Scheibe	Schmiermittel	Dauer	Kraft	Umdrehungen
Schleifen	SiC-Nassschleifpapier 80-320	Wasser	1-2 min	händisch	300 U/min
Polieren *)	MD-Allegro 6 µm	Lubrikant grün	5 min	25 N	300 U/min
	MD-Mol 3 µm	Lubrikant grün	10 min	20 N	300 U/min
	MD-Chem 0,25 µm	OP-U Suspension:Wasser 1:5	5-10 min **)	15 N	150 U/min

Für Untersuchungen der Gefügestruktur ohne Elementanalysen wurde nach der Schliffpräparation eine Ätzung durchgeführt, welche die γ'-Ausscheidungen angreift. Da hierfür die Standard-„Spüli"-Ätzung nur für die kommerzielle Legierung CMSX-4 geeignet war, wurde für die Astra1-Legierungsserie nach mehreren getesteten Ätzmitteln die so genannte „V2A-Beize" als geeignete Zusammensetzung ausgewählt. Die beiden γ'-Ätzmittel mit der jeweiligen Vorgehensweise sind in Tab. 3.5 zusammengefasst.

Tab. 3.5: Chemische Zusammensetzung der verwendeten Ätzmittel mit jeweiliger Vorgehensweise.

"Spüli" (CMSX-4)		Vorgehensweise	"V2A-Beize" (Astra1-Legierungen)		Vorgehensweise
Zusammensetzung			Zusammensetzung		
dest. Wasser	85 ml	- Ätzen bei Raumtemperatur	dest. Wasser	100 ml	- Ätzen bei 60-70 °C
HCL (32%-ig)	60 ml	- Ätzdauer ca. 30-60 s	HCl (32%-ig)	100 ml	- Ätzdauer ca. 10-30 s
HNO₃ (65%-ig)	15 ml	(abh. von Materialzustand)	HNO₃ (65%-ig)	10 ml	(abh. von Materialzustand
MoO₃ (85%-ig)	1 g	- begrenzt wiederverwendbar	Vogel's Sparbeize	0,3 ml	und Zusammensetzung)
Spülmittel	5 Tropfen				- nicht wiederverwendbar

Eine für alle Proben einheitliche Ätzdauer führte aufgrund der unterschiedlichen Zusammensetzungen der Legierungen nicht zu einem optimalen Ergebnis, so dass sich die Dauer jeder Ätzung vornehmlich an der Beurteilung der Metalloberfläche während des Ätzprozesses orientierte. Beste Ätzeffekte der Gefügestruktur wurden direkt nach dem Umschlag von einer metallisch glänzenden zu einer matten Oberfläche und der anschließend sofortigen Spülung des Schliffs in einem Wasserbad erreicht. Für Elementanalysen am REM oder an der EPMA (vgl. Kap. 3.5.2 und 3.5.3.) wurde nach der Schliffpräparation keine Ätzung der polierten Schliffe durchgeführt um die Zusammensetzung nicht zu verfälschen.

3.5. Mikrostrukturelle Gefügeanalysen

3.5.1. Lichtmikroskopische Untersuchungen

Lichtmikroskopische Gefügeanalysen erfolgten im Hell- und Dunkelfeld an dem optischen Lichtmikroskop Zeiss Axiophot (Carl Zeiss AG, Oberkochen, Deutschland). Bestmöglichste Einstellungen wurden über Kontrast- und Tiefenschärfe ohne die Verwendung von Polarisationsfiltern erreicht. Zur Auswertung der lichtmikroskopischen Gefügebilder, sowie von kalibrierten SEM-Aufnahmen, fand die Bildauswertesoftware Image C (Version 5.0, Aquinto AG, Berlin, Deutschland) Verwendung. Folgende Untersuchungen wurden am Lichtmikroskop durchgeführt:

Porosität :

Die Schliffe wurden hierzu im frisch polierten und nicht geätzten Zustand untersucht. Um alle Porengrößen des gesamten Gussquerschnitts zu erfassen erfolgte die Charakterisierung des Porositätsanteils durch mehrfache Aufnahmen bei verschiedenen Vergrößerungen.

Dendritenstammabstand:

Mindestens 10 Aufnahmen in 50-facher Vergrößerung dienten zur Bestimmung des gemittelten Dendritenstammabstands der unterschiedlichen Legierungen. Aus den Gefügebildern, wie in Abb. 3.6 exemplarisch dargestellt, wurde die Dendritenanzahl N (am Bildrand als $1/2$, in den Bildecken als $1/4$ gewertet) pro Fläche A gezählt und gemäß:

$$\lambda = \sqrt{\frac{A}{N}}$$
Gl. 3.1

in den Dendritenstammabstand λ umgerechnet.

Eutektischer Anteil:

Parallel zu der in Kap. 3.6.1. dargestellten DSC-Methode wurde der eutektische Anteil der Astra1-Legierungen zusätzlich lichtmikroskopisch an geätzten Proben bestimmt.

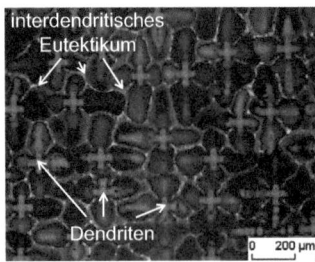

Abb. 3.6: Ausschnitt einer lichtmikroskopischen Aufnahme der typischen Gussstruktur mit Dendriten und interdendritischen Bereichen zur Auswertung von λ.

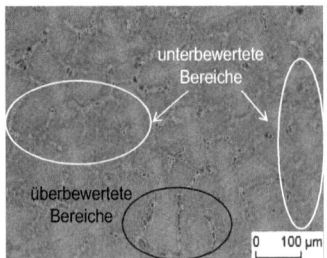

Abb. 3.7: Beispiel für die metallographische Auswertung des eutektischen Anteils. Die mit der Bildbearbeitungssoftware rot markierten Bereiche sind teilweise über- oder unterbewertet, wodurch große Messschwankungen resultieren.

3. Experimentelle Methodik 53

Hierzu wurden mindestens 8 Gefügeaufnahmen in 100-facher Vergrößerung pro Legierung bestimmt und mit ImageC ausgewertet. Allerdings ist diese metallographische Auswertemethode aufgrund der ungleichmäßigen γ/γ'-Mikrostruktur der eutektischen Inseln problematisch, wie Abb. 3.7 veranschaulicht. Es kann generell keine einheitliche Einfärbung der eutektischen Inseln in der ImageC-Bildbearbeitung erzielt werden, so dass die Mittelwerte eine große Standardabweichung aufweisen.

3.5.2. Rasterelektronenmikroskop (REM)

Für Untersuchungen am Rasterelektronenmikroskop wurde ein Gerät des Typs XL30 (Phillips Electronics, Eindhoven, Niederlande) verwendet. Gefügeaufnahmen von geätzten Schliffen wurden überwiegend mit dem SE (secondary electron) Detektor aufgenommen, für nicht oder nur leicht geätzte Proben wurden Elementkontrastaufnahmen mit dem BSE (backscatter electron) Detektor bevorzugt. Die Beschleunigungsspannung betrug für alle Untersuchungen 25 kV. Außer bei EDX-Analysen (energy dispersive X-Ray) wurden die Schliffoberflächen zur Verbesserung der Leitfähigkeit stets mit Gold bedampft. Bezüglich des Analysesystems war zu beachten, dass aufgrund von Peaküberlagerungen vor allem für Ta und W mit fehlerbehafteten Ergebnissen zu rechnen ist. Für die meisten Analysen wurde deshalb auf eine wellenlängendispersive Analyse am EPMA zurückgegriffen, welche eine deutlich verlässlichere Quantifizierung der Zusammensetzung ermöglicht (vgl. Kap. 3.5.3.). Folgende Untersuchungen wurden am REM durchgeführt:

<u>Überprüfung der Makrosegregation entlang des Gusszylinders:</u>

Die Makrosegregation wurde für jeden Abguss mit 9 mm/min Abzugsgeschwindigkeit durch EDX-Analysen an 3 Stellen überprüft. Hierzu wurde die Zusammensetzung aus beiden Stabenden und aus der Mitte des Gusszylinders miteinander verglichen.

<u>Strukturanalyse der γ/γ'-eutektischen Inseln im Gusszustand:</u>

Für jede Legierung wurde die Struktur der eutektischen Inseln untersucht und anhand einer Aufteilung in verschiedene Strukturtypen qualifiziert (vgl. Kap. 4.1.4.).

<u>Auswertung der γ/γ'-Mikrostruktur im wärmebehandelten Zustand:</u>

Die Beeinflussung der γ/γ'-Mikrostruktur durch die Zulegierung an Re und Ru wurde an den gemäß Kap. 3.3.1. standardwärmebehandelten Proben quantifiziert, welche gleichzeitig dem Ausgangsstand des Materials vor den Zeitstandversuchen entsprechen. Für hochlegierte Astra1-Legierungen wurden separate Gefügeaufnahmen im ursprünglichen Dendritenkern und im interdendritischen Bereich in 10000-facher Vergrößerung aufgenommen um zusätzlich den Einfluss der Restsegregation zu berücksichtigen. Die Charakterisierung der γ'-Ausscheidungen erfolgte anschließend mit der Software ImageC hinsichtlich des γ'-Volumenanteils, der γ'-Morphologie und der γ'-Größe.

Vor allem der γ'-Volumenanteil ist experimentell oft mit starken Messschwankungen verbunden, weil einfacherweise meist nur eine Analyse der gesamten Gefügeaufnahme durchgeführt wird. Im Rahmen dieser Arbeit wurde deshalb die in (Bürgel 2006) empfohlene Vorgehensweise zur Bestimmung des γ'-Volumenanteils verwendet, welche in Abb. 3.8 veranschaulicht ist. Hierbei werden die γ'-freien Flächen, welche den γ-Kanalflächen zwischen den γ'-Ausscheidungen entsprechen, nicht in der Auswertung berücksichtigt. Der so ermittelte Flächenanteil $F_{\gamma'}$ kann dann gemäß:

$$V_{\gamma'} = \frac{P^3}{P^3 + 3P^2 + 3P + 1} \quad \text{mit} \quad P = \frac{F_{\gamma'} + \sqrt{F_{\gamma'}}}{1 - F_{\gamma'}} \qquad \text{Gl. 3.2}$$

in den Volumenanteil $V_{\gamma'}$ umgerechnet werden.

Zur Charakterisierung der γ'-Morphologie wurden mit ImageC die Min.- und Max.-Feret Werte der γ'-Ausscheidungen bestimmt. Wie in Abb. 3.9 dargestellt, kann anhand des Quotienten beider Werte ein Rückschluss auf die geometrische Form der Ausscheidungen gezogen werden. Runde Teilchen entsprechen Max/Min = 1, quadratische Teilchen Max/Min = 1,414 und rechteckige Ausscheidungen Max/Min > 1,414. Die Ausmessung der γ'-Größe erfolge in horizontaler und vertikaler Richtung an mindestens 50 Ausscheidungen (vgl. Abb. 3.8) aus denen der Mittelwert gebildet wurde. Diese Vorgehensweise wurde auch zur Bestimmung der γ'-Ostwaldreifung gemäß Kap. 3.3.2. verwendet.

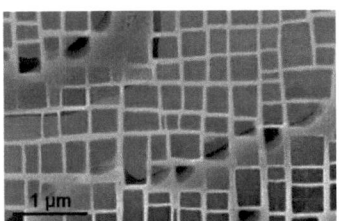
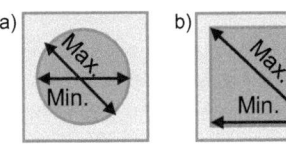

Abb. 3.8: Bestimmung des γ'-Flächenanteils in den γ/γ'-Bereichen (rot markierte Flächen). Rechts unten ist die Ausmessung der γ'-Größe exemplarisch dargestellt. Nach (Schmid 2009)

Abb. 3.9: Charakterisierung der γ'-Morphologie anhand von Min. und Max. Feret-Werten. a) runde und b) quadratische γ'

Mikrostrukturanalyse nach den Kriechversuchen:

Gefügeaufnahmen zur Charakterisierung der gekrochenen γ/γ'-Mikrostruktur wurden aus dem Längsschliff nahe der Bruchfläche entnommen (vgl. Kap. 3.7.3.). Abb. 3.10 stellt beispielhaft die mit ImageC bestimmten Parameter dar, welche aus mehreren Aufnahmen in 10.000-facher Vergrößerung bestimmt wurden. Pro Legierung wurde für jede Größe ein Mittelwert aus jeweils mindestens 50 Messstellen gebildet.

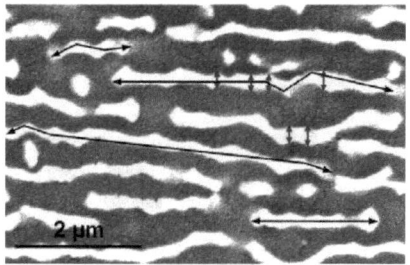

Abb. 3.10: Auswertung der gekrochenen γ/γ'-Mikrostruktur im Hinblick auf γ'-Floßbreite, γ-Kanalbreite und durchschnittliche γ'-Länge.

Analyse der Phasenstabilität:

Die gemäß Kap. 3.3.4. gealterten Legierungen wurden am REM anhand von BSE-Aufnahmen auf vorhandene TCP-Phasen innerhalb der Körner und entlang der Korngrenzen untersucht. Eine Quantifizierung mit ImageC fand nur für die Dicke entstandener Zellkolonien statt, da einzelne TCP-Nadeln im Korninneren der DS-Abgüsse nur sehr unregelmäßig vorkamen.

3.5.3. Electron Probe Micro Analysis (EPMA, Mikrosonde)

Für Untersuchungen zur Elementverteilung stand eine EPMA von JEOL (LXA-8100, JEOL Ltd., Tokyo, Japan) zur Verfügung. Im Vergleich zu den energiedispersiven EDX-Analysen am REM bietet die wellenlängendispersive Messmethode dieses Geräts deutlich verlässlichere Analyseergebnisse und die Möglichkeit Analysemappings über ganze Flächen zu erstellen. Die zur Elementanalyse verwendete Belegung der fünf vorhandenen Monochromatorkristalle ist in Tab. 3.6 zusammengefasst. Alle Messungen wurden bei einer Beschleunigungsspannung von 20 kV durchgeführt.

Tab. 3.6: Belegung der Analysatorkristalle für Messungen der Elementverteilung am EPMA

TAP	LIF	LIFH	PETJ	PETH
Ni, Al	W, Ta, Re	Co	Mo, Cr	Ru

Mappings größerer Bereiche:

Bei großflächigeren Messungen wurde ein Strahldurchmesser von 5 µm eingestellt. Die analysierten Gesamtflächen von 750 x 750 µm² erfolgten mit einer überlappenden Strahlschrittweite von 2,5 µm und einer Messzeit von 200 ms pro Messpunkt. Diese Fläche umfasst beispielsweise je nach Legierung eine ausreichende Anzahl von etwa 16-22 Dendriten. Folgende Analysen wurden mit diesen Einstellungen durchgeführt:

Bestimmung des Segregations-Verteilungskoeffizienten:

Der Effekt von Re und Ru auf den Segregations-Verteilungskoeffizienten k_s wurde für alle Astra1-Legierungen durch mindestens zehn 9-Punkt-Messungen im Dendritenkern (c_D) und im interdendritischen Bereich (c_{ID}) bestimmt. In Abb. 3.11 sind die Messbereiche anhand eines vergrößerten Ausschnitts des Mappings veranschaulicht. Die Berechnung von k_s erfolgte gemäß Kap. 2.2.3. zu:

$$k_s = \frac{c_D}{c_{ID}} \qquad \text{Gl. 3.3}$$

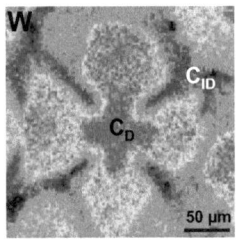

Abb. 3.11: Messbereiche c_D und c_{ID} zur Bestimmung des Verteilungskoeffizienten k_S (Gl. 3.3) am Beispiel von W.

Neben der Bestimmung der k_S-Werte im Gusszustand der Astra1-Legierungen wurde k_S auch für die in Kap. 3.3.1. beschriebene Wärmebehandlungsserie von 1, 4, 8, 16, 24 und 32 h bei 1340 °C ermittelt um die Restsegregation in Abhängigkeit der zulegierten Elemente zu beurteilen.

Bestimmung des γ/γ'-Verteilungskoeffizienten:

Die in Kap. 3.3.3. beschriebene, spezielle Wärmebehandlung ermöglichte die Bestimmung der γ/γ'-Verteilungskoeffizienten $k_i^{\gamma/\gamma'}$ gemäß Gl. 1.18 in Kap. 2.4.3. über ein großflächiges EPMA-Mapping. Analog zur Vorgehensweise für k_S wurden hierfür 9-Punkt-Messungen in statistisch ausreichender Anzahl von mindestens 10 Messungen in dendritischen und interdendritischen Bereichen herangezogen und gemittelt.

Detaillierte Mappings:

Detaillierte Element-Mappings mit sehr hoher Auflösung für einzelne Phasenbereiche erfolgten durch Messungen mit einem fokussierten Strahl und einer Schrittweite von 0,5 µm. Die Haltezeit pro Messpunkt betrug auch hier 200 ms, als Gesamtfläche wurden mindestens 40 x 40 µm² analysiert. Um fehlerfreie Ergebnisse zu garantieren, erfolgte für jedes Mapping zusätzlich eine separate quantitative Analyse der lokalen Zusammensetzung des ausgewählten Mikrostrukturdetails. Die chemische Zusammensetzung wurde hierfür in mehreren Messfeldern über die gesamte Mappingfläche bestimmt und der Mittelwert der Messungen als Auswertebasis für das jeweilige Mapping herangezogen. In speziellen Fällen mit sehr hohen Elementanteilen in einzelnen Phasen, wie beispielsweise in TCP-Ausscheidungen, wurden zudem einzelne Punktanalysen durchgeführt, um die Verlässlichkeit der Analyseergebnisse nochmals zu erhöhen. Folgende Untersuchungen wurden auf diese Weise durchgeführt:

Untersuchung der eutektischen Inseln:

Für die ausgewählten Legierungen Astra1-02, -20 und -22 (nur Ru, nur Re oder als Re/Ru-Kombination mit je 2 at.-%) wurden pro Legierung verschiedene eutektische Inseln auf ihre chemische Elementverteilung untersucht. Aus den gewonnenen Zusammensetzungen der unterschiedlichen Eutektikumsstrukturen konnte anschließend die zugehörige Liquidustemperatur anhand von ThermoCalc Simulationen berechnet werden, so dass ein Rückschluss auf den jeweiligen Erstarrungspfad der Restschmelze gezogen werden kann.

Analyse der TCP-Zellkolonien (Phasenstabilität):

Zunächst wurden an den gemäß Kap. 3.3.4. gealterten Proben Messungen durchgeführt, um generell ausschließen zu können, dass es sich bei den Phasen um Karbide durch eindiffundierten Kohlenstoff handelt. Zur Identifizierung der einzelnen Phasen und

3. Experimentelle Methodik 57

ihrer Zusammensetzung in Abhängigkeit von Re und Ru wurden zusätzliche Punktanalysen durchgeführt. Anschließend wurden Mappings an den Legierungen CMSX-4 sowie Astra1-20, -21 und -22 mit konstant 2 *at.-%* Re und steigendem Ru-Anteil aufgenommen, um den Wachstumsmechanismus der Zellkolonie untersuchen zu können.

3.5.4. Focused-Ion-Beam-Tomography (FIB)

Für Orientierungsstudien der Mikrostruktur und 3-D Rekonstruktionen konnte in Zusammenarbeit mit dem Lehrstuhl Allgemeine Werkstoffeigenschaften (WW1) an der Universität Erlangen-Nürnberg das FIB (FIB Crossbeam 1540 EsB, Carl Zeiss AG, Oberkochen, Deutschland) genutzt werden. Eine ausführliche Darstellung der Vorgehensweise und Messmethodik ist in der parallel entstandenen Dissertation von Cenanovic erläutert (Cenanovic 2010).

EBSD-Mappings:

Ein Rückstreuelektronen-Diffraktometer (electron backscatter diffraction, EBSD) des Typs Nordlys2 (Oxford Instruments GmbH, Wiesbaden, Deutschland) am FIB wurde für Orientierungsmessungen verwendet. Die Untersuchungen erfolgten mit einer Beschleunigungsspannung von 20 kV bei einer Blendenöffnung von 60 µm und einem Kippwinkel von 70°. Da durch die hohe Qualität der EBSD-Mappings stets mindestens 90 % des Patterns indiziert werden konnte, war eine Nachbearbeitung der Messdaten nicht nötig. Folgende Untersuchungen wurden mit diesen Einstellungen durchgeführt:

Qualitätssicherung:

Zur Qualitätssicherung der gegossenen Legierungen wurde an Schliffen aus der Mitte der Gusszylinder (vgl. Abb. 3.5) stichpunktartig die <001>-Orientierung der Abgüsse kontrolliert.

Orientierung der eutektischen Inseln:

Für die in Kap. 3.5.2. und 3.5.3 beschriebenen Detailuntersuchungen der eutektischen Inseln erfolgte eine Überprüfung auf Orientierungsunterschiede und mögliche Kleinwinkelkorngrenzen innerhalb dieser Strukturen mittels EBSD. Hierzu wurden detailliertere Mappings mit einer Schrittweite von 0,5 µm auf einer Fläche von 37,5 x 37,5 µm^2 erstellt.

Untersuchung der Zellkolonieentwicklung:

Im Rahmen der in Kap. 3.5.3. beschriebenen Studien zur Zellkolonieentwicklung wurde für die ausgewählten Legierungen ein großflächiges Mapping von 2100 x 2700 µm^2 erstellt, um das Zellkoloniewachstum in Abhängigkeit des Korngrenzwinkels zu betrachten. Zusätzliche Detailmappings der Zellkolonien mit einer Fläche von 120 x 160 µm^2 dienten zur Untersuchung der Wachstumsrichtung der Zellkolonien.

3-D Tomographie:

Für tomographische 3-D Mikrostruktur-Rekonstruktionen wurde zunächst die zu untersuchende Fläche mit der zugehörigen Schnitttiefe festgelegt. Mikrostrukturaufnahmen des ausgewählten Volumens erfolgten an senkrechten Schnitten in einem Abstand von 25 nm (vgl. Abb. 3.12). Für bestmöglichen Kontrast wurden die Bilder mit einem InLens-Detektor bei 5 kV Beschleunigungsspannung aufgenommen. Die 3-D Rekonstruktion der Bilderstapel wurde anschließend mit Hilfe der Software ImageJ und dem 3Dviewer plug-in vorgenommen (Abramoff 2004). Folgende 3-D Analysen wurden durchgeführt:

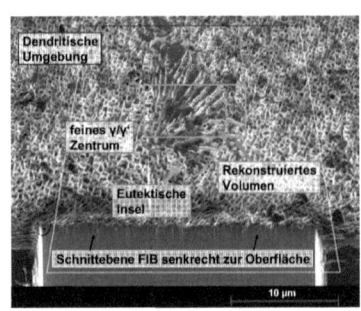

Abb. 3.12: Beispiel eines FIB Tomographieschnitts zur 3-D-Rekonstruktion einer eutektischen Mikrostruktur. Die entsprechende 3-D Struktur dieses Schnitts ist in Kap. 4.1.4. dargestellt.

Strukturanalyse der eutektischen Inseln:

Parallel zu den in Kap. 3.5.3. erläuterten Untersuchungen zur Elementverteilung innerhalb der eutektischen Inseln wurde ein interdendritisches Volumen von 8,9 x 6,0 x 8,75 µm^3 aus insgesamt über 350 Aufnahmen rekonstruiert. Die in dieser Arbeit dargestellten 3-D Ergebnisse (vgl. Kap. 4.1.4.) stammen aus dem in Abb. 3.12 abgebildeten Schnittzonenbeispiel in der Mitte einer eutektischen Insel.

Strukturanalyse der Zellkolonien:

Aus den TCP-Zellkolonien an den Korngrenzen wurde in Ergänzung zu den bisher erläuterten Studien ein Bereich von 95 x 26 x 32 µm^3 rekonstruiert um aus der Struktur der TCP-Ausscheidungen weitere Rückschlüsse auf das Wachstumsverhalten ziehen zu können.

3.5.5. Röntgenbeugungsversuche

Zur Bestimmung der γ- und γ'-Gitterkonstanten und der Gitterfehlpassung δ (vgl. Kap 2.4.3., Gl. 1.17) wurden vom Lehrstuhl Allgemeine Werkstoffeigenschaften (WW1) an der Universität Erlangen-Nürnberg Röntgenbeugungsmessungen an einem hochauflösenden Zweikristall-Diffraktometer (D500 Siemens Kristalloflex, Siemens AG, Karlsruhe, Deutschland) im Messbereich von 20 °C - 1100 °C durchgeführt. Die Messungen erfolgten für CMSX-4 sowie für die Re/Ru-Ecklegierungen Astra1-00, -02, -20 und 22, so dass die Parameter in Abhängigkeit von Re und Ru bestimmt werden konnten. Alle Proben wurden im vollständig wärmebehandelten Zustand untersucht. Eine ausführliche Darstellung der für diese Messungen verwendeten Vorgehensweise und Messmethodik ist in der Dissertationsschrift von Neumeier (Neumeier 2010) erläutert.

3.6. Thermophysikalische Eigenschaften

3.6.1. Dynamische Differenzkalorimetrie (DSC, Thermoanalyse)

Der Effekt von Re und Ru auf die Hochtemperatur-Phasenumwandlungen der Astra1-Legierungen wurde durch DSC-Messungen (differential scanning calorimetrie) an einer Netzsch-Apparatur des Typs STA 409 C/CD (Netzsch GmbH, Selb, Deutschland) ermittelt. Alle Messungen fanden unter einer hochreinen Ar 5.0 - Schutzatmosphäre mit zusätzlicher Gaspatronenreinigung und hochreinen Al_2O_3-Tiegeln statt. Zur Verbesserung der Messqualität erfolgte die Probenpräparation passend zur Tiegelgeometrie, so dass ein Probengewicht von rund 320 mg durch zylindrisches Vollmaterial mit einer Höhe von 3 mm und einem Durchmesser von 4 mm realisiert wurde. Die Messgenauigkeit des Geräts wurde durch eine Wiederholung der Messung von zwei beliebig ausgewählten Proben zu < ± 2 K ermittelt. Es wurden sowohl Proben im Gusszustand als auch im wärmebehandelten Zustand untersucht, um neben dem Einfluss der Legierungselemente auf den Erstarrungsverlauf auch die thermophysikalischen Eigenschaften nach der Homogenisierung der Legierungen zu überprüfen.

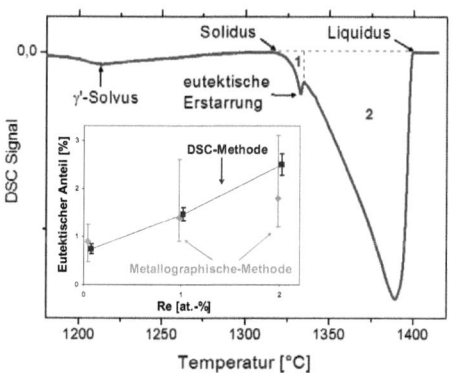

Abb. 3.13: Bestimmung von thermophysikalischen Daten aus einer DSC-Abkühlkurve. Der eutektische Anteil der Legierungen wurde aus den Enthalpieverhältnissen 1/(1+2) berechnet. Im Vergleich zu der in Kap. 3.5.1. beschriebenen metallographischen Methode, liefert die DSC-Methode verlässlichere Ergebnisse.

Die Auswertung der Messdaten erfolgte durch die DSC-Software *Netzsch Protheus®* (Netzsch GmbH, Selb, Deutschland). Da für Proben im Gusszustand aus den Aufheizkurven typischerweise keine γ'-Solvustemperaturen ermittelt werden können (Fuchs 2002, Palumbo 2006), wurde für die Auswertung die Abkühlkurve herangezogen. Diese spiegelt den Erstarrungsverlauf unter sehr geringen Abkühlraten wider. Der nötige Unterkühlungs-Onset für die Erstarrung sollte nach Studien an vergleichbaren Nickel-Basis Legierungen etwa 5 K betragen (D'Souza 2007, 2008).

In Abb. 3.13 ist eine Abkühlkurve mit den entnommenen Liquidus-, Solidus- und γ'-Solvustemperaturen exemplarisch dargestellt. Die DSC-Messungen dienten weiterhin zur Ermittlung des eutektischen Anteils der Legierungen. Hierzu wurde die Enthalpie der eutektischen Restschmelze als Verhältnis zur Gesamtenthalpiefreisetzung der Legierung berechnet (vgl. Abb. 3.13). Die Durchführbarkeit dieser Methode wurde durch die üblicherweise verwendete metallographische Auswertung mittels lichtmikroskopischer Gefügebilder und Bildauswertungssoftware überprüft (vgl. Kap. 3.5.1.). Ein Vergleich beider Messmethoden in Abb. 3.13 zeigt gute Übereinstimmung. Die metallographische Methode weist durch Ätzeinflüsse, Softwareeinstellungen und Strukturunterschiede im Eutektikum (vgl. Abb. 3.7) deutlich höhere Fehlerbalken auf, so dass für die Ergebnisdarstellung in dieser Arbeit die verlässlicheren Werte der DSC-Methode herangezogen werden.

Aus den Messungen der wärmebehandelten Proben wurde nur die Aufheizkurve der Proben bis zum Aufschmelzen der Legierungen in der DSC-Apparatur betrachtet. Die ermittelten Phasenumwandlungstemperaturen der homogenisierten Legierungen wurden für die Auswertung zum einen den Daten für den Erstarrungsverlauf gegenübergestellt. Zum anderen wurden die experimentellen Datensätze für einen Vergleich mit Simulationsdaten der ThermoCalc Software (Version R, Stockholm, Schweden) auf Basis der Datenbank TTNi7 (ThermoTech Ltd, Surrey, UK) herangezogen.

3.6.2. Dichte

Die Bestimmung der Dichteunterschiede durch die Zulegierung von Re und Ru erfolgte mittels der Auftriebswägung nach Archimedes. Um statistisch abgesicherte Werte zu erhalten wurden dazu sowohl halbe Gusszylinder als auch kleine Proben im Guss- und wärmebehandelten Zustand gemessen. Die Berechnung der Dichte erfolgte gemäß dem Zusammenhang:

$$\rho = \frac{m_1}{m_1 - m_2} \cdot \rho_{Liquid} \qquad \text{Gl. 3.4}$$

wobei m_1 der Masse an Luft, und m_2 der durch Auftrieb verringerten Masse im verwendeten Flüssigkeitsmedium entspricht. Die Messungen erfolgten bei Raumtemperatur in destilliertem Wasser.

3.6.3. Wärmeleitfähigkeit, -kapazität und thermische Ausdehnung

Für die wärmebehandelten Ecklegierungen Astra1-00, -02, -20 und -22 wurde die Wärmeleitfähigkeit und -kapazität im Netzsch-Applikationslabor (Netzsch-Gerätebau GmbH, Selb, Deutschland) an einer Laser-Flash-Apparatur Netzsch-LFA 427 durchgeführt. Konform zu den nationalen und internationalen Normen ASTM E-1461, DIN 30905 und DIN EN 821 wurde ein Messbereich von 25 °C bis 1300 °C unter dynamischer Argonatmosphäre abgedeckt. Wärmekapazität $c_p(T)$ und Temperaturleitfähigkeit $a(T)$ wurden als temperaturabhängige Messdaten ermittelt. Zusammen mit der Dichte ρ der Proben wurde die Wärmeleitfähigkeit $\lambda(T)$ gemäß folgender Gleichung berechnet:

$$\lambda(T) = \rho \cdot c_p(T) \cdot a(T) \qquad \text{Gl. 3.5}$$

Die Bestimmung des linearen thermischen Ausdehnungskoeffizienten $\alpha(T)$ erfolgte für die gleiche Auswahl an Legierungen an einem Dilatometer (DIL 402E, Netzsch-Gerätebau GmbH, Selb, Deutschland) bei einer Aufheizrate von 5 K/min und einer Abkühlrate von 20 K/min. Als Proben wurden wärmebehandelte Stäbe mit einer Länge L_0 von etwa 50 mm und einem Durchmesser von 4 mm verwendet. Die Kalibration der Daten erfolgte durch eine Al_2O_3-Referenzkurve. Die gemessene temperaturabhängige Längenänderung ΔL wurde gemäß Gl. 3.6 in den linearen thermischen Ausdehnungskoeffizienten $\alpha(T)$ umgerechnet:

$$\alpha(T) = \frac{1}{L_0} \cdot \frac{\Delta L}{\Delta T} \qquad \text{Gl. 3.6}$$

3.7. Mechanische Eigenschaften (Zeitstandversuche)

3.7.1. Probenherstellung

Die Zeitstandzugproben wurden gemäß DIN 10291 in <001> Orientierung aus vollständig wärmebehandelten Gussstäben gefertigt. Ausgehend von den 12 mm Durchmesser des Gusszylinders konnte als größtmögliche Probengeometrie die in Abb. 3.14 dargestellte Abmessung erreicht werden. Die CNC-Fertigung mit geringer Oberflächenrauheit erfolgte bei der Fa. Erker (Erker Funkenerosion GmbH, Nürnberg, Deutschland).

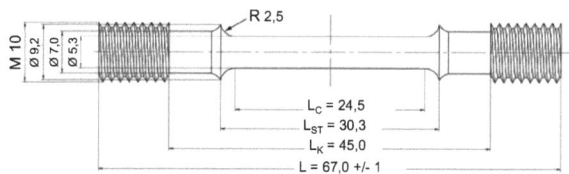

Abb. 3.14: Verwendete Zeitstand-Zugproben mit einem Prüfquerschnitt von 5,3 mm (DIN 10291). Die Proben wurden als Schultergeometrie mit Schneiden für die Aufnahme der Wegaufnehmer gefertigt.

Zur Bestimmung des exakten Probendurchmessers d_0 und der Bezugslänge L_R einer jeden Zugprobe wurde die Geometrie mit einem Messmikroskop des Typs UVM (Fa. Ernst Leitz, Berlin, Deutschland) vermessen. Die Berechnung von L_R erfolgte gemäß DIN 10291 nach dem Zusammenhang:

$$L_R = L_C + \sum_i \left[(d/d_i)^{2n} \cdot l_i \right] \qquad \text{Gl. 3.7}$$

wobei n = 5 entsprechend der DIN 10291 für unbekannte Kriechexponenten gewählt wurde. Die Parallellänge L_C ist in Abb. 3.14 dargestellt, d entspricht dem gemessenen Durchmesser im Übergangsbereich zur Wegaufnehmerschneide nach einem horizontalen Verfahrweg i aus dem Parallelbereich der Probe.

3.7.2. Zeitstandversuche

Die Zeitstandversuche wurden unter konstanter Last an Hebelarm-Zugprüfmaschinen (Modell 2330-CC, ATS Applied Test Systems Inc., Butler, PA, USA) mit Wegaufnehmern der Firma Heidenhain (Linearencoder St12, Heidenhain GmbH, Traunreut, Deutschland) durchgeführt. Als Spannung wurde ein Bereich von 150-400 MPa in 50 MPa-Abständen abgedeckt, um den Mechanismus des Versetzungskriechens zu untersuchen (vgl. Ashby-Map, Abb. 2.19). Zum Vergleich mit anderen Literaturdaten wurden die Prüftemperaturen im typischen Temperaturbereich von $T_H > 0{,}65$ zu 950 °C und 1050 °C gewählt. Die Ofensteuerung erfolgte nicht wie üblicherweise über einen Eurothermregler, sondern durch drei direkt an der Probe angebrachte Thermoelemente Typ K, so dass über die gesamte Versuchsdauer eine konstante Probentemperatur mit Abweichungen < 5 K gewährleistet werden konnte. Die Last wurde erst nach dem Erreichen und einer 15-minütigen Haltezeit der jeweiligen Prüftemperatur über das Hebelarmsystem mit einer geringen Belastungsgeschwindigkeit aufgebracht. Alle Versuche wurden als ununterbrochener Zeitstandversuch an Luft bis zum Bruch, oder bis zu einer maximalen Laufzeit von 600 h durchgeführt (als Dauerläufer ausgebaut).

3.7.3. Auswertung

Bei der Auswertung der Rohdaten der Kriechversuche wurde nur die plastische Längenänderung ΔL ohne die elastische Dehnung der Proben betrachtet. Die Daten wurden gemäß DIN 10291 über die Bezugslänge L_R (vgl. Kap. 3.7.1.) in die plastische technische Dehnung ε_{pl} umgerechnet:

$$\varepsilon_{pl} = \frac{\Delta L}{L_R} \qquad \text{Gl. 3.8}$$

Für eine Gegenüberstellung der Legierungen wurde die Darstellung eines Larson-Miller-Plots gemäß Kap. 2.5.3. gewählt. Anstelle der üblicherweise stark streuenden Bruchzeit t_B wurde hierfür der Zeitdehngrenzwert $t_{(1\%)}$ bis zum Erreichen von 1 % plastischer Dehnung verwendet, da dieser Wert im vergleichsweise stabilen Bereich des stationären Kriechbereichs liegt. Zudem spiegelt die Wahl eines Zeitdehngrenzwertes eine realistischere Einsatzgrenze einer Turbinenschaufel dar, als die Auslegung nach der Bruchzeit. Ein zusätzlicher Legierungsvergleich erfolgte über die unterschiedlichen Kriechraten in Abhängigkeit der Kriechdehnung (vgl. Kap. 2.5).

Mikrostrukturanalysen der gekrochenen Proben wurden für die Versuche bei 950° C und 300 MPa durchgeführt. Von den beiden Kriechprobenhälften wurde dazu, wie in Abb. 3.15 dargestellt, jeweils eine Hälfte mittig in der Längsachse getrennt und als Längsschliff eingebettet. Des Weiteren wurden gemäß Abb. 3.15 Querschliffe nahe der Bruchstelle und als Referenz zusätzlich aus dem unverformten Gewindekopf entnommen. Die ausgebildete γ'-Floßstruktur der unterschiedlichen Legierungen wurde in einem konstanten Abstand von 500 µm von der Bruchfläche betrachtet.

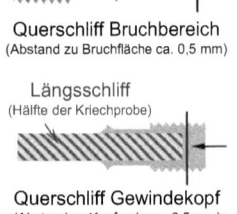

Querschliff Bruchbereich
(Abstand zu Bruchfläche ca. 0,5 mm)

Längsschliff
(Hälfte der Kriechprobe)

Querschliff Gewindekopf
(Abstand zu Kopfende ca. 0,5 mm)

Abb. 3.15: Schematische Darstellung der Schliffe aus gebrochenen Kriechproben.

4. Ergebnisse

4.1. Mikrostruktur im Gusszustand

Die Erstarrung von Legierungen und die resultierende Gussmikrostruktur beeinflusst neben der Gießbarkeit auch die notwendigen Wärmebehandlungsparameter und die späteren mechanischen Eigenschaften. Um den Einfluss der Legierungselemente Re und Ru zu untersuchen, konzentrieren sich die Untersuchungen ausgehend vom Dendritenstammabstand speziell auf die Mikrosegregation und die eutektische Erstarrung der Restschmelze.

4.1.1. Dendritische Gussstruktur

Um sicher zu stellen, dass alle Gefügeanalysen an Proben aus einem Bereich mit stationärer Mikrostruktur entnommen werden, wurde die Entwicklung der Gussstruktur entlang der DS-Gusszylinder an mehreren Abgüssen der kommerziellen Nickel-Basis Legierung CMSX-4 eingehend untersucht. Zusätzlich wurde der Feingussprozess in der im Rahmen der vorliegenden Arbeit gebauten HRS-Vakuumfeingießanlage (VIC-Unit07, Lehrstuhl WTM, Universität Erlangen-Nürnberg, Deutschland) in Zusammenarbeit mit NMF (Neue Materialien Fürth GmbH, Fürth, Deutschland) für CMSX-4 modelliert (Opel 2009).

In Abb. 4.1 sind die berechneten Erstarrungsbedingungen G und v, welche anhand Gl. 1.3 (Kap. 2.2.2.) und der Simulationssoftware ProCast aus den in CMSX-4 experimentell bestimmten Dendritenstammabständen λ berechnet wurden, entlang eines DS-Gusszylinders dargestellt. Die für alle Abgüsse gleich gewählten Probenentnahmestel-

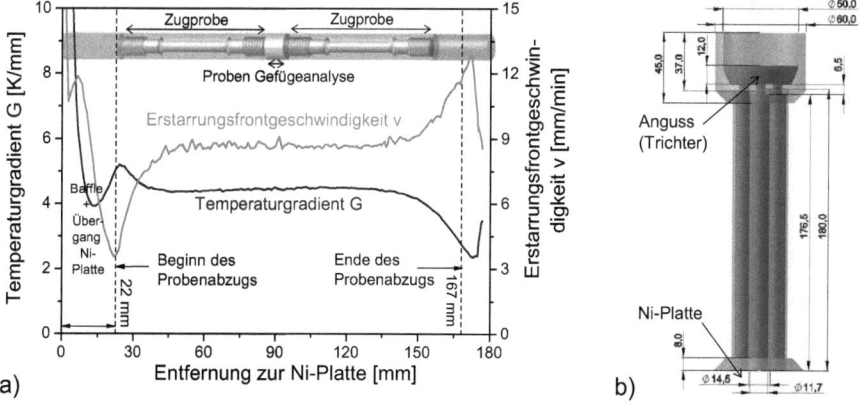

Abb. 4.1: a Simulierter Temperaturgradient G und Erstarrungsfrontgeschwindigkeit v über b) der Gusslänge einer DS-Formschale für die kommerzielle Nickel-Basis Legierung CMSX-4. Daten für eine Formschalentemperatur von 1500 °C und eine Abzugsgeschwindigkeit von 9 mm/min. Die gewählten Probenentnahmen für Gefügeanalysen sowie die Parallellänge L_C der Zeitstandproben (vgl. Abb. 3.14) liegen im Bereich konstanter Erstarrungsbedingungen (Opel 2009, Franke 2010).

len liegen in einem Bereich des Gusszylinders mit stationärem G und v. Somit können für alle Proben aus den unterschiedlichen Legierungen konstante Erstarrungsbedingungen mit einer einheitlichen Gefügemorphologie angenommen werden. Für CMSX-4 beträgt λ im stationären Gefügebereich für eine Abzugsgeschwindigkeit von 9 mm/min beispielsweise konstant 186 µm ± 5,5 (vgl. Abb. 4.2). Aus der Bestimmung von λ für die Re- und Ru-abhängige Astra1-Serie zeigt sich eine Abhängigkeit der Mikrostruktur vom Re-Anteil, welche in Abb. 4.3 dargestellt ist. Für beide Abzugsgeschwindigkeiten beträgt die Verringerung von λ durch den Zusatz von Re rund 7,5%/at.-% Re. Ru-Zusätze zeigen hingegen keinen Einfluss. Untersuchungen von Volek (Volek 2002) an der Legierung IN792 und einer IN792-Variante mit 3 *wt.*-% Re (≈ 1 *at.*-% Re), welche beide mit einer ähnlichen Formschalengeometrie bei gleichen HRS-Prozessparametern gegossen wurden, fanden bei einer Abzugsrate von 3 mm/min zwar keinen Einfluss von Re auf λ. Allerdings ist in Abb. 4.3 zu erkennen, dass die Verringerung von λ bei der Abzugsgeschwindigkeit von 3 mm/min auch in der Astra1-Serie erst bei höherem Re-Anteil signifikant ist. Generell kann aufgrund der reproduzierbaren λ-Abnahme mit steigendem Re-Anteil für unterschiedliche Ru-Anteile ein zufälliger Einfluss von möglichen Ofentemperaturschwankungen während dem Gießprozess ausgeschlossen werden.

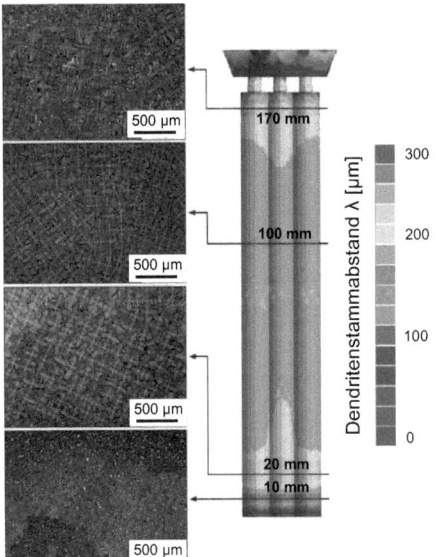

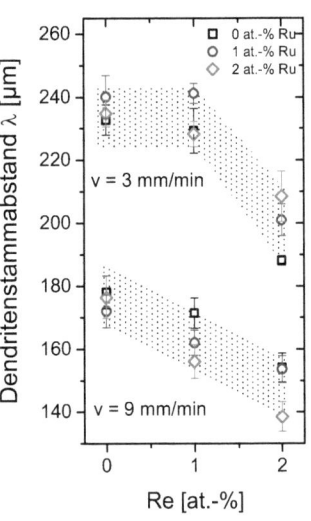

Abb. 4.2: Entwicklung des oberflächennahen Dendritenstammabstands entlang eines DS-Gusszylinders aus CMSX-4 bei einer Abzugsgeschwindigkeit von 9 mm/min. Ab einer Gussstabhöhe von ca. 30 mm ist die Gussmorphologie konstant. Durch den erhöhten Wärmeeintrag des Trichters nimmt λ zum Stabende zu (Opel 2009).

Abb. 4.3: Dendritenstammabstand λ in Abhängigkeit von Re für unterschiedliche Abzugsgeschwindigkeiten. Ein variierender Ru-Gehalt zeigt im Gegensatz zu Re keinen Einfluss. Die Proben wurden bei konstanten Erstarrungsbedingungen mittig aus dem Gusszylinder entnommen (90 mm Höhe).

4.1.2. Mikrosegregation in Abhängigkeit von Re/Ru

Die Mikrosegregation einzelner Elemente kann am besten anhand des Segregationskoeffizienten k_S aus der Konzentration der einzelnen Elemente im Dendritenkern c_D und im interdendritischen Bereich c_{ID} (Kap. 3.5.3., Gl. 3.3) abgebildet werden. Für die γ'-bildenden Legierungselemente Al und Ta, welche in den interdendritischen Bereich segregieren ($k_S < 1$, vgl. Kap. 2.2.3.) ist die Mikrosegregation in Abhängigkeit von Re und Ru in Abb. 4.4 dargestellt. Zugaben von Re führen zu einer Abnahme von k_S, bzw. zu einer erhöhten Mikrosegregation für beide Elemente. Dies ist in Einklang mit anderen experimentellen Beobachtungen (Caldwell 2004, Kearsey 2004). Am Beispiel von EPMA-mappings in Abb. 4.5 wird die signifikante Zunahme der Al-Mikrosegregation durch Re deutlich. Für Ru ist der Effekt nicht oder nur sehr gering vorhanden (Abb. 4.4).

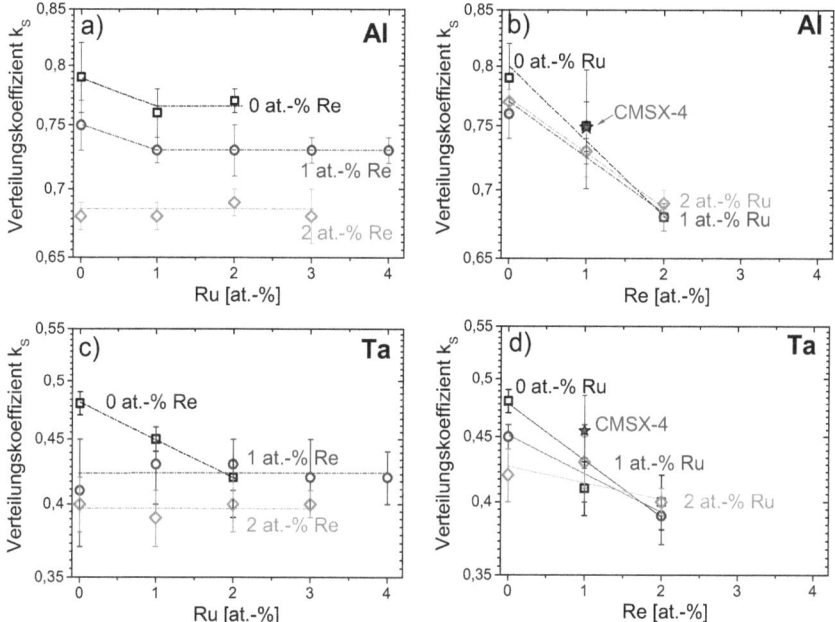

Abb. 4.4: Segregationskoeffizienten k_s für Al (a und b) und Ta (c und d) in Abhängigkeit von Ru (a und c) und Re (b und d). Re-Zugaben führen zu einer deutlich erhöhten Mikrosegregation beider Elemente. Ru-Zugaben zeigen keinen oder nur einen geringen Einfluss (a und c). Ta weist im Vergleich zu Al eine höhere Segregationstendenz auf (unterschiedliche Achsenskalierung). Alle Daten entsprechen Messungen bei einer Abzugsgeschwindigkeit v = 9 mm/min. Vergleichsanalysen bei v = 3 mm/min ergeben keinen Unterschied in den Tendenzen.

Unter den Legierungselementen, welche in den Dendritenkern segregieren ($k_S > 1$, vgl. Kap. 2.2.3.) sind Re und zu einem etwas geringerem Ausmaß W die beiden Elemente mit der höchsten Segregationstendenz. Den Einfluss der Legierungselemente Re und Ru auf die Mikrosegregation von Re und W zeigt Abb. 4.6. Die größte Beeinflussung besteht in der erhöhten Re-Segregation durch zunehmenden Re-Anteil in der Legie-

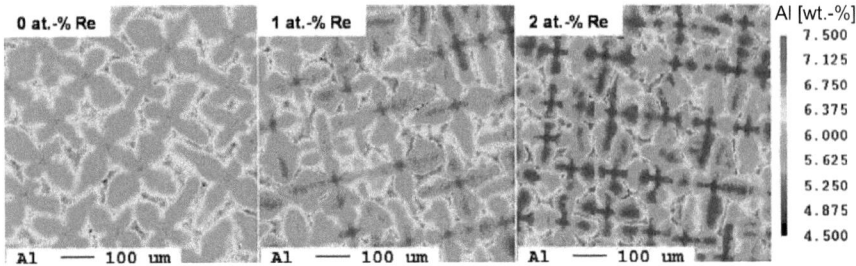

Abb. 4.5: EPMA-mappings für die Elementverteilung von Al in Abhängigkeit von Re, bei konstant 2 *at.-%* Ru (Angaben in *wt.-%*). Die Segregation von Al nimmt durch Re deutlich zu.

rung. Bei W fällt die k_S-Zuname durch Re geringer aus und scheint zudem durch Zugaben von Ru abzunehmen (vgl. sinkenden k_S in Abb. 4.6 c). Aufgrund der hohen Fehlerbalken ist jedoch eine gewisse Unsicherheit gegeben. In der Literatur finden sich zum Einfluss von Ru auf W widersprüchliche Ergebnisse. Caldwell et al. (Caldwell 2004) berichten ebenfalls von einer verringerten W-Segregationsneigung durch Ru, während andere Studien keinen oder einen leicht negativen Einfluss beschreiben (Hobbs 2004, Feng 2006).

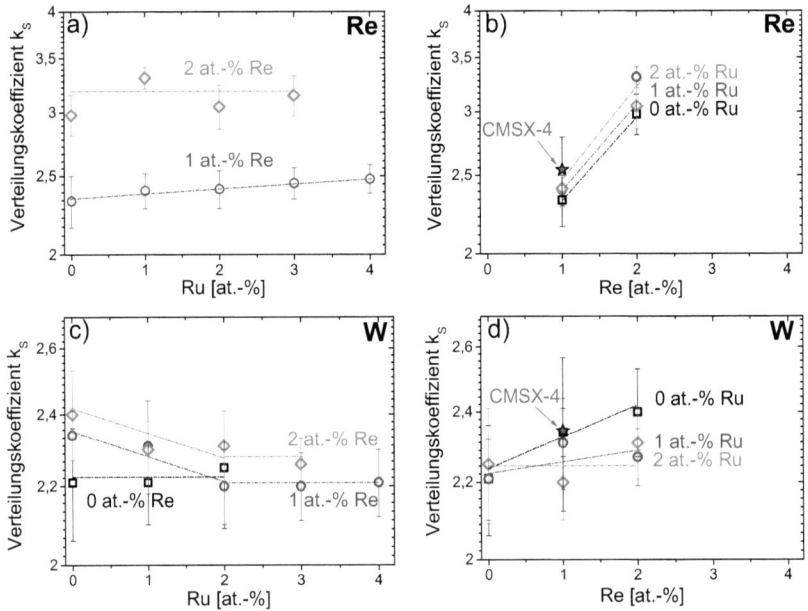

Abb. 4.6: Segregationskoeffizienten k_S für Re (a und b) und W (c und d) bei einer Abzugsgeschwindigkeit von 9 mm/min in Abhängigkeit von Ru (a und c) und Re (b und d). Die Zugabe von Re zeigt eine ausgeprägte Erhöhung der Re-Mikrosegregation. Bei W ist dieser Effekt geringer und scheint durch Ru abgeschwächt zu werden (c). Re weist im Vergleich zu W generell eine höhere Segregationstendenz auf (unterschiedliche Achsenskalierung).

Die Mikrosegregation aller anderen Elemente mit $k_S > 1$ ist deutlich niedriger als für Re und W und wird ebenfalls durch Re-Zugaben verschlechtert. Der Einfluss von Re auf die Segregationsneigung folgt dabei der Reihenfolge W ≥ Cr ≥ Ru ≥ Mo > Co. Diese Beobachtungen decken sich auch mit experimentellen Studien an einzelnen Re-haltigen Legierungen (Caldwell 2004, Kearsey 2004).

4.1.3. Eutektischer Anteil in Abhängigkeit von Re/Ru

Die unterschiedliche Löslichkeit in Festkörper und Schmelze führt zu einer Anreicherung der γ'-bildenden Elemente in der Restschmelze zwischen den Dendriten, welche das γ/γ'-Eutektikum bilden (vgl. Kap. 2.2.4.). Je nach Legierungszusammensetzung kann der eutektische Anteil stark schwanken und damit beispielsweise die Gießbarkeit der Legierungen beeinflussen (Heck 1999, Zhang 2002, Zhou 2005, 2006). In Abb. 4.7 ist die Auswirkung einer schrittweise erhöhten Konzentration von Re und Ru auf den Anteil der eutektischen Restschmelze dargestellt. Bemerkenswert ist der starke Anstieg des eutektischen Anteils durch die Zugabe von Re, welcher unabhängig vom vorliegenden Ru-Anteil etwa 40-50 %/at.-% Re zunimmt (Abb. 4.7 b). Der Einfluss von steigendem Ru-Gehalt wirkt sich hingegen nur gering aus und nimmt bei gleichzeitig zulegiertem Re stetig ab (Abb. 4.7 a).

Abb. 4.7 beinhaltet außerdem einen Vergleich mit der Ausgangslegierung CMSX-4, welche im Gegensatz zur Astra1-Serie zusätzlich Ti und Hf beinhaltet (vgl. Tab. 3.1). Bei gleichem Re-Gehalt liegt der eutektische Anteil in CMSX-4 mehr als einen Faktor 3 über dem der vergleichbaren Astra-Legierungen ohne Ti und Hf. Der Einfluss dieser beiden Legierungselemente auf den Restschmelzeanteil deckt sich mit Beobachtungen anderer Studien, welche den Effekt von Ti und Hf auf die starke Segregationstendenz in den interdendritischen Bereich zurückführen (Zhang 2002, Zhou 2006).

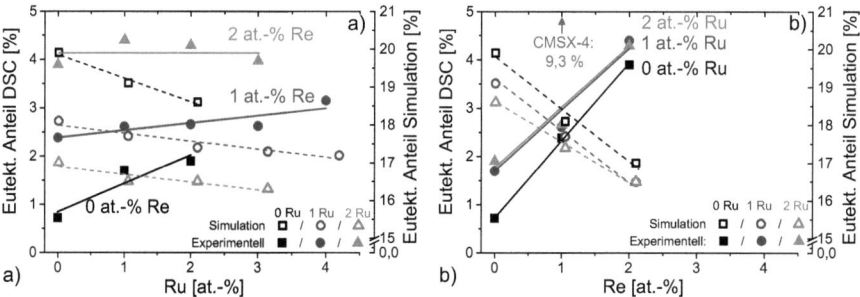

Abb. 4.7: Experimentell ermittelter eutektischer Anteil für eine Abzugsgeschwindigkeit von 9 mm/min (geschlossene Symbole, linke Hochachse) in Abhängigkeit von Ru (a) und Re (b). Während der Einfluss von Ru gering ist und bei gleichzeitig zulegiertem Re abnimmt (a), wirkt sich die Zugabe von Re signifikant auf den eutektischen Anteil aus. ThermoCalc Scheil-Gulliver Simulationen des eutektischen Anteils (offene Symbole, rechte Hochachse) decken sich mit den experimentellen Beobachtungen nicht (gegenläufige Tendenz und unterschiedliche Achsenskalierung).

Für einen Vergleich der experimentellen Daten mit der Simulation, wurden für alle Astra1-Legierungen ThermoCalc-Berechnungen des Erstarrungsverlaufs auf Basis des Scheil-Gulliver-Modells erstellt. Als Startpunkt der eutektischen Erstarrung wurde das Auftreten der ersten eutektischen γ'-Phase in den Diagrammen des modellierten Festphasenanteils über der Temperatur gewählt und die zugehörige eutektische Temperatur sowie der eutektische Anteil bestimmt. Wie in Abb. 4.7 dargestellt, stimmen die Ergebnisse mit den experimentellen Werten eher schlecht überein. Die Zunahme des eutektischen Anteils durch steigenden Re-Anteil weist in den Simulationsergebnissen eine gegenläufige Tendenz auf und der Anteil der eutektischen Restschmelze beträgt etwa eine Größenordnung zu viel. Konform ist jedoch, dass Ru auch in den Simulationsergebnissen einen deutlich geringeren Einfluss auf den eutektischen Anteil hat als Re. Die Diskrepanz zwischen ThermoCalc Scheil-Gulliver-Simulationen und experimentell ermittelten eutektischen Anteilen wird in anderen Studien bestätigt (Fuchs 2002, Kearsey 2004). Basis dieses Problems scheint die Überbewertung der segregationsbedingten Elementanreicherung in der Restschmelze zu sein, weil die Festphasendiffusion in den Randbedingungen des Modells nicht betrachtet wird (vgl. Kap. 2.2.3.). Eine weitere Ursache liegt in der Beschränkung des Simulationsmodells auf eindimensionale Berechnungen (Heckl 2010d).

4.1.4. Erstarrung der Restschmelze

Die Erstarrung der Restschmelze von Multikomponentensystemen erstreckt sich im Gegensatz zu binären Legierungen über ein Temperaturintervall, weshalb sich auch die Zusammensetzung ähnlich zu eutektischen Rinnen in ternären Systemen weiterhin verändert. Aufgrund der Komplexität der Legierungssysteme ist der genaue Erstarrungsverlauf bisher jedoch ungeklärt (vgl. Kap. 2.2.4.). Aus den Untersuchungen der Astra1-Legierungen zeigt sich, dass die Mikrostruktur der eutektischen Bereiche immer aus feinen bis groben γ'-Ausscheidungen in einer γ Matrix zusammengesetzt ist.

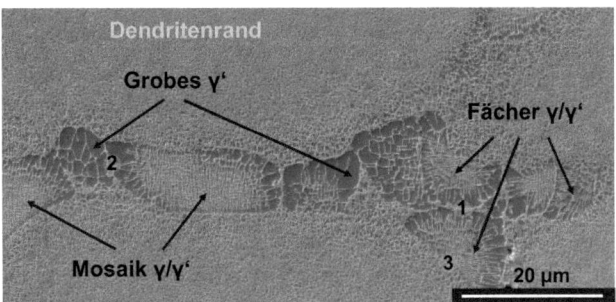

Abb. 4.8: REM-Aufnahme des interdenritischen Bereichs in der Legierung Astra1-20, als Beispiel für die koexistenten eutektischen Strukturtypen. Jeder Strukturtyp entspricht einer eutektischen Insel. In Punkt 1 sind zwei Inseln aneinander gewachsen. Da die groben γ'-Ausscheidungen nicht immer neben dem primären Dendriten zu finden sind (Punkt 2), scheint die Wachstumsrichtung der eutektischen Insel eher mit feinem γ/γ' zu beginnen (Punkt 3).

4. Ergebnisse

Unabhängig von der Legierungszusammensetzung liegen mehrere eutektische Inseln mit unterschiedlicher Morphologie koexistent nebeneinander vor. Wie in Abb. 4.8 dargestellt, lassen sich die Strukturtypen in feines, fächerförmiges γ/γ' mit vergröbernder Morphologie zum Fächerrand (Fächer γ/γ'), in mosaikförmige γ/γ' Inseln mit rechteckigen γ' (Mosaik γ/γ') und in grobe γ'-Ausscheidungen (Grobes γ') aufteilen. Im Gegensatz zu dem von D'Souza und Dong (D'Souza 2007, 2008) vorgeschlagenen peritektischen Reaktionsbeginn von L + γ → (grobes) γ' am primären γ Dendriten, scheint die Wachstumsrichtung der eutektischen Inseln jedoch eher mit feinem γ/γ' zu beginnen (vgl. Abb. 4.8).

Um die Ursache der unterschiedlichen Morphologien aufzuklären, wurde an mehreren eutektischen Inseln eine FIB-Tomographie durchgeführt. Eine teilweise rekonstruierte 3-D Struktur eines eutektischen 2-D „Fächer γ/γ'"-Strukturtyps ist in Abb. 4.9 dargestellt (die zu dieser Rekonstruktion zugehörige, ursprüngliche 2-D Schnittfläche zeigt Abb. 3.12 und entspricht der in Abb. 4.9 a gekennzeichneten Deckfläche, (Heckl 2010b). Durch den Beginn der Rekonstruktion im Zentrum des feinen γ/γ'-Fächers in Abb. 4.9 a ist erkennbar, dass sich die länglichen γ'-Ausscheidungen des 2-D γ/γ'-Fächers auch unterhalb der ursprünglichen Schnittebene ausdehnen. Mit zunehmendem Abstand zum ursprünglichen γ/γ'-Zentrum erscheint in der 3-D Rekonstruktion hingegen der „Mosaik γ/γ'" Strukturtyp. Von der Rückseite betrachtet (Abb. 4.9 b) zeigt sich, dass aus den Strukturtypen in Abb. 4.9 a ein gradueller Übergang von länglichen „γ/γ'-Fächerstrukturen" zu „Mosaik γ/γ'" und von „Mosaik γ/γ'" mit erst 8 rechteckigen γ'-Ausscheidungen zu „Groben γ'" mit 2 großen γ'-Ausscheidungen zu beobachten ist. In der gleichen eutektischen Insel finden sich somit in Abhängigkeit der Schnittebene alle unterschiedlichen eutektischen Morphologietypen wieder.

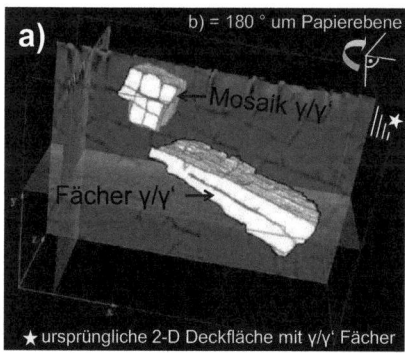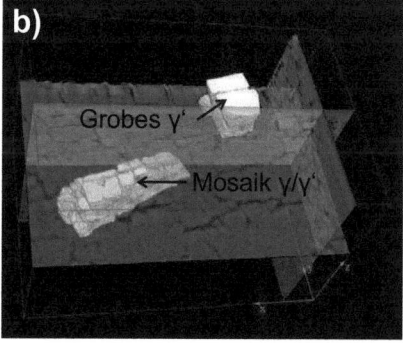

Abb. 4.9: Rekonstruierte 3-D Mikrostruktur (hell) aus der FIB-Tomographie an einem eutektischen „Fächer γ/γ'" Strukturtyp (8,9 x 6,0 x 8,8 µm³, zugehörige, ursprüngliche 2-D Oberfläche siehe Abb. 3.12, Kap. 3.5.4.).

a) Die länglichen γ'-Ausscheidungen des „γ/γ'-Fächers" breiten sich auch unterhalb der Schnittebene durch das ursprüngliche γ/γ' Zentrum des Fächers aus. Mit zunehmenden Abstand entwickelt sich innerhalb der eutektischen Insel eine „Mosaik γ/γ'"-Struktur.

b) Drehung der in a) dargestellten Perspektive um 180°. Von der Rückseite ist erkennbar, dass die unterschiedlichen eutektischen Strukturtypen graduell ineinander übergehen.

Neben der Mikrostrukturaufklärung wurde auch die Orientierung der eutektischen Inseln untersucht. Abb. 4.10 zeigt exemplarisch eine EBSD-Messung einer eutektischen Insel in ihrer dendritischen Umgebung. Weder eine Missorientierung (Abb. 4.10 b) noch eine Abweichung von der kristallographischen <001> Orientierung oder Kleinwinkelkorngrenzen (Abb. 4.10 c) konnten in Messungen mehrerer Legierungen gefunden werden.

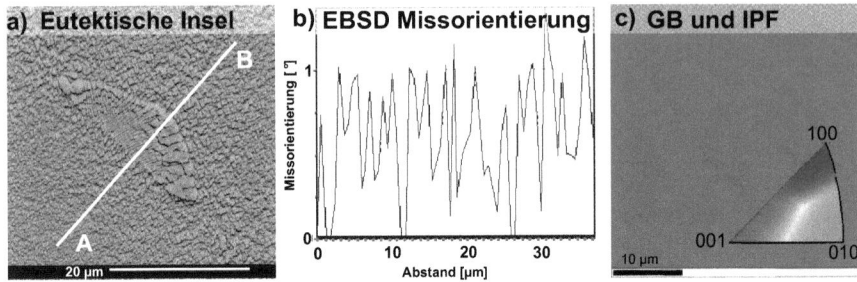

Abb. 4.10: EBSD-Analyse einer eutektischen Insel in Astra1-20 (Heckl 2010b).
   a) Übersichtsaufnahme der Mikrosstruktur und Linescan entlang A-B für die Darstellung der Missorientierung in b)
   b) Missorientierungsprofil „relative to first point" entlang A-B in a). Die Streubreite von 1,5° entspricht üblichen Präparationseinflüssen, so dass eine Missorientierung der Mikrostruktur ausgeschlossen werden kann. Das Eutektikum wächst demnach epitaktisch auf den Dendrit auf.
   c) Darstellung der Korngrenzen und der Inversen-Polfigur des EBSD-Mappings über a). Die kristallographische Orientierung weicht nicht von der <001> Orientierung ab. Es sind keine Kleinwinkelkorngrenzen an den Rändern der eutektischen Strukturen vorhanden.

Die Untersuchungen zum Erstarrungsverlauf wurden mit Hilfe von Elementverteilungen mit EPMA-Analysen an den Ecklegierungen Astra1-20, -02, und -22 durchgeführt. (vgl. Kap. 3.5.3.). Für alle Legierungen zeigt sich eine ungewöhnliche Mikrosegregation von Elementen mit einem Segregationsverteilungskoeffizienten k_S nahe 1 (Cr, Co, Al, Ni, Ru, vgl. Kap. 4.1.2.). Wie am Beispiel der Legierung Astra1-20 in Abb. 4.11 verdeutlicht, reichern sich die Elemente mit k_S knapp über 1 um die groben γ'-Ausscheidungen der eutektischen Inseln an, während die Elemente Al und Ni mit k_S knapp unter 1 eine Abreicherung in diesem Bereich aufweisen. Elemente mit hohen k_S-Werten wie W, Re und Ta zeigen dieses Verhalten nicht. Innerhalb der γ/γ' Fächer ist für alle Elemente eine eher graduelle Veränderung der chemischen Zusammensetzung zu beobachten. Die Konzentration der γ'-bildenden Elemente nimmt dabei zum Rand des Fächers stetig zu, während sich komplementär vor allem die Konzentration an Cr und Co abreichert.

4. Ergebnisse 71

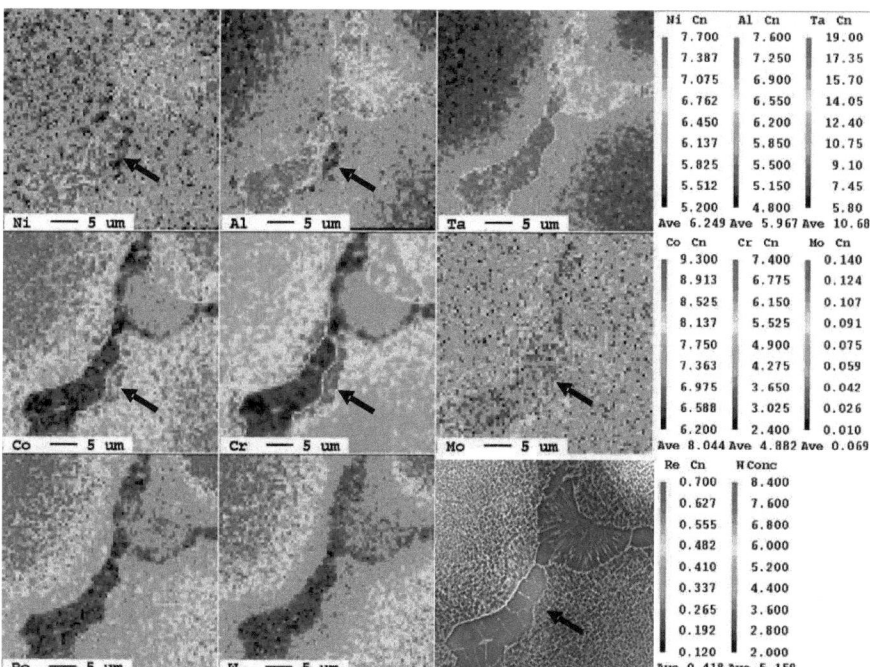

Abb. 4.11: Mikrosondenmapping (EPMA) aller Legierungselemente über einem eutektischen Bereich der Legierung Astra1-20. Zum Vergleich ist rechts unten eine REM-Aufnahme der vorliegenden Mikrostruktur dargestellt. Die Konzentrations-Farbskalen in wt.-% wurden für jedes Element angepasst, um die Mikrosegregation der jeweiligen Elemente optimal darzustellen. Innerhalb des feineren γ/γ' Bereichs des Eutektikums ändert sich die chemische Zusammensetzung graduell. Um die gröberen γ'-Bereiche am Rand eines „γ/γ'-Fächers" und um „grobe γ'" (Morphologiedefinition vgl. Abb. 4.8) zeigt sich eine Anreicherung mit den Elementen Cr, Co, Mo (k_S knapp über 1) während der gleiche Bereich mit Al und Ni (k_S knapp unter 1) verarmt (Markierung mit Pfeilen). Die stark segregierenden Elemente Re, W, Ta (k_S nicht nahe 1) zeigen dieses Verhalten nicht.

4.2. Thermophysikalische Eigenschaften

Die thermophysikalischen Eigenschaften von Legierungen können sowohl das Erstarrungsverhalten beeinflussen, als auch die resultierenden mechanischen Eigenschaften der Legierungen. Der Einfluss von Re und Ru auf die Phasenumwandlungstemperaturen wurde anhand von quasi-binären Phasendiagrammen aus DSC-Messungen ermittelt. Zusätzlich wurde der Einfluss beider Elemente auf Wärmeleitfähigkeit und Dichte experimentell bestimmt.

4.2.1. Phasendiagramme und thermodynamische Simulation

Die aus den DSC-Messungen gewonnenen Liquidus, Solidus und γ'-Solvus Temperaturen (vgl. Kap. 3.6.1.) sind in Abb. 4.12 in Form von quasi-binären Phasendiagrammen in Abhängigkeit von Re und Ru dargestellt. Ein zunehmender Re-Gehalt (Abb. 4.12 b) weist im Vergleich zu Ru (Abb. 4.12 a) wesentlich signifikantere Veränderungen auf. Die Liquidustemperatur T_L nimmt durch Zulegieren an Re mit etwa 6 K/at.-% zu, während bei Ru nur eine geringe Steigerung von weniger als 2 K/at.-% zu beobachten ist. Ähnliche Beobachtungen wurden auch in Studien an einzelnen Re- und Ru-haltigen Legierungen gemacht, wobei keine detaillierten Angaben über die exakte Steigerung von T_L zu finden sind (Feng 2002, Hobbs 2004, Feng 2006). Den Untersuchungen zufolge, scheint Ru erst ab 5 at.-% eine signifikante Steigerung von T_L zu bewirken.

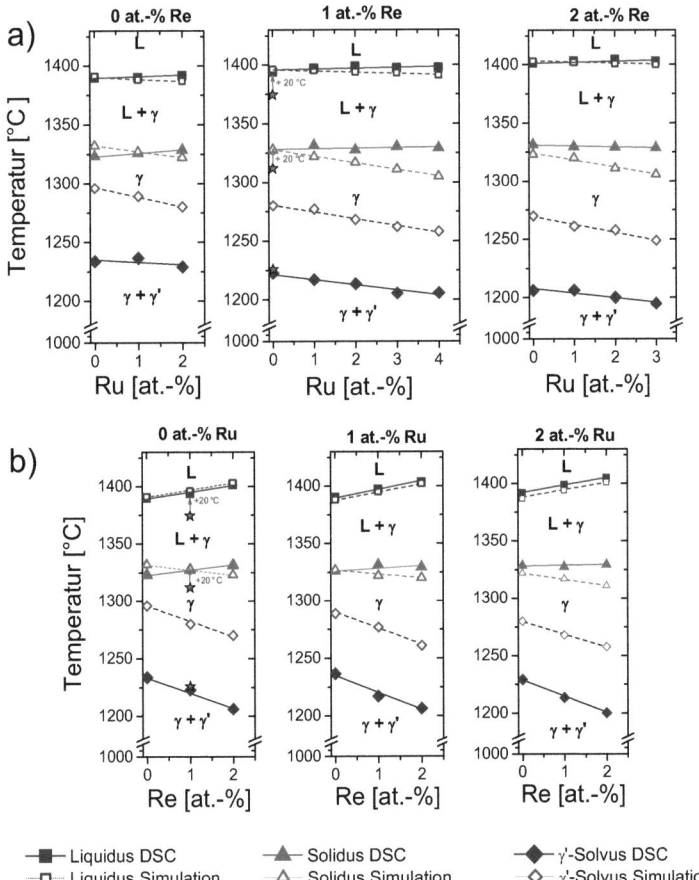

Abb. 4.12: Quasi-binäre Phasendiagramme nahe dem Gleichgewichtszustand in Abhängigkeit von Ru a) und Re b) mit jeweils unterschiedlich konstanten Re/Ru-Anteilen. Die Diagramme beinhalten die aus DSC-Messungen gewonnenen experimentellen Daten (geschlossene Symbole) und ThermoCalc Simulationsdaten (offene Symbole). Zusätze von Re beeinflussen vor allem Liquidus- und γ'-Solvustemperatur der Legierungen b), während Ru deutlich geringeren Einfluss hat. Ein Vergleich mit der kommerziellen Legierung CMSX-4 (rote Sterne) zeigt den Einfluss von Ti und Hf.

4. Ergebnisse 73

Der experimentell ermittelte Effekt von Re und Ru auf die Solidustemperatur T_S (vgl. Abb. 4.12) ist im Vergleich zu T_L gering und nimmt mit steigendem Re und Ru Gesamtanteil stetig ab. Als Resultat nimmt dadurch das Erstarrungsintervall T_L-T_S bei Legierung mit hohen Re und Ru Anteilen minimal zu. Vor allem für Re zeigt sich außerdem eine signifikante Abnahme der γ'-Solvustemperatur $T_{\gamma'\text{-}Sol}$, welche etwa 15 K/at.-% beträgt. Der Vergleich der Astra1-Serie mit der kommerziellen Legierung CMSX-4 in Abb. 4.12 zeigt den Einfluss von Ti und Hf auf T_L und T_S, welcher in Studien von Sponseller (Sponseller 1996) bestätigt wird.

Abb. 4.12 beinhaltet ebenfalls einen Vergleich der experimentellen Daten mit Thermo-Calc Simulationen. Für T_L zeigt sich eine sehr gute Übereinstimmung mit nur leicht abweichenden Ergebnissen für höhere Ru Anteile. Die Abnahme der T_S mit zunehmendem Re- oder Ru-Anteil kann experimentell nicht bestätigt werden, wobei der vorhergesagte Bereich der T_S jedoch gut übereinstimmt. Untersuchungen von Fuchs (Fuchs 2002) bestätigen diesen Befund. Die Problematik ist auf die bereits in Kap. 4.1.3. beschriebenen Ursachen zurückzuführen. Größte Abweichungen zwischen experimentellen und berechneten Ergebnissen finden sich, bei ansonsten übereinstimmenden Tendenzen, im Bereich der $T_{\gamma'\text{-}Sol}$ (vgl. Abb. 4.12). Die konstante Temperaturdifferenz ist auf die Tatsache zurückzuführen, dass $T_{\gamma'\text{-}Sol}$ der experimentellen DSC-Daten der maximalen γ'-Ausscheidungsrate aus den Abkühlkurven entspricht, während die Simulation den Beginn der γ'-Ausscheidung angibt. Durch erneute DSC-Messungen an wärmebehandelten Proben, bei welchen sämtliche thermophysikalischen Daten aus den Aufheizkurven entnommen wurden, wird dies bestätigt (Abb. 4.13). Anhand der Gegenüberstellung der experimentell ermittelten $T_{\gamma'\text{-}Sol}$ aus Erstarrungs- und wärmebehandelten Proben mit den Simulationsergebnissen in Abb. 4.13 b ist ersichtlich, dass die berechneten $T_{\gamma'\text{-}Sol}$ gut mit den tatsächlichen $T_{\gamma'\text{-}Sol}$ aus den Aufheizkurven der homogenisierten Proben übereinstimmen.

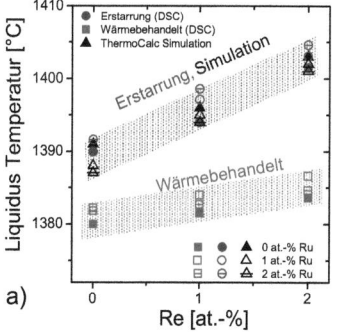
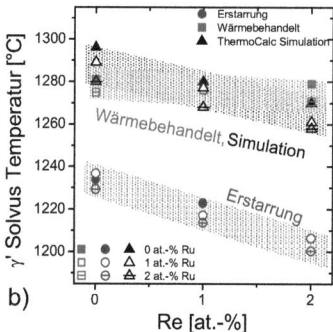

Abb. 4.13: Gegenüberstellung der Phasenumwandlungstemperaturen T_L a) und $T_{\gamma'\text{-}Sol}$ b) aus den experimentellen DSC-Abkühlkurven („Erstarrung", blau), aus den DSC-Aufheizkurven von Messungen an wärmebehandelten Proben („Wärmebehandelt", rot) und ThermoCalc Daten („Simulation", schwarz) in Abhängigkeit von Re. Die Simulation von T_L stimmt mit der Erstarrung überein, während für $T_{\gamma'\text{-}Sol}$ eine Übereinstimmung mit dem wärmebehandelten Zustand vorliegt. Der Einfluss von Re auf T_L ist nach der Wärmebehandlung aufgrund der Re-Homogenisierung geringer (detaillierte Diskussion in (Heckl 2010c)).

Weiterhin ist aus dem Vergleich in Abb. 4.13 a zu erkennen, dass der Einfluss von Re auf T_L nach der Homogenisierung der Proben mit einer Erhöhung von etwa 2 K/at.-% um den Faktor 3 geringer ausfällt als bei der Erstarrung. Insgesamt liegen die ermittelten T_L nach der Wärmebehandlung außerdem etwa 10 K tiefer als bei der Erstarrung. Unter Anbetracht der Tatsache, dass bei den gemessenen Abkühlkurven mit einem Unterkühlungs-Onset von 5 K zu rechnen ist (vgl. Kap. 3.6.1.) dürfte die Temperaturdifferenz tatsächlich sogar noch höher liegen. Die höheren T_L im Gusszustand sind dabei auf die hohe Anreicherung an Refraktärmetallen im Dendritenkern zurückzuführen. Nach der Wärmebehandlung ist das Gefüge weitgehend homogenisiert, so dass der maximale T_L-Wert niedriger ausfällt (Heckl 2010c). Konsequenterweise nimmt der T_L-Unterschied deshalb auch mit steigender Re-Mikrosegregation durch höhe Re-Anteile zu (vgl. Abb. 4.13 und Abb. 4.6). Aus der Gegenüberstellung der $T_{\gamma'\text{-}Sol}$ in Abb. 4.13 b ist weiterhin zu entnehmen, dass die signifikante Verringerung der $T_{\gamma'\text{-}Sol}$ durch Re (vgl. Phasendiagramme in Abb. 4.13 b) nach der Wärmebehandlung aufgrund der Homogenisierung nicht mehr vorliegt. Übereinstimmend mit Studien von Neumeier und Caron (Caron 2000, Neumeier 2010) wird somit $T_{\gamma'\text{-}Sol}$ bzw. das γ'-Auflösungsverhalten mit steigender Temperatur durch Re und Ru Zugaben nicht beeinflusst. Allerdings scheint diese Aussage nicht generell auf Nickel-Basis Legierungen übertragbar zu sein, sondern von der Gesamtlegierungszusammensetzung abzuhängen, da Untersuchungen von Hobbs (Hobbs 2008c) wiederum einen Einfluss von Ru auf $T_{\gamma'\text{-}Sol}$ aufweisen.

4.2.2. Thermophysikalische Messungen

Neben dem Erstarrungsintervall können auch thermophysikalische Eigenschaften der Legierungen die Erstarrungsbedingungen während des Gießprozesses beeinflussen (vgl. Kap. 2.2.1). Aus diesem Grund wurde der Einfluss von Re und Ru auf Wärmeleitfähigkeit, spezifische Wärmekapazität und thermischen Ausdehnungskoeffizienten an einigen Astra1-Legierungen überprüft (Abb. 4.14). Keine der physikalischen Größen wird durch unterschiedliche Re- oder Ru-Anteile in der Legierung beeinflusst, obwohl Re und Ru als Reinmetall deutlich unterschiedliche thermophysikalischen Eigenschaf-

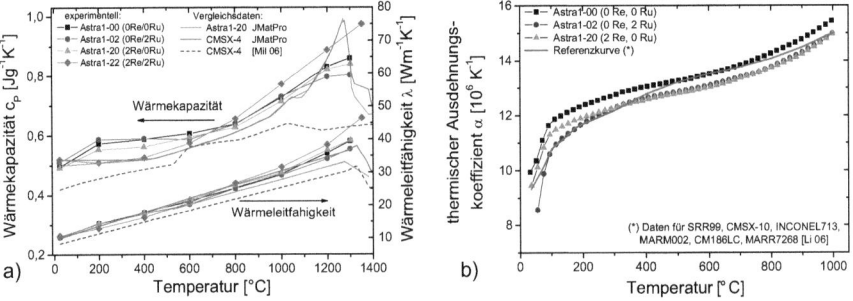

Abb. 4.14: Wärmeleitfähigkeit und spezifische Wärmekapazität a) sowie thermischer Ausdehnungskoeffizient b) für einige Astra1-Legierungen mit unterschiedlichem Re und Ru Gehalt. Die experimentellen Daten zeigen keinen Einfluss von Re und Ru und stimmen gut mit berechneten Daten der Software JMatPro und Literaturdaten (Li 2006, Mills 2006) überein.

ten aufweisen. Ein Vergleich der experimentellen Ergebnisse mit berechneten Daten der Software JMatPro (JMatPro, Sente Software Ltd., Guildford, United Kingdom) zeigt, dass die experimentellen Daten außerdem sehr gut durch Simulation abgebildet werden können.

Da die Dichte der Legierungen bei dynamischer Bauteilbeanspruchung einen Einfluss auf die anliegende Spannung hat, wurde hierfür ebenfalls der Einfluss von Re und Ru überprüft (Abb. 4.15). Re hat durch seine sehr hohe Dichte von 21,0 g/cm³ eine signifikante Erhöhung der Legierungsdichte von etwa 0,15 (g/cm³)/at.-% zur Folge. Für das leichtere Element Ru (12,4 g/cm³) ist hingegen keine signifikante Dichtesteigerung zu verzeichnen (Abb. 4.15 a). Die experimentellen Daten stimmen generell gut mit den berechneten Daten aus JMatPro überein und vereinfachen so vor allem die Datengewinnung für experimentell aufwendige Dichtemessungen in Abhängigkeit der Temperatur (vgl. Abb. 4.15 b).

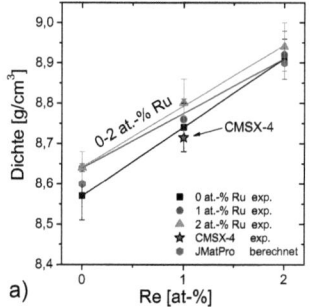
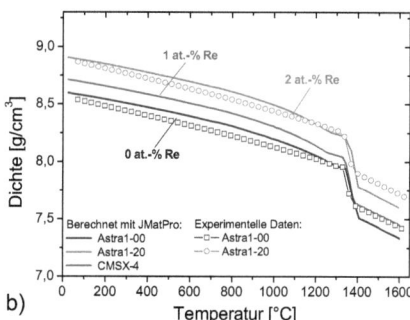

Abb. 4.15: a) Dichte der Astra1-Legierungen bei Raumtemperatur in Abhängigkeit von Re bei unterschiedlichen Ru-Anteilen. Durch Re-Zugaben erhöht sich die Dichte der Legierungen deutlich, wohingegen Ru keinen signifikanten Einfluss hat.

b) Dichte für Astra1-00, -20 und CMSX-4 in Abhängigkeit der Temperatur. Die experimentellen Daten stimmen gut mit den über JMatPro berechneten Dichten überein (JMatPro Daten aus Zusammenarbeit mit NMF).

4.3. Mikrostruktur im wärmebehandelten Zustand

Die aus der Wärmebehandlung resultierende γ/γ'-Mikrostruktur ist von wesentlicher Bedeutung für die mechanischen Eigenschaften der Nickel-Basis Legierungen (vgl. Kap. 2.4.). Nachfolgend wird neben dem Ausgangszustand der Wärmebehandlung der Einfluss von Re und Ru auf γ'-Morphologie, γ'-Größe, und γ'-Volumenanteil dargestellt, sowie das γ/γ'-Verteilungsverhalten der Elemente und die Gitterfehlpassung untersucht.

4.3.1. Einfluss der Wärmebehandlungsdauer

Hohe Lösungsglühtemperaturen bei der Wärmebehandlung von Nickel-Basis Legierungen ermöglichen den Abbau der Eutektika und den Ausgleich der gussbedingten Mi-

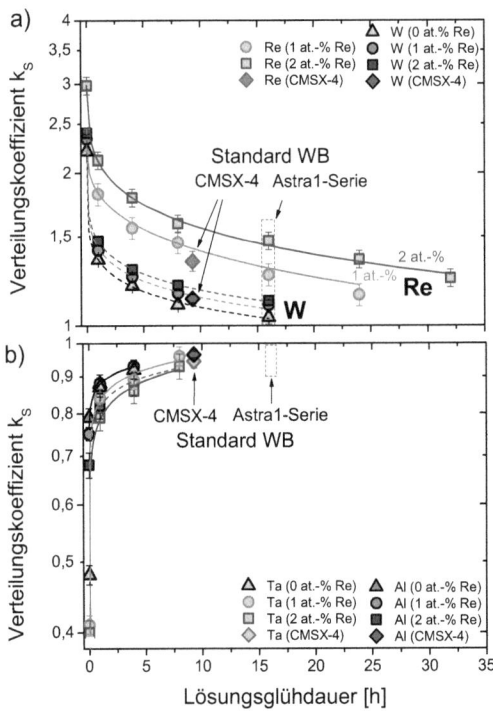

Abb. 4.16: Segregations-Verteilungskoeffizient k_S in Abhängigkeit der Lösungsglühdauer für a) Re und W und b) Al und Ta. Zur Übersichtlichkeit sind nur Astra1-Legierungen mit konstant 0 at.-% Ru dargestellt, da Ru keinen Einfluss auf die Mikrosegregation aufweist (vgl. Abb. 4.4 und Abb. 4.6). Die starke Segregation von Re ist auch nach langen Lösungsglühzeiten noch vorhanden und ist umso höher, je größer der Re-Anteil ist.

krosegregation durch Diffusion. Idealerweise sollte nach der Homogenisierung kein Konzentrationsunterschied zwischen dem dendritischen und interdendritischen Bereich mehr vorliegen. Aus der in Abb. 4.16 dargestellten Messreihe der Segregationskoeffizienten k_S in Abhängigkeit der Lösungsglühdauer (konstant 1340 °C), ist jedoch ersichtlich, dass Re selbst nach Lösungsglühdauern von 32 h nicht gleichverteilt vorliegt. Die verbleibende Restsegregation ist dabei umso höher, je mehr Re zulegiert wird. Für W, welches nach Re die zweithöchste Mikrosegregationstendenz (vgl. Abb. 4.6) und einen höheren Diffusionskoeffizienten aufweist ($D_S^{Re} = 3 \cdot 10^{-15}$ m²s⁻¹, $D_S^W = 1 \cdot 10^{-14}$ m²s⁻¹, bei 1340 °C vgl. Abb. 2.9), ist nach 16 h bei 1340 °C eine annähernd homogene Verteilung erreicht. Die interdendritisch seigernden Elemente Al und Ta sind aufgrund ihres noch höheren Diffusionskoeffizienten (für 1340 °C beide $D_S > 10^{-13}$ m²s⁻¹) bereits nach 8 h homogenisiert. Schliffanalysen zeigen außerdem, dass selbst die Auflösung der eutektischen γ/γ'-Inseln unabhängig vom jeweils vorliegenden eutektischen Anteil bereits nach einer Lösungsglühdauer von 1 h bei 1340 °C abgeschlossen ist.

Somit spielt für die Wahl einer ausreichenden Wärmebehandlungsdauer nur die Restsegregation von Re eine Rolle. Da sich die Re-Restsegregation auch bei einer langen Lösungsglühdauer von über 30 h nicht wesentlich verbessert (vgl. Abb. 4.16), wurde aus wirtschaftlichen Gründen für die Astra1-Legierungen eine Lösungsglühdauer von 16 h festgelegt, welche zugleich eine vergleichbare Restinhomogenität wie die nach dem Industriestandard wärmebehandelte Legierung CMSX-4 aufweist.

4.2.2. γ'-Morphologie in Abhängigkeit von Re/Ru

Die Morphologie der γ'-Ausscheidungen in Abhängigkeit des Re- und Ru-Anteils zeigt Abb. 4.17. Ausgehend von rundlichen γ' mit einer bimodalen Verteilung in Legierungen ohne Re, bewirkt das Zulegieren von Re eine signifikante Änderung der Morphologie hin zu monomodal verteilten Ausscheidungen (Ausnahme Astra1-22, welche wieder eine bimodale Verteilung aufweist) aus eckigen γ' mit scharfen Kanten. Die Morphologieveränderung ist besonders deutlich durch die in Abb. 4.18 dargestellte Quantifizierung der γ'-Morphologie anhand ihres Max.-/Min.-Feret-Verhältnisses (vgl. Abb. 3.9, Kap. 3.5.2.) erkennbar. Im Gegensatz zu Re zeigt Ru nur einen geringen Einfluss auf die γ'-Morphologie. Wie Vergleichsdaten mit anderen Re- und Ru-haltigen Legierungen zeigen (Neumeier 2010), kann die dargestellte Morphologieveränderung durch Re und Ru jedoch nicht generell auf alle Nickel-Basis Legierungen übertragen werden, da die γ'-Morphologie vor allem durch die γ/γ'-Gitterfehlpassung δ beeinflusst wird (vgl. Kap. 2.4.3.). Abhängig von der Grundzusammensetzung der Legierung und dem jeweiligen γ/γ'-Verteilungsverhalten der Elemente

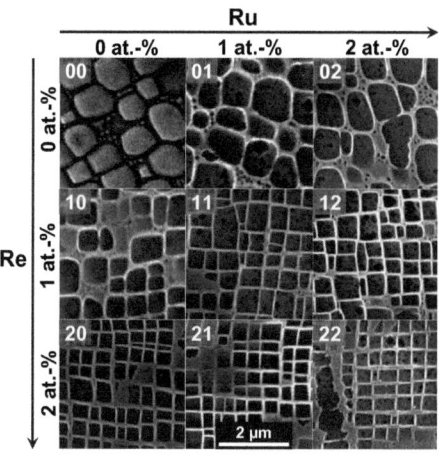

Abb. 4.17: REM-Aufnahmen der γ/γ' Mikrostruktur nach der Wärmebehandlung mit 8 h Auslagerung bei 1140 °C (vgl. Kap. 3.3.2.). Die Nummerierung entspricht der jeweiligen Astra1-Legierungsnummer (vgl. Tab. 3.1.). Re hat einen signifikanten Einfluss auf γ'-Morphologie und –Größe. Nach (Kofer 2009)

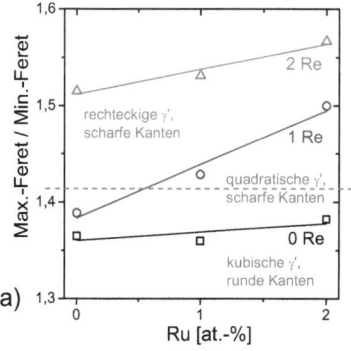
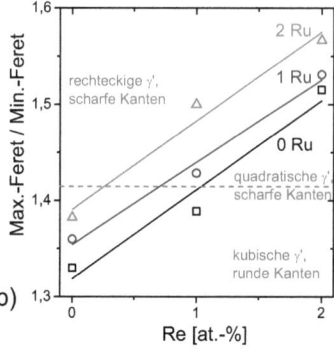

Abb. 4.18: Charakterisierung der γ'-Morphologie anhand des Max.-/Min.-Feret-Verhältnis der γ'-Ausscheidungen (vgl. Abb. 3.9, Kap, 3.5.2., runde γ' ≡ 1, quadratische γ' ≡ $\sqrt{2}$, rechteckige γ' mit unterschiedlicher Kantenlänge ≡ 1) in Abhängigkeit von Ru a) und Re b). Ru bewirkt außer bei Re 1 at.-% keine Morphologieänderung, wohingegen Re eine lineare Zunahme des Max.-/Min.-Feret-Werts zur Folge hat.

(sowie aufgrund der Temperaturabhängigkeit der Gitterfehlpassung auch von der Wahl der Wärmebehandlungstemperatur) können Re- und Ru-Zusätze deshalb stets unterschiedliche Morphologien zur Folge haben. Die Tendenz, dass Re im Vergleich zu Ru einen höheren Einfluss auf die γ'-Morphologie hat, ist aufgrund der stärkeren δ-Veränderung durch Re-Zusätze (Pyczak 2004, Neumeier 2010) (vgl. Kap. 2.4.3.) allerdings als generell gültig zu betrachten.

4.3.3. γ'-Größe und Wachstumsverhalten in Abhängigkeit von Re/Ru

Die Größe der γ'-Ausscheidungen hat einen wesentlichen Einfluss auf die mechanische Festigkeit von Nickel-Basis Legierungen und ist somit eine wichtige Mikrostrukturkenngröße. Ebenso wie die γ'-Morphologie, wird - unter Voraussetzung konstanter Wärmebehandlungsparameter - auch die γ'-Größe $d_{\gamma'}$ vor allem durch das γ/γ'-Verteilungsverhalten der Elemente und der daraus resultierenden Gitterfehlpassung bestimmt (vgl. Kap. 2.4). Aufgrund der verbleibenden Re-Restsegregation für Astra1-Legierungen mit hohen Re-Anteilen (vgl. Abb. 4.16) ist deshalb der in Abb. 4.19 dargestellte Unterschied in der γ'-Größe zwischen dendritischen und interdendritischen Bereich zu beobachten. Die Abweichungen liegen jedoch in einem engen Bereich.

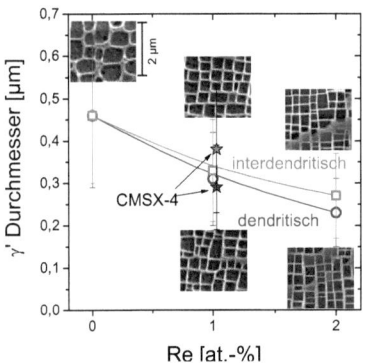

Abb. 4.19: γ'-Größe in Abhängigkeit des Re-Anteils für dendritische und interdendritische Bereiche (konstant 0 at.-% Ru). Durch die verbleibende Re-Restsegregation (vgl. Abb. 4.16) nach der Standardwärmebehandlung unterscheidet sich die γ'-Größe mit zunehmendem Re-Anteil.

Des Weiteren ist in Abb. 4.19 zu erkennen, dass $d_{\gamma'}$ stark mit zunehmenden Re-Anteil in der Legierung abnimmt. Bei Anwesenheit von Re liegen die γ'-Ausscheidungen außerdem in geordneter, zeiliger Struktur vor. Aus der Quantifizierung von $d_{\gamma'}$ in Abb. 4.20, welche gleichzeitig den Einfluss der Alterungszeit bei 1140 °C darstellt, werden beide Effekte deutlich. Eine Zulegierung von Re bewirkt unabhängig von der Auslagerungsdauer etwa eine Reduzierung der γ'-Größe um 25%/at.-% Re. Gleichzeitig nimmt die Standardabweichung der gemessenen γ'-Größe für steigende Re-Gehalte ab (Abb. 4.20 b), was auf die zunehmend zeilige und gleichmäßige Anordnung der γ'-Ausscheidungen zurückzuführen ist. Für Legierungszusätze an Ru ist hingegen kein signifikanter Einfluss auf $d_{\gamma'}$ oder die γ'-Anordnung zu beobachten (Abb. 4.20 a). Zusätzliche Messungen der γ-Kanalbreite in Abhängigkeit des Re-Anteils zeigen (vgl. Tab. 4.1), dass simultan mit der feineren γ'-Mikrostruktur auch die Kanalbreite der γ-Matrix, in welcher Versetzungsbewegungen die plastische Verformung tragen, durch Re-Zugabe deutlich abnimmt.

4. Ergebnisse

Tab. 4.1: Kanalbreite der γ-Matrixstege zwischen den γ'-Ausscheidungen für verschiedene Re-Anteile ohne Ru-Zusätze (Auslagerungsdauer 2 h). Für Re-Zusätze nimmt die Kanalbreite simultan zu den γ'-Ausscheidungen (vgl. Abb. 4.20) ab.

	0 at.-% Re	1 at.-% Re	2 at.-% Re
γ-Kanalbreite [nm]	133	64	47
Standardabweichung	7,1	3,2	1,4

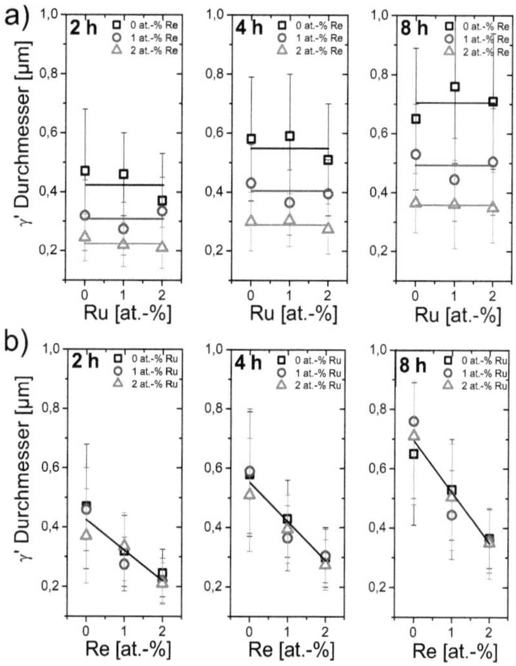

Abb. 4.20: γ'-Ausscheidungsgröße in Abhängigkeit von Ru a) und Re b) für Alterungszeiten von 2, 4 und 8 h bei 1140 °C (vgl. Kap. 3.3.2.). Zugaben von Re verringern die γ'-Größe und verzögern die Vergröberung der γ'-Ausscheidungen. Ru zeigt diesen Einfluss nicht.

In Abb. 4.20 b ist anhand der zunehmenden Steigung der Kurven weiterhin zu erkennen, dass der Unterschied in $d_{\gamma'}$ zwischen Legierungen mit und ohne Re bei längerer Auslagerungsdauer zunimmt. Die deutlich langsamer ablaufende γ'-Vergröberung mit zunehmendem Re-Gehalt ist aus Abb. 4.21 ersichtlich. Zwischen den Legierungen ohne Re und Legierungen mit 2 at.-% Re liegt ein Faktor 2 in der Wachstumsrate k_{LWS} (Gl. 1.18, Kap. 2.4.4.). Der ermittelte k_{LWS}-Wert von 360 nm$^{1/3}$/h für Re-freie Legierungen deckt sich gut mit Ergebnissen einer ternären Ni-Al-Mo Legierung (k_{LWS} = 397 nm$^{1/3}$/h, (Wang 2008a)) und einer Re-freien Multikomponenten-Nickel-Basis Legierung von Neumeier (k_{LWS} = 320 nm$^{1/3}$/h, (Neumeier 2010)). Auch die Verringerung der γ'-Vergröberung durch Re ist in Übereinstimmung mit anderen Untersuchungen und wird hauptsächlich auf den niedrigen Diffusionskoeffizienten von Re zurückgeführt (Neumeier 2008, Wang 2008b). Als weitere Einflussgröße ist gemäß der k_{LWS}-Definition (Gl. 1.18, Kap. 2.4.4.) neben D_S als weiterer Einflussfaktor auch die γ/γ' Grenzflächenenergie $\gamma^{\gamma/\gamma'}$ zu nennen. Für Legierungen mit Ru finden sich im Gegensatz zum Einfluss von Re in der Literatur widersprüchliche Ergebnisse. Studien von Mabruri (Mabruri 2008) zufolge, bewirkt die Zugabe von Ru keinen Effekt auf die Wachstums-

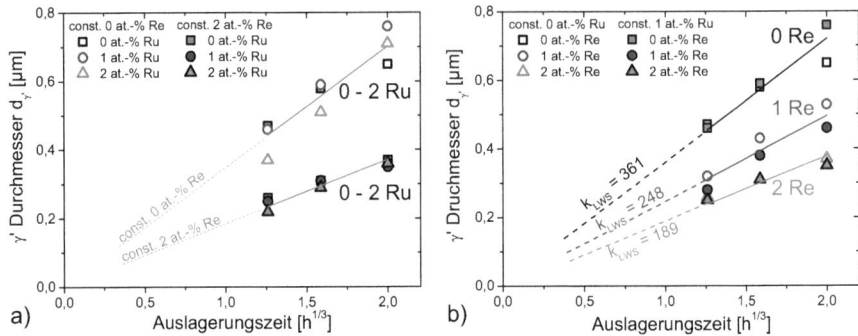

Abb. 4.21: γ'-Wachstum (Ostwaldreifung) als $t^{1/3}$-Gesetz für a) unterschiedliche Ru-Konzentrationen und b) zunehmenden Re-Gehalt in der Legierung. Durch Re-Zugaben vergröbern die γ'-Ausscheidungen deutlich langsamer. Ru zeigt diesen Effekt nicht. Angegebene, umgerechnete Wachstumskonstanten k_{LWS} in [nm$^{1/3}$/h].

geschwindigkeit, was in Einklang mit den Ergebnissen der Astra1-Serie ist (vgl. Abb. 4.21 a). In Modelllegierungen von Neumeier (Neumeier 2010) ist durch Ru hingegen eine geringe Abnahme des k_{LWS}-Werts zu verzeichnen, welche analog zu Re vor allem dem niedrigen Diffusionskoeffizienten von Ru zugeschrieben wird. Eine mögliche Ursache der unterschiedlichen Literaturergebnisse könnte in einem Ru-Einfluss auf den weiteren Einflussfaktor der Grenzflächenenergie $\gamma^{\gamma/\gamma'}$ liegen (vgl. Gl. 1.18, Kap. 2.4.4.).

4.3.4. γ'-Volumenanteil in Abhängigkeit von Re/Ru

Ebenso wie die γ'-Größe ist auch der Volumenanteil der γ'-Ausscheidungen eine wichtige Mikrostrukturkenngröße, welche einen wesentlichen Einfluss auf die mechanische Festigkeit der Nickel-Basis Legierungen hat. In Abb. 4.22 ist der Einfluss von Re und Ru auf den γ'-Volumenanteil der Astra1-Legierungsserie dargestellt. Unabhängig von der Auslagerungsdauer nimmt der γ'-Volumenanteil $V_{\gamma'}$ durch Re-Zugaben kontinuierlich ab. Bei Ru ist dieser Trend nur bei einer Auslagerungsdauer von 2 h in geringem Maße vorhanden. Für längere Auslagerungszeiten ist kein Einfluss feststellbar. Da sowohl die Zulegierung von Re, als auch die von Ru, nur auf Kosten von Ni erfolgte, kann der unterschiedliche Effekt der Legierungselemente nicht mit einer veränderten chemischen Zusammensetzung der übrigen Legierungselemente zusammenhängen. Mögliche Messfehler könnten durch unterschiedliche Ätzung der γ'-Ausscheidungen oder nicht erfasste γ'-Ausscheidungen von < 50 nm in bimodalen Mikrostrukturen entstanden sein. Aufgrund der Messreihe an insgesamt 9 Astra1-Legierungen mit jeweils mehreren Messungen im interdendritischen und dendritischen Bereich bei 3 verschiedenen Auslagerungszeiten, sollte ein statistischer Fehler jedoch ausgeschlossen werden können.

Bemerkenswert ist die Tatsache, dass $V_{\gamma'}$ in der kommerziellen Legierung CMSX-4 etwa 15 vol.-% mehr γ'-Anteil aufweist, als die vergleichbare Legierung Astra1-10 (vgl. Abb. 4.22, beide nach Standardwärmebehandlung mit 2 h Auslagerung), obwohl die Gesamt-

4. Ergebnisse 81

konzentration an γ'-bildenden Elementen c(Al+Ta+Ti) in beiden Legierungen annähernd gleich ist. Mit einem gemittelten Wert aus interdendritischem und dendritischem $V_{\gamma'}$ von 60 vol.-% liegt der γ'-Volumenanteil der CMSX-4 somit deutlich näher am optimalen $V_{\gamma'}$ für mechanische Festigkeiten (vgl. Abb. 2.16, Kap. 2.4.4.) als die Astra1-Legierungsserie. Mit zunehmender Auslagerungsdauer, könnte $V_{\gamma'}$ für die Astra1-Legierungen zwar gesteigert werden (vgl. Abb. 4.22), jedoch nimmt auf diese Weise gleichzeitig die γ'-Größe zu (vgl. Abb. 4.20).

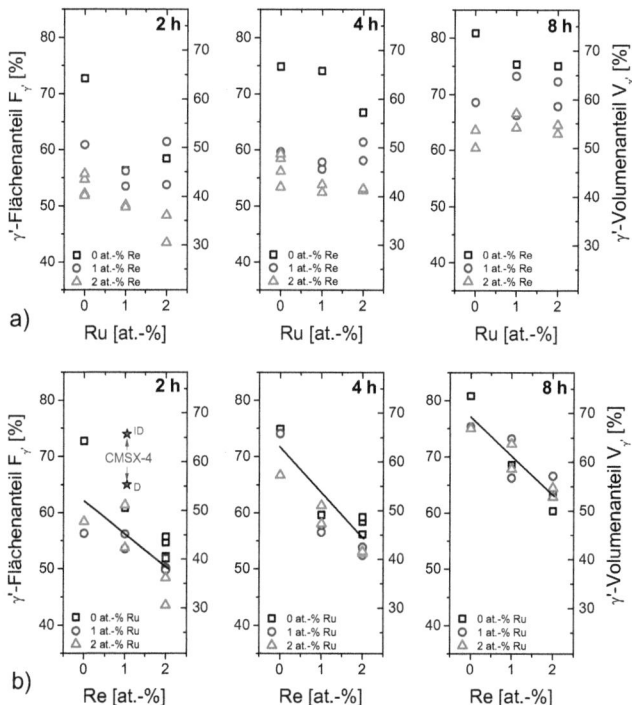

Abb. 4.22: An Raumtemperatur gemessener γ'-Flächenanteil $F_{\gamma'}$ und umgerechneter γ'-Volumenanteil $V_{\gamma'}$ (Gl. 3.2, Kap. 3.5.2.) der Astra1-Legierungen für Auslagerungsdauern von 2, 4, und 8 h bei 1140 °C in Abhängigkeit von a) Ru und b) Re. Zugaben von Re verringern $V_{\gamma'}$, während Ru wenig Einfluss hat. CMSX-4 weist einen deutlich höheren $V_{\gamma'}$ auf. Die $F_{\gamma'}$-Werte wurden für Legierungen mit Restsegregation (vgl. Kap. 4.3.1.) jeweils getrennt im dendritischen (D) und interdendritischen Bereich (ID) bestimmt um die $V_{\gamma'}$-Streubreite aufzuzeigen (niedrigere Werte entsprechen stets dem dendritischen Be-reich, vgl. z.B. CMSX-4 in 4.22 b 2h).

Ein sinnvoller Vergleich der ermittelten $V_{\gamma'}$-Werte in Abhängigkeit von Re und Ru mit Literaturdaten ist schwierig, da die Legierungen im Gegensatz zur Astra1-Legierungsserie keine konstante Zusammensetzung der Legierungselemente in at.-% aufweisen und dadurch der Anteil mehrerer Legierungselemente variiert. Als zusätzliches Problem fehlt oft die Angabe ob Flächen- oder Volumenanteil angegeben ist sowie eine detaillierte Darstellung der experimentellen Vorgehensweise. Beispielsweise findet Hobbs et al. (Hobbs 2008c) durch Ru-Zugaben in der Legierung SRR300D eine Verringerung von $V_{\gamma'}$, welche jedoch erst bei Temperaturen von 1100 °C durch eine niedrigere γ'-Solvustemperatur mit einem Unterschied von 10 vol.-% signifikant wird. Allerdings wurden durch die einfache Ru-Zugabe von 3 wt.-% zur Ausgangslegierung auch die Elementverhältnisse in at.-% verschoben. Das Ergebnis steht außerdem in Widerspruch mit Ergebnissen von Neumeier (Neumeier 2010) an vier Re- und Ru-haltigen Modelllegierungen, welcher keinen signifikanten Einfluss von Re und Ru auf $V_{\gamma'}$ und die γ'-Solvustemperatur feststellen kann. Jedoch wurden auch hier die Legierungen in wt.-% definiert, so dass sich, auf at.-% umgerechnet, die Gesamtkonzentration an γ'-bildenden Elementen c(Al+Ta+Ti) durch die Zulegierung von Re und Ru erhöht und daraus ein positiver Einfluss auf $V_{\gamma'}$ resultieren könnte.

4.3.5. Verteilungskoeffizient k γ/γ'

Das Verteilungsverhalten der Elemente zwischen γ-Matrix und γ'-Ausscheidungen bestimmt im Wesentlichen die γ/γ'-Gitterfehlpassung und die Mikrostrukturevolution der Nickel-Basis Legierungen. Zusammen mit der aus der Elementverteilung resultierenden Konzentration an Mischkristallhärtern in der γ-Matrix leiten sich daraus die mechanischen Eigenschaften der Legierung ab (vgl. Kap. 2.4). Um die Verteilungskoeffizienten $k_i^{\gamma/\gamma'}$ mit geringerem präparativen Aufwand mittels EPMA anstelle von TEM-Untersuchungen bestimmen zu können, wurde hierfür eine spezielle Wärmebehandlung definiert, welche analysefähige γ'-Ausscheidungen von 3-6 μm erzielt (vgl. Kap. 3.3.3.). Da die Proben nach der Wärmebehandlung von 1150 °C innerhalb einer Stunde auf eine Temperatur von unter 800 °C mit nur noch geringen Diffusionsprozessen abgekühlt wurden, wird davon ausgegangen, dass die gemessene γ/γ'-Zusammensetzung dem Gleichgewichtszustand bei etwa 1100 ± 25 °C entspricht. Die notwendige Einschränkung der hier dargestellten $k_i^{\gamma/\gamma'}$-Werte ergibt sich aus der Temperaturabhängigkeit der chemischen Zusammensetzung. Experimentelle Studien (Neumeier 2010) sowie ThermoCalc-Simulationen (Rettig 2009) zeigen, dass sich vor allem die Zusammensetzung der γ-Matrix mit zunehmender Temperatur aufgrund des stetig abnehmenden γ'-Volumenanteils bzw. des zunehmenden γ-Volumenanteils ändert. Am meisten betroffen von diesem Effekt sind stark in der γ-Matrix angereicherte Elemente. Elementkonzentrationen der γ'-Phase verändern sich den Studien zufolge hingegen nicht oder nur sehr geringfügig mit der Temperatur.

Die an den Ecklegierungen Astra1-00, - 02, -20, -22 und der kommerziellen Legierung CMSX-4 ermittelten Verteilungskoeffizienten $k_i^{\gamma/\gamma'}$ > 1 zeigt Abb. 4.23. Re, Cr und Mo reichern sich am stärksten bevorzugt in der γ-Matrix an, gefolgt von Ru, Co und am homogensten W. Zugaben an Ru (Abb. 4.23 a) oder Re (Abb. 4.23 b) bewirken in ähnlicher Weise für alle Legierungselemente tendenziell eine bessere Gleichverteilung der Elemente zwischen γ und γ' (sinkender $k_i^{\gamma/\gamma'}$). Eine Ausnahme stellt W dar, welches durch Re-Zugaben mehr in die γ-Matrix verschoben wird. Dies deckt sich auch mit

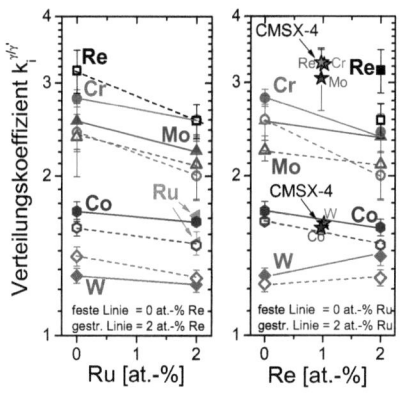

Abb. 4.23: Verteilungskoeffizient $k_i^{\gamma/\gamma'} > 1$ für die γ-seigernden Elemente Re, Cr, Mo, W, Ru in Abhängigkeit von a) Ru und b) Re. Besonders auffällig ist die erhöhte Konzentration der Mischkristallhärter in der γ-Matrix der kommerziellen Legierung CMSX-4. Re- und Ru-Zugaben bewirken bis auf W in b) tendenziell eine homogenere Verteilung der Elemente. In Bezug auf die Re-Verteilung liegt somit der RP-Effekt vor.

Beobachtungen von Wang et al. (Wang 2008c), welche durch Zulegierung von Re ebenfalls eine höhere Anreicherung von W in γ finden.

Aus Abb. 4.23 a ist außerdem ersichtlich, dass für die Astra1-Legierungsserie der *reverse partitioning* Effekt vorliegt, da $k_{Re}^{\gamma/\gamma'}$ durch die Zugabe von Ru abnimmt und somit die Re-Konzentration in der γ-Matrix sinkt. Dieses Ergebnis ist in Einklang mit Beobachtungen diverser anderer Studien (O'Hara 1996, Tin 2004, Neumeier 2008). Wie aus experimentellen Untersuchungen von Carroll et al. (Carroll 2006) und einer Simulationsstudie von Rettig et al. (Rettig 2010) hervorgeht, hängt eine mögliche Beeinflussung der γ/γ'-Verteilung von Re aber nicht nur von Ru ab, sondern wird durch die Gesamtzusammensetzung der Legierung definiert. Haupteinflusselemente scheinen neben Ru vor allem Cr, Ti und Mo zu sein. In Bezug auf die Astra1-Legierungsserie kann der RP-Effekt jedoch eindeutig auf die Zugabe von Ru zurückgeführt werden, da alle anderen Elementkonzentrationen der Serie konstant sind.

In Abb. 4.23 b soll weiterhin auf eine Besonderheit der kommerziellen Ausgangslegierung CMSX-4 hingewiesen werden. Verglichen mit der Astra1-Legierungsserie weisen die Elemente Re, W, Mo, sowie Cr in CMSX-4 deutlich höhere $k_i^{\gamma/\gamma'}$-Werte auf. Aufgrund der stärkeren Anreicherung dieser Elemente in der γ-Matrix müsste somit eine effektivere Mischkristallhärtung der γ-Kanäle vorliegen. Bemerkenswert ist die Tatsache, dass dieser Unterschied im $k_i^{\gamma/\gamma'}$-Verteilungsverhalten offensichtlich mit dem in CMSX-4 noch vorhandenen geringen Mengen an Ti und Hf zusammenhängen muss.

Die Verteilungskoeffizienten $k_i^{\gamma/\gamma'}$ für die γ'-bildenden Elemente Al, Ta und dem Basiselement Ni zeigt Abb. 4.24. Ähnlich wie für die Mischkristallhärter (Abb. 4.23) erfolgt durch die Zugabe an Re und Ru tendenziell eine bessere Gleichverteilung von Al und Ta (zunehmender $k_i^{\gamma/\gamma'}$), wobei der Effekt geringer ausfällt und überwiegend von Re-Zugaben abzuhängen scheint (vgl. Abb. 4.24 a): die durchgezogenen Linien für Ru-Zugaben in Re-freien Legierungen zeigen keine $k_i^{\gamma/\gamma'}$-Veränderung, während die unterbrochenen Linien für Ru-Zugaben in Legierungen mit 2 at.-% Re einen zunehmenden $k_i^{\gamma/\gamma'}$-Wert zur Folge haben. Die kommerzielle Legierung CMSX-4 weist auch hier eine Auffälligkeit auf, welche sich in einer erhöhten Ni-Konzentration in den γ'-Ausscheidungen äußert.

Auf einen Vergleich der experimentell ermittelten $k_i^{\gamma/\gamma'}$ mit ThermoCalc-Simulationsdaten wird im Rahmen dieser Arbeit verzichtet, da eine entsprechende Studie zum einen bereits in Zusammenarbeit mit Rettig veröffentlicht wurde (Rettig 2009). Zum anderen erfolgten weitere Untersuchungen in der parallel geführten Dissertation von Neumeier (Neumeier 2010). Aus den Ergebnissen geht hervor, dass die berechneten $k_i^{\gamma/\gamma'}$ die gleiche Verteilungstendenz aufweisen wie die experimentellen Werte. Somit bietet die Simulation die Möglichkeit eine erste sinnvolle Abschätzung des γ/γ'-Verteilungsverhaltens der Elemente zu liefern. Allerdings ist einschränkend zu erwähnen, dass die berechneten Ab-

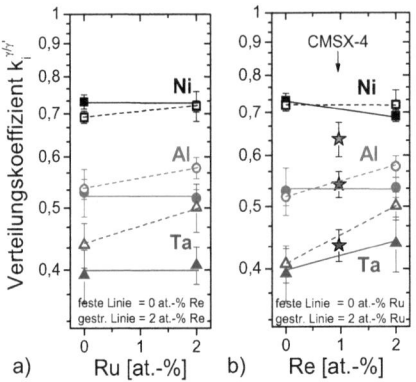

Abb. 4.24: Verteilungskoeffizient $k_i^{\gamma/\gamma'} < 1$ für die γ'-seigernden Elemente Al, Ta und Ni in Abhängigkeit von a) Ru und b) Re. Die γ'-Bildner werden durch Zugaben von Re und Ru tendenziell eher in die γ-Matrix verschoben. Auffällig ist die höhere Ni-Anreicherung in γ' der kommerziellen Legierung CMSX-4.

solutwerte tendenziell zu hoch liegen. Des Weiteren kann der in den Experimentallegierungen von Neumeier gefundene RP-Effekt nicht mit der Simulation abgebildet werden, so dass mögliche Einflüsse von Ru auf das Verteilungsverhalten von Re nicht vorhergesagt werden können. Aus ThermoCalc-Berechnungen der Elementkonzentration in Abhängigkeit der Temperatur (Rettig 2009) geht hervor, dass die berechneten Abweichungen vor allem die γ'-Konzentration von Re, Ru und Mo betreffen.

4.3.6. Gitterkonstanten und Gitterfehlpassung

Die vom γ/γ'-Verteilungsverhalten der Elemente abhängigen Gitterkonstanten a_γ der γ-Matrix und $a_{\gamma'}$ der γ'-Ausscheidungen bestimmen durch die daraus resultierende Gitterfehlpassung δ sowohl die Mikrostruktur als auch die mechanischen Eigenschaften der Legierungen (Kap. 2.4.). In Zusammenarbeit mit Neumeier (Allgemeine Werkstoffeigenschaften WW1) wurden deshalb die Gitterkonstanten a_γ und $a_{\gamma'}$ für die Ecklegierungen Astra1-00, -02, - 20, und -22 in Abhängigkeit der Temperatur bestimmt, um den Einfluss von Re und Ru zu ermitteln. Die experimentell gewonnen Daten der Astra1-Legierungen sind im Vergleich zu vier weiteren Re- und Ru-haltigen Experimentallegierungen außerdem Gegenstand der parallel entstandenen Dissertationsarbeit von Neumeier (Neumeier 2010), welche die Ursachenklärung der unterschiedlichen δ-Verläufe in Abhängigkeit von Re und Ru verfolgt. Aus diesem Grund werden nachfolgend nur die Zusammenhänge dargestellt, welche in Bezug auf die in dieser Arbeit durchgeführten Kriechversuche und die weiterführenden Untersuchungen zur Phasenstabilität von Relevanz sind. Für eine detaillierte Analyse der Zusammenhänge zwischen $k_i^{\gamma/\gamma'}$, den unterschiedlichen thermischen Ausdehnungskoeffizienten der γ- und γ'-Phase und der Gitterfehlpassung in Abhängigkeit von Re und Ru, wird auf (Neumeier 2010) verwiesen.

4. Ergebnisse

Abb. 4.25 zeigt die nach Gl. 1.17 ermittelte Gitterfehlpassung δ der untersuchten Astra1-Legierungen in Abhängigkeit der Temperatur. Für die Legierung Astra1-00 findet sich der typische Verlauf für Nickel-Basis Legierungen der 1. Generation ohne Re und Ru (vgl. Kap. 2.4.3., Abb. 2.14). Bei Raumtemperatur liegt wegen $a_\gamma < a_{\gamma'}$ ein positiver Misfit vor, welcher mit steigender Temperatur abnimmt. Im Bereich der Auslagerungstemperatur von 1140°C (vgl. Tab. 3.3) ist δ = 0, so dass sich aufgrund der Abwesenheit von Kohärenzspannungen eine rundliche γ'-Morphologie in der Legierung Astra1-00 einstellt (vgl. Abb. 4.17 sowie Kap. 2.4.3.). Durch die Zugabe von Re

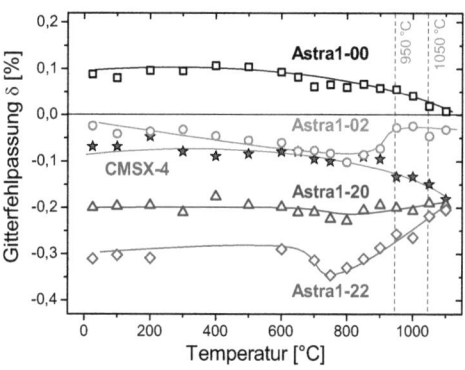

Abb. 4.25: Gitterfehlpassung δ in Abhängigkeit der Tem-peratur für ausgewählte Astra1-Legierungen. Sowohl Re als auch Ru erhöhen die Gitterfehlpassung und ver-schieben δ in den negativen Bereich. Bei 1100 °C wie-sen die Legierungen unabhängig vom Ru-Gehalt keinen δ-Unterschied mehr auf (gleiche δ für -20/ -22 (sowie CMSX-4) und für -00/ -02). 950 °C und 1050 °C ent spre-chen den in dieser Arbeit gewählten Kriechtempera-turen.

(Astra1-20, 2 at.-% Re) steigt a_γ deutlich an, was auf die hohe Re-Anreicherung in γ zurückzuführen ist (Neumeier 2010). Das Resultat ist eine für Nickel-Basis Legierungen der 2. und 3. Generation typische negative Gitterfehlpassung mit würfelförmiger γ'-Morphologie. Zugaben an Ru (Astra1-02, 2 at.-% Ru) bewirken ebenfalls negative δ, allerdings ist der Effekt wegen der gleichmäßigeren $k_{Ru}^{\gamma/\gamma'}$-Verteilung deutlich geringer (vgl. Abb. 4.23). Simultan nimmt auch der Ru-Einfluss auf die γ'-Morphologie ab (vgl. Abb. 4.17). Die höchste δ von -0,3 %, ist analog zu Messungen von Yeh et al. (Yeh 2008) für hohe Re- und Ru-Anteile zu beobachten (Astra1-22, je 2 at.-% Re/Ru).

Trotz unterschiedlicher Grundzusammensetzung weisen die Experimentallegierungen von Neumeier (Neumeier 2010) ähnliche δ und eine vergleichbare δ-Temperaturabhängigkeit für Re und Ru-Zusätze auf. Eine Besonderheit stellen jedoch die Astra1-Legierungen mit 2 at.-% Ru dar, welche eine atypische δ-Zunahme mit steigender Temperatur aufweisen (Abb. 4.25 Astra1-02 und Astra1-22). Da δ in Legierungen ohne Ru mit steigender Temperatur entweder abnimmt (Astra1-00) oder konstant bleibt (Astra1-20), verschwindet der δ-Unterschied zwischen Legierungen mit oder ohne Ru bei einer Temperatur von 1100 °C völlig (vgl. Kriechtemperaturen Abb. 4.25).

Neben der γ/γ'-Gitterfehlpassung, können die Gitterparameter a_γ und $a_{\gamma'}$ auch einen Einfluss auf die TCP-Keimbildung haben (vgl. Kap. 2.6.2.). Aus diesem Grund wurden die experimentell ermittelten Daten für diese Arbeit speziell in Hinblick auf die Veränderung der einzelnen Gitterparameter a_γ und $a_{\gamma'}$ durch Zugaben von Re und Ru untersucht. Hierbei wurden jeweils konstante Legierungszusammensetzungen miteinander verglichen, um den Einzelelementeinfluss von Re oder Ru exakt darstellen zu können. In Abb. 4.26 ist die ermittelte relative Veränderung des Gitterparameters a_γ und $a_{\gamma'}$ in Abhängigkeit von Re/Ru und der Temperatur dargestellt. Die Gitterkonstante der γ-Matrix (Abb. 4.26 a) wird sowohl durch Zugaben von Ru als auch durch Re erhöht. Allerdings bewirkt Ru im Vergleich zu Re eine wesentlich deutlichere Erhöhung, welche in etwa einem Faktor 3 entspricht, und mit zunehmender Temperatur relativ konstant bleibt. Die Erhöhung von a_γ durch Zugaben von Ru ist in Einklang mit Messungen bei 1100 °C an der Legierung SRR300D und deren Derivat mit 3 *wt.-%* Ru von Hobbs et al. (Hobbs 2008c). Ebenso zeigen die Re/Ru Experimentallegierungen von Neumeier (Neumeier 2010) jeweils eine Vergrößerung von a_γ durch Re und Ru Zugaben. Durch die veränderte Gesamtlegierungszusammensetzung dieser Studien aufgrund von einfacher Ru/Re Zulegierung in *wt.-%*, ist ein konkreter Vergleich jedoch schwierig. Die Beobachtung, dass Ru einen größeren Einfluss auf a_γ hat als Re, stimmt tendenziell mit den Daten von Neumeier überein, obgleich der Unterschied vergleichsweise klein ist. Somit hängt die tatsächlich vorliegende relative Änderung der γ-Gitterkonstante durch Re und Ru vermutlich stark von der Basiszusammensetzung der Legierung und der jeweiligen γ/γ'-Verteilung der Elemente ab.

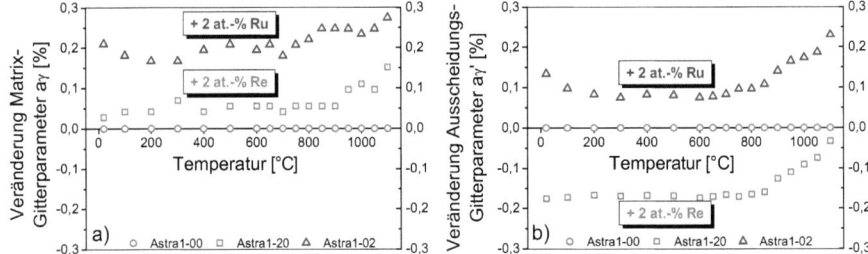

Abb. 4.26: Relative Veränderung der Gitterparameter a) a_γ und b) $a_{\gamma'}$ durch die Zugabe von 2 *at.-%* Re oder Ru zur Ausgangslegierung Astra1-00 in Anhängigkeit der Temperatur. Während Ru sowohl a_γ als auch $a_{\gamma'}$ erhöht, hat Re unterschiedliche Auswirkungen. Die dargestellte Auswirkung von Re und Ru auf die Gitterparameter a_γ und $a_{\gamma'}$ ist innerhalb der Astra1-Legierungsserie als allgemein gültig zu betrachten, da sich die Gitterparameterveränderungen von Re-Zugaben in Astra1-02 und von Ru-Zugaben in Astra1-20 mit den hier dargestellten relativen Veränderungen zu Astra1-00 decken.

Aus Abb. 4.26 b geht hervor, dass die Gitterkonstante $a_{\gamma'}$ der γ'-Ausscheidungen unterschiedlich durch Re und Ru beeinflusst wird. Während Re $a_{\gamma'}$ verkleinert, wird $a_{\gamma'}$ durch Ru-Zugaben um etwa den gleichen Faktor vergrößert. Diese Beobachtung stimmt mit den bei Raumtemperatur gemessenen Daten der Experimentallegierungen von Neumeier gut überein. Des Weiteren ist aus Abb. 4.26 b ersichtlich, dass sich der Einfluss auf $a_{\gamma'}$ durch Re und Ru mit steigender Temperatur verändert. Bei 1100° C liegt annähernd kein δ-Unterschied durch eine Re-Zugabe mehr vor, wohingegen der Unterschied für Ru-Zugaben stetig zunimmt.

4.4. Zeitstandfestigkeit

Aufgrund der Materialbelastung bei homologen Temperaturen von bis zu $T_H = 0{,}85$, zählt das Zeitstandverhalten von Nickel-Basis Superlegierungen als entscheidendes Kriterium zur Beurteilung des Festigkeitspotentials. Um den Einfluss von Re und Ru auf die Kriechfestigkeit zu charakterisieren, werden nachfolgend die bei unterschiedlichen Temperaturen und Spannungen ermittelten Kriecheigenschaften der Astra1-Legierungsserie dargestellt, sowie das Bruchverhalten und der Einfluss der Korngrenzen in einem Vergleich zwischen DS und SX Proben aufgezeigt.

4.4.1. DS-Kriecheigenschaften in Abhängigkeit von Re/Ru

Die Bestimmung der Kriecheigenschaften erfolgte im Bereich des Versetzungskriechens bei homologen Temperaturen $T_H = 0{,}68\text{-}0{,}75$ und Spannungen von $\sigma = 150\text{-}400$ MPa (vgl. Abb. 2.19, Kap. 2.5.1.). Um eine ausreichende Probenanzahl für die unterschiedlichen Prüfparameter zu gewährleisten, wurden zum Vergleich der Astra1-Legierungen untereinander, sowie zur kommerziellen Legierung CMSX-4, DS-Abgüsse verwendet. Eine Gegenüberstellung von DS und SX folgt in Kap. 4.4.2. Zudem soll an dieser Stelle darauf hingewiesen werden, dass die Legierungen im Standardwärmebehandelten Zustand geprüft wurden (vgl. Tab. 3.3), da aufgrund der komplexen Einflüsse der Legierungselemente und Wärmebehandlungsparameter auf die Mikrostruktur (vgl. Kap. 2.4.4.) davon auszugehen ist, dass für verschiedene Legierungen keine einheitliche Mikrostruktur eingestellt werden kann. Somit unterliegen die ermittelten Kriecheigenschaften den vorangehend in Kap. 4.3. beschriebenen Mikrostruktureinflüssen durch Re und Ru. Ein Orientierungseinfluss durch Abweichungen von der kristallographischen <001> Orientierung kann ausgeschlossen werden (vgl. Kap. 3.2.2.).

Anhand der in Abb. 4.27 dargestellten Kriechkurven für ausgewählte Astra1-Legierungen unter konstanten Prüfbedingungen von 950 °C und 300 MPa ist zu erkennen, dass sowohl Re- als auch Ru-Zusätze zu besseren Kriecheigenschaften führen. Die Kriechverformung wird vor allem durch Re-Zugaben stabilisiert. Ein Vergleich der Zeitdehngrenzwerte für $t_{5\%}$ in Abb. 4.27 a weist beispielsweise für Legierungen mit konstant 2 at.-% Ru durch die Zulegierung von 1 at.-% Re (Astra1-12 zu Astra1-22) eine Verdreifachung von $t_{5\%} = 200$ h auf $t_{5\%} = 600$ h auf. Für Legierungen ohne Ru fällt der Unterschied durch die Zulegierung von 1 at.-% Re (Astra1-10 zu Astra1-20) mit $t_{5\%} \approx 0$ h und $t_{5\%} = 400$ h sogar noch höher aus. Die Erhöhungen der Zeitdehngrenzwerte durch Ru-Zulegierung betragen für $t_{5\%}$ bei konstanten Re-Gehalten jeweils etwa 200 h. Dies gilt allerdings nicht für kürzere Zeitdehngrenzwerte, wo für Legierungen mit hohen Re-Anteilen kein Ru-Einfluss erkennbar ist. Besonders deutlich ist dies anhand der Kriechrate über der plastischen Dehnung in Abb. 4.27 b zu erkennen. Während die Kriechrate in Astra1-Legierungen der 2. Generation mit 1 at.-% Re durch Zulegierung von Ru merklich sinkt (Astra1-10/-12), weisen die Kurven für Legierungen der 3. Generation mit 2 at.-% Re unabhängig vom Ru-Gehalt den gleichen Verlauf auf (Astra1-

20/-22). Die außerordentliche Festigkeitssteigerung durch Re in Legierungen der 3./4. Generation (Astra1-20/-22) äußert sich in einer um mindestens eine Größenordnung niedrigeren Kriechrate. Bemerkenswert sind außerdem die Kriecheigenschaften der kommerziellen Legierung CMSX-4, welche sich von der Zusammensetzung, bis auf geringe Ti und Hf Gehalte, theoretisch mit der Legierung Astra1-10 vergleichen lassen sollte. In Abb. 4.27 ist jedoch zu erkennen, dass sich CMSX-4 am ehesten mit den Kriecheigenschaften der Legierung Astra1-12 vergleichen lässt, welche zusätzlich 2 $at.$-% Ru enthält.

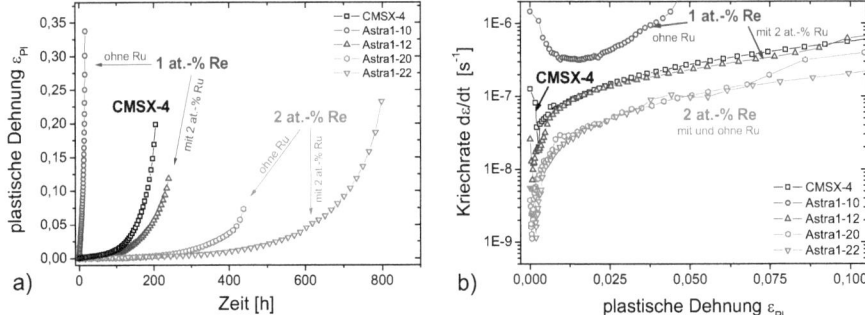

Abb. 4.27: Kriechverhalten ausgewählter DS-Astra1-Legierungen mit unterschiedlichen Re und Ru Anteilen sowie der Vergleich zu CMSX-4 bei 950 °C und 300 MPa. a) Plastische Dehnung in Abhängigkeit der Zeit. Sowohl Re als auch Ru haben eine kriechfestigkeitssteigernde Wirkung. b) Kriechrate in Abhängigkeit der plastischen Dehnung. Der Einfluss von Ru wirkt sich im Bereich des primären und sekundären Kriechens nur bei geringen Re-Anteilen von 1 $at.$-% aus.

Um das Festigkeitspotenzial der Legierungen untereinander bei verschiedenen Kriechparametern vergleichen zu können, wurden aus den ermittelten Kriechdaten zusätzlich Larson-Miller-Diagramme erstellt. Anstelle der Zeitstandfestigkeit t_B wurde hierfür ein Zeitdehngrenzwert von $t_{1\%}$ gewählt, da die Versuche auf diese Weise nicht bis zum Bruch durchgeführt werden mussten und die Versuchsdauer somit auf unter 600 h begrenzt werden konnte (t > 600 h als Dauerläufer ausgebaut). Zudem weisen die Bruchdehnungen naturgemäß starke Schwankungen auf, wohingegen Werte aus dem stationären Kriechbereich bei $t_{1\%}$ ein repräsentativeres Ergebnis liefern, welches der Einsatzgrenze des Materials nahe kommt. Gleichzeitig kann auf diese Weise davon ausgegangen werden, dass $t_{1\%}$ wegen der kürzeren Kriechdauer keinem oder nur einem geringen kriechschädigenden Einfluss der TCP-Bildung unterliegt. Der Vollständigkeit halber, sind im Anhang alle Kriechdaten inklusive der ermittelten t_B- und ε_{Pl}-Werte aufgelistet, auf welche hier im Detail nicht weiter eingegangen wird.

Abb. 4.28 zeigt den Einfluss von Re-Zusätzen bei verschiedenen Ru-Gehalten in der Legierung sowie CMSX-4 als Referenz. Für die Zugabe von 1 $at.$-% Re ist eine deutliche Steigerung der Temperaturfestigkeit zu beobachten, welche mit + 87 K im Legierungssystem ohne Ru am höchsten ausfällt (Abb. 4.28 a). Die zusätzliche Festigkeitssteigerung durch Ru bewirkt eine maximal erreichbare Temperatursteigerung durch Re-

4. Ergebnisse

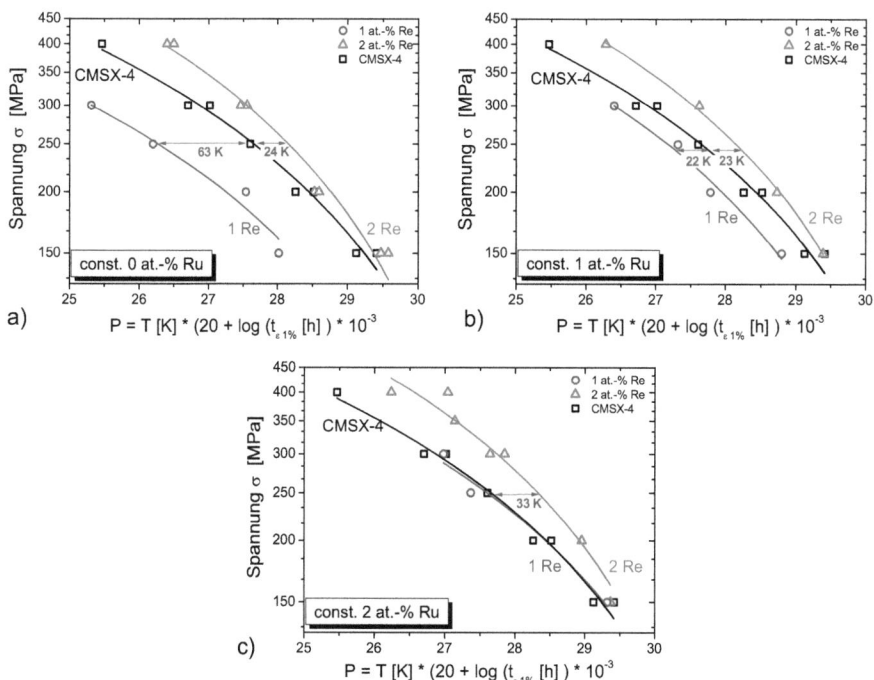

Abb. 4.28: Larson-Miller-Diagramme zum Vergleich des Re-Einflusses bei a) konstant 0 at.-% Ru, b) kons-tant 1 at.-% Ru und c) 2 at.-% Ru. Re-Zusätze bewirken eine außerordentlich große Steigerung der Kriechfestigkeit. Mögliche Temperatursteigerungen durch Re nehmen durch parallele Zulegierung von Ru ab. (Legierungen ohne Re fehlen, da diese bei Lastaufbringung sofort gebrochen sind (Daten siehe Anhang). Angegebene Temperaturerhöhungen beziehen sich auf σ = 250 MPa / $t_{1\%}$ = 100 h.

Zugaben auf die Hälfte (+ 45 K für 1 at.-% Ru, Abb. 4.28 b) bzw. auf ein Drittel (+ 33 K für 2 at.-% Ru, Abb. 4.28 c). Verglichen mit der Legierungsserie von Volek (Volek 2002), welche durch Re-Zugaben von 3 wt.-% (≈ 1 at.-%) in IN792 eine maximale Temperatursteigerung von + 25 K erreicht, liegt jedoch selbst die geringste Re-Steigerung der Astra1-Legierungen mit + 33 K außerordentlich hoch. Wie bereits in Abb. 4.27 zu erkennen war, ist die kommerzielle Legierung CMSX-4 auch in der Gegenüberstellung im Larson-Miller-Plot mit einer Temperaturdifferenz von + 63 K deutlich besser, als ihre entsprechende Vergleichslegierung Astra1-10 (vgl. Abb. 4.28 a). Die Astra1-Legierungen der 3. und 4. Generation weisen hingegen im Vergleich zu CMSX-4 durch den höheren Re-Gehalt von 2 at.-% wiederum eine Temperaturerhöhung von mindestens + 23 K auf.

Aus den Larson-Miller-Diagrammen zur Darstellung des Ru-Einflusses in Abb. 4.29 geht deutlich hervor, dass sich die Festigkeitssteigerung durch Ru hauptsächlich auf Legierungen der 2. Generation mit 1 at.-% Re beschränkt. Zudem fällt die Temperaturerhöhung mit + 33 K/at.-% Ru (vgl. Abb. 4.29 a) niedriger aus, als für Legierungszusätze an Re, was sich auch mit den Ergebnissen von Neumeier (Neumeier 2010) deckt.

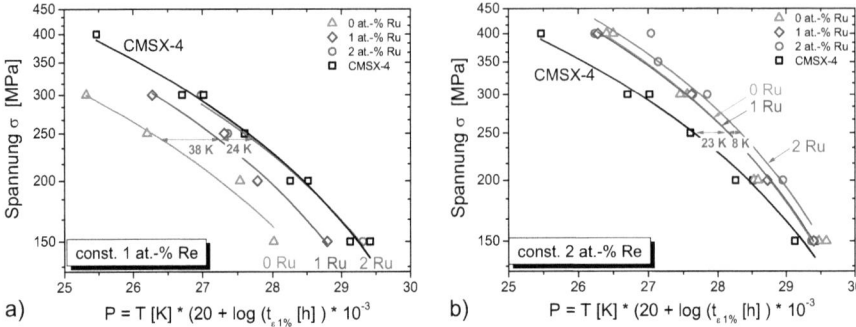

Abb. 4.29: Larson-Miller-Diagramme zum Vergleich des Ru-Einflusses bei konstant a) 1 at.-% Re und b) 2 at.-% Re. Eine deutlich festigkeitssteigernde Wirkung ist nur bei geringen Re-Gehalten von 1 at.-% zu beobachten a). Bei hohen Re-Anteilen ist der Einfluss von Ru verschwindend gering b). (Angegebene Temperaturerhöhungen beziehen sich auf σ = 250 MPa / $t_{1\%}$ = 100 h.)

4.4.2. Einfluss der Korngrenze - Vergleich DS/SX

Nickel-Basis Legierungen der 1. bis 4. Generation wurden generell für den Einsatz als Einkristalllegierungen (SX) entwickelt, um die Kriechfestigkeit im Anwendungsbereich bei hohen Temperaturen nicht durch Korngrenzgleiten herab zu setzen (vgl. Kap. 2.1.). Die Bestimmung der Zeitstandfestigkeit der in dieser Arbeit untersuchten Legierungen erfolgte jedoch aus Gründen einer statistisch ausreichenden Probenanzahl im stängelkristallinen Zustand (DS). Um eine Abschätzung treffen zu können, in welchem Umfang die Kriechfestigkeit dadurch vermindert wird, wurden für die kommerzielle Legierung CMSX-4 der 2. Generation sowie für die Astra1-22 Legierung der 4. Generation zusätzlich SX-Proben im Kriechversuch getestet. Der Vergleich zwischen DS und SX ist in Abb. 4.30 in Form von Larson-Miller-Diagrammen mit $t_{1\%}$-Daten dargestellt. Für CMSX-4 ergibt sich durch die Eliminierung der Korngrenzen eine deutlich höhere Festigkeit (vgl. Abb. 4.30 a). In mögliche Temperatursteigerungen umgerechnet beträgt der Unterschied zwischen DS und SX + 26 K. Allerdings ist aus Abb. 4.30 b ersichtlich, dass diese Steigerung nicht pauschal auf andere Legierungssysteme übertragbar ist, da im Fall der Astra1-22 Legierung zwischen DS und SX kein bzw. kaum ein Unterschied festzustellen ist. Einschränkend ist hierbei zu bemerken, dass die gefittete SX-Astra1-22 Gerade aufgrund der geringen Probenanzahl nur als erste Näherung zu sehen ist. Grundsätzlich kann die Tendenz, dass der Einfluss der Korngrenze bei Astra1-22 geringer ist als bei CMSX-4 jedoch als realistisch angesehen werden, zumal die beiden Kriechdaten aus SX-Versuchen bei 300 MPa und 950 °C übereinander liegen und sich exakt mit den Daten der DS-Versuche decken (vgl. Abb. 4.30 b). Die Datenpunkte bei 150 MPa stammen aus Kriechversuchen bei einer höheren Temperatur von 1050 °C, so dass die Abweichung zwischen SX und DS bei der Legierung Astra1-22 möglicherweise mit dem Temperaturunterschied zusammenhängt.

4. Ergebnisse

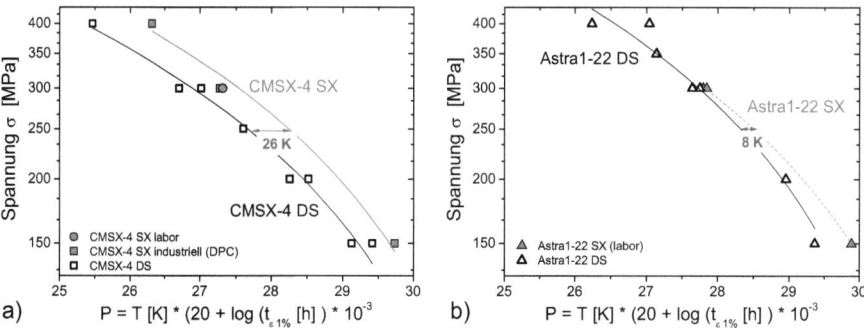

Abb. 4.30: Larson-Miller-Diagramme für den Vergleich von DS mit SX Proben für a) CMSX-4 und b) Astra1-22. Korngrenzen in Belastungsrichtung (DS) bewirken im Vergleich zu Einkristallen (SX labor und industriell von Doncasters Precicion Castings GmbH (DPC)) bei CMSX-4 einen deutlichen Festigkeitsabfall. Für Astra1-22 ist dies - unter Berücksichtigung einer möglichen Fehlerbreite aufgrund von wenigen Messwerten - nicht zu beobachten. (Angegebene Temperaturerhöhungen für σ = 250 MPa / $t_{1\%}$ = 100 h).

4.4.3. Mikrostrukturevolution und Bruch

Um die Mikrostrukturevolution der Legierungen zu analysieren, wurden einheitlich 950 °C und 300 MPa als Kriechparameter ausgewählt bis zum Bruch im Zugkriechversuch belastet. Parallel konnte anhand dieser Proben gleichzeitig das Bruchverhalten untersucht werden. In Abb. 4.31 ist exemplarisch der Querschliff einer Bruchfläche der CMSX-4 SX-Probe dargestellt. Die dendritischen und interdendritischen Bereiche der Re-haltigen Legierungen CMSX-4 und Astra1-2x mit 2 at.-% Re sind aufgrund der vorhandenen Re-Restsegregation (vgl. Abb. 4.16) im BSE-Kontrast noch zu erkennen.

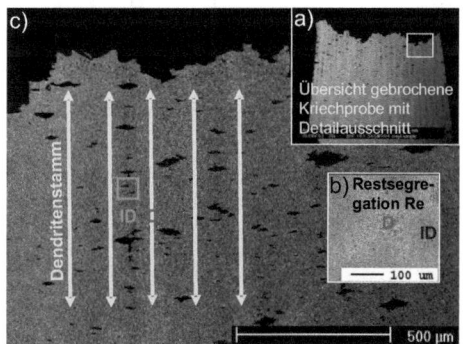

Abb. 4.31: a) Übersicht eines unter Kriechbeanspruchung (950 °C, 300 MPa) gebrochenen Probenquerschnitts der Legierung SX-CMSX-4 mit Kennzeichnung des unter c) dargestellten, vergrößerten Ausschnitts. Aufgrund der Re-Restsegregation nach der Standardwärmebehandlung b) sind die Dendritenstammpositionen (heller) noch sichtbar. Die Rissinitiierung erfolgt fast ausschließlich im interdendritischen Bereich.

Ähnlich zu Studien von Volek et al. (Volek 2002) erfolgt die Rissbildung vorwiegend im interdendritischen Bereich (Abb. 4.31), während der ursprüngliche Dendritenkern kaum Risse aufweist. Die Ursache ist vermutlich zum einen auf die vorhandene Re-Restsegregation zurückzuführen, welche im interdendritischen Bereich eine geringere Mischkristallhärtung sowie eine gröbere γ/γ'-Struktur bedingt (vgl. Abb. 4.19). Als Folge unterliegt dieser Bereich einer höheren Kriechverformung als der Dendritenkern (vgl. auch unterschiedliche γ/γ'-Floßstruktur in Abb. 4.33). Eine weitere wichtige Rolle spielen die im interdendritischen Bereich vorliegenden Gussporen. Diese schwächen das Material und dienen als Risskeime. Abb. 4.32 a zeigt exemplarisch eine solche Rissentwicklung. Die Rissausbreitung erfolgt stets senkrecht zur Belastungsrichtung, so dass unter gleichzeitig zunehmender Querschnittsverminderung die Spannung steigt und die Kriechverformung im tertiären Bereich beschleunigt wird (vgl. Kap. 2.5.1.). Durch das Zusammenwachsen der Risse resultiert schließlich der Bruch. Für DS-Proben erfolgt neben der intrakristallinen auch eine interkristalline Rissausbreitung entlang der Korngrenzen, so dass die Bruchdehnung meist geringer ausfällt. In Abb. 4.32 b und c sind solche interkristallinen Korngrenzenrisse für die untersuchten DS-Proben dargestellt. Im Fall der Legierung CMSX-4 sowie in den Astra1-Legierungen -20/-21 mit 2 *at.*-% Re hat sich an der Korngrenze eine TCP-Zellkolonie gebildet (vgl. Kapitel 4.5). Alle übrigen DS-Proben weisen interkristalline Risse entlang von Korngrenzen ohne Zellkolonien auf (Abb. 4.32 c).

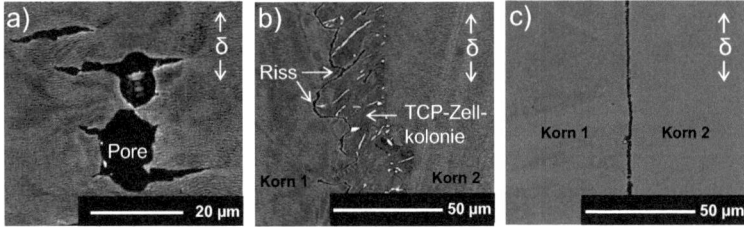

Abb. 4.32: Rissentwicklung bei jeweils bis zum Bruch gekrochenen Proben (950 °C/300 MPa). a) Rissentwicklung an Gussporen und direkt im interdendritischen Bereich (links oben) in der SX-Legierung CMSX-4. Tritt wegen fehlender Korngrenzen besonders deutlich in SX-, aber auch in DS-Proben auf. b) Korngrenzenriss entlang einer TCP-Zellkolonie der DS-CMSX-4. Tritt ebenso in Astra1-20 und -21 auf. c) Korngrenzenriss entlang einer Korngrenze in Astra1-10 (Vergleichslegierung zu CMSX-4). Ein interkristalliner Bruch ist typisch für alle DS-Proben. Die Bruchdehnung kann jedoch stark variieren (vgl. Anhang).

Die Mikrostrukturevolution (vgl. Abb. 4.33) zeigt für alle gekrochenen Proben eine senkrecht zur Zugbelastung ausgerichtete Floßstruktur, welche typisch für negative Gitterfehlpassungen ist (vgl. Kap. 2.5.2.). Floßstrukturen im interdendritischen Bereich (Abb. 4.33 a) sind aufgrund der Restsegregation generell gröber als im Dendritenkern (Abb. 4.33 b). Für den Vergleich des Ru-Einflusses wurden in Abb. 4.33 Astra1-20/-22 (2 *at.*-% Re / 0 oder 2 *at.*-% Ru) ausgewählt, für den Re-Einfluss Astra1-22/-12 (1 oder 2 *at.*-% Re / 2 *at.*-% Ru). Zudem ist die Mikrostruktur von CMSX-4 abgebildet, welche im Kriechversuch ähnliche Eigenschaften aufweist wie die dargestellte Legierung Astra1-12 (vgl. Kap. 4.4.1.). Aufgrund der anfänglich gleichen γ/γ'-Größe bei konstantem Re-Gehalt (vgl. Abb. 4.19) sowie der konstanten Vergröberungsrate (vgl. Abb. 4.20) wäre zu erwarten, dass sich auch die γ/γ'-Floßstruktur von Astra1-20/-22 ähnelt. Allerdings fällt in Abb. 4.33 auf, dass sich vielmehr die Mikrostruktur von Astra1-12/-22 mit unterschiedlichen Re-Anteilen aber gleichen Ru-Gehalten decken. Da insbesondere die γ'-Floßlänge sowie die γ-Kanalbreite theoretisch eine starke Einflussgröße auf die

4. Ergebnisse

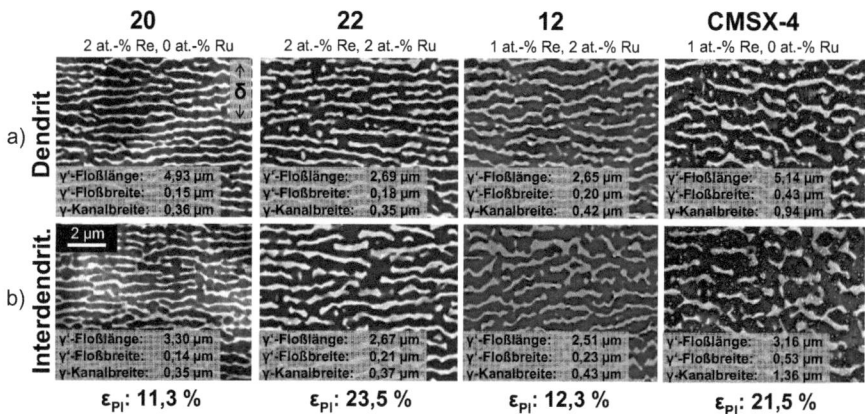

Abb. 4.33: Mikrostrukturevolution nach einer Kriechbeanspruchung bei 950 °C/ 300 MPa mit entsprechender Bruchdehnung ε_{Pl} für ausgewählte DS-Legierungen. Die Aufnahmen wurden in 500 µm Abstand von der Bruchfläche in jeweils a) dem ursprünglichen Dendritenkern und b) dem interdendritischen Bereich aufgenommen. Astra1-22 und Astra1-12 haben eine ähnliche γ'-Floßstruktur. Astra1-20 weist eine feinere und CMSX-4 eine gröbere, unregelmäßigere Struktur auf. Dendritische Bereiche sind tendenziell feiner.

Kriecheigenschaften darstellen (z.B. (Pollock 1991, Kondo 1996, Matan 1999, Reed 1999)), verwundert außerdem die unterschiedliche Kriechfestigkeit der ähnlichen γ/γ'-Floßstrukturen von Astra1-12/-22. Ebenfalls unerwartet ist der Vergleich zwischen CMSX-4 und Astra1-12, welche trotz gleicher Kriecheigenschaften eine stark unterschiedliche Floßstruktur aufweisen. Diese Unregelmäßigkeiten lassen vermuten, dass der betrachtete Mikrostrukturvergleich an gebrochenen Proben vermutlich unzulässig ist, da sowohl eine ungleichmäßige Bruchdehnung ε_{Pl} (vgl. Abb. 4.33), als auch eine unterschiedliche Ostwaldreifung aufgrund variierender Bruchzeiten t_B vorliegt. Untersuchungen von Schneider (Schneider 1993) zufolge, welcher die γ/γ'-Floßstruktur nach definierten Bruchdehnungen betrachtet, könnte beispielsweise die höhere γ'-Floßbreite bei Astra1-22 im Vergleich zu -20 durch die fortgeschrittenere plastische Verformung erklärt werden. Im Rahmen dieser Arbeit war es jedoch aufgrund der zu geringen Probenanzahl nicht möglich die Zusammenhänge zusätzlich bei einer definierten Kriechdehnung zu überprüfen.

4.5. Phasenstabilität (TCP-Bildung)

Re-Zusätze in Nickel-Basis Legierungen bergen neben der erwünschten Steigerung der Kriechfestigkeit den Nachteil einer höheren Anfälligkeit für TCP-Sprödphasen. Um die Phasenstabilität in Abhängigkeit von Re und Ru beurteilen zu können, wird nachfolgend die experimentelle TCP-Neigung mit Vorhersagemöglichkeiten durch Berechnungsmodelle verglichen. Des Weiteren werden die TCP-Entwicklung, sowie die Quantifizierung der TCP-Phasenanteile in Abhängigkeit von Ru dargestellt.

4.5.1. Grundphänomen TCP-Phasenbildung

Die Bildung von TCP-Sprödphasen wurde nach einer Abschätzung mit Literaturdaten im Bereich der für Nickel-Basis Legierungen der 2. und 3. Generation zu erwartenden maximalen Umwandlungsgeschwindigkeit von 1050 °C (vgl. Kap. 2.6.2., Abb. 2.24) an wärmebehandelten DS-Proben untersucht. Analog zu den Kriechparametern wurde zudem eine niedrigere Temperatur von 950 °C ausgewählt und Auslagerungszeiten von 500, 1000 und 2000 h betrachtet. Die kommerzielle Legierung CMSX-4 weist bei allen Parametern im Vergleich zur Astra1-Serie die höchste TCP-Neigung auf. In Abb. 4.34 a ist am Beispiel von CMSX-4 dargestellt, dass die TCP-Phasen als typische Nadeln im Korninneren im Bereich der ursprünglichen Dendritenkerne auftreten (vgl. Kap. 2.6.1.). Gleichzeitig ist an den Korngrenzen die Bildung einer Zellkolonie mit einer groben Mikrostruktur zu beobachten (Abb. 4.34 b). Zusätzlich durchgeführte Auger-Elektronenspektroskopie- und EPMA-Messungen schließen die Anwesenheit von Kohlenstoff aus, so dass die hellen Phasen der Zellkolonie eindeutig als TCP-Sprödphasen identifiziert werden können. Experimentelle Beobachtungen von TCP-haltigen Zellkolonieentwicklungen anderer Studien können somit bestätigt werden (Pollock 1995, Walston 1996, Nystrom 1997, Tin 2003). Ebenso stimmt der Wechsel von einer γ- zu einer γ'-Matrix mit γ-Ausscheidungen innerhalb der Zellkolonie mit vergleichbaren Reaktionen in SRZ überein (vgl. Abb. 4.34 b). Die vorliegende Phasenumwandlung kann folglich als eine diskontinuierliche Ausscheidung von TCP- und γ-Phasen in einer γ'-Matrix aus einem übersättigten γ/γ'-Grundgefüge beschrieben werden (vgl. Kap. 2.6.1.). Die eingehende Charakterisierung dieser in Nickel-Basis Legierungen bislang noch wenig untersuchten Zellkolonieentwicklung folgt ab Kap. 4.5.3.

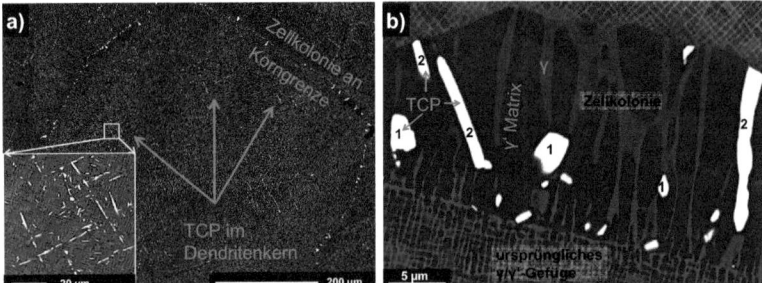

Abb. 4.34: TCP-Sprödphasen nach 1000 h bei 1050 °C am Beispiel von DS-CMSX-4. a) Übersichtsbild mit TCP-Nadeln in den Dendritenkernen und TCP-Zellkolonien an den Korngrenzen. b) Detailansicht der vergleichsweise groben Mikrostruktur einer Zellkolonie. Die TCP-Ausscheidungen sind in eine γ'-Matrix eingebettet und weisen eine globulare (1) oder elongierte (2) Morphologie auf. Die Grenzfläche TCP/γ' ist überwiegend gerade mit einigen gekrümmten Seitenflächen. γ tritt nur als Ausscheidung in γ' auf.

Eine ähnliche Phaseninstabilität wie für CMSX-4 liegt nur bei der Legierung Astra1-20 vor, welche im Vergleich zu CMSX-4 einen doppelten so hohen Re-Anteil von 2 at.-% aufweist. In allen Astra1-Legierungen mit 1 at.-% Re ist trotz gleichem Re-Anteil wie in CMSX-4 keine TCP-Bildung zu beobachten. Abb. 4.35 zeigt die unterschiedliche Phasenstabilität der Legierungen anhand eines ZTU-Diagramms aus den experimentellen Ergebnissen für die Bildung von TCP-Nadeln im Korninneren. Anhand des Vergleichs von Astra1-20 und -21 in Abb. 4.35 ist ebenfalls zu erkennen, dass der Zusatz von Ru eine deutliche Verzögerung der TCP-Bildung hervorruft (ZTU-Nase zu späteren Zeiten verschoben). Bei höheren Ru-Gehalten von 2 at.-% treten im Korninneren bereits keine TCP-Nadeln mehr auf und die Zellkoloniebildung beschränkt sich auf eine minimale Ausbreitung bei 1050 °C (vgl. Kap. 4.5.5., Abb. 4.40). Die TCP-hemmende Wirkung von Ru führt somit analog zu zahlreichen anderen Beobachtungen (z.B. (O'Hara 1996, Rae 2001, Sato 2006, Hobbs 2008c)) zu einer deutlich verbesserten Phasenstabilität der Astra1-Legierungen.

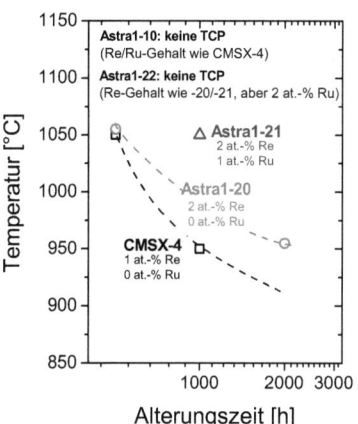

Abb. 4.35: ZTU-Diagramm für das Auftreten von TCP-Nadeln im Korninneren (TCP-Bildung innerhalb der Dendritenkerne bis ca. 5 Vol.-%, Zellkoloniebildung tritt früher auf) für die in Kap. 3.3.4. erläuterten Alterungsversuche nach 500, 1000 und 2000h. CMSX-4 weist trotz niedrigerem Re-Anteil eine vergleichbare TCP-Neigung wie Astra1-20 auf. Ru verzögert die TCP-Bildung erheblich.

Literaturstudien zufolge, liegt die maximale Umwandlungsrate (ZTU-Nase) für hohe Re-Übersättigungen der γ-Matrix bei rund 1050 °C (Darolia 1988, Rae 2000, Karunaratne 2001b, Sato 2006, Rettig 2010). Des Weiteren sollte der Studie von Darolia (Darolia 1988) und von Sato (Sato 2006) zufolge für sinkende Re-Übersättigungen, neben der zeitlichen Verzögerung der TCP-Bildung (vgl. Abb. 4.35), zudem eine Verschiebung der maximalen TCP-Umwandlungsgeschwindigkeit zu tieferen Temperaturen zu beobachten sein (vgl. Abb. 2.24). Da für Ru-Zugaben in der Astra1-Serie der *reverse partitioning* Effekt mit einer abnehmenden Re-Konzentration in der γ-Matrix - und somit eine geringere Re-Übersättigung - vorliegt (vgl. Kap. 4.3.5.), wäre die Temperaturverschiebung der maximalen Umwandlungsrate auch in Abb. 4.35 zu erwarten. Allerdings können die angedeuteten ZTU-Kurven aufgrund der stark eingeschränkten Zahl an Messpunkten nur als erste Abschätzung angesehen werden. Eine verlässliche Beurteilung der maximalen Umwandlungsrate wäre nur durch eine ausgedehnte Versuchsreihe der zeitintensiven Alterungsexperimente möglich.

4.5.2. Rechnerische Abschätzung der TCP-Phasenbildung

Eine Abschätzung der Phasenstabilität ohne experimentell langwierige Versuche kann anhand verschiedener Methoden auf Basis der Legierungszusammensetzung erfolgen (vgl. Kap. 2.6.1.). Um die Qualität der Berechnungsmodelle zu beurteilen, wurde die experimentell ermittelte TCP-Neigung sowohl mit der einfachen PHACOMP-Methode, als auch mit Simulationsergebnissen über CALPHAD verglichen. Eine Gegenüberstel-

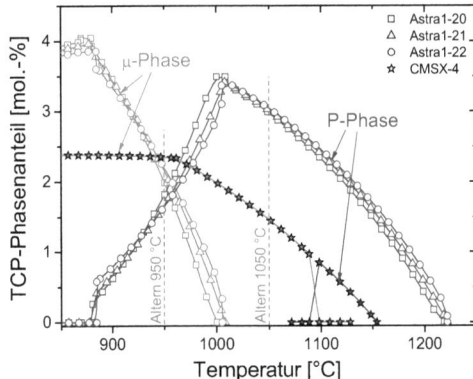

Abb. 4.36: Mittels ThermoCalc (CALPHAD) berechnete TCP-Phasenanteile für Legierungen welche im Experiment TCP-Bildung zeigen. Zugaben von Ru zeigen in der Berechnung keinen Einfluss auf die TCP-Bildung. CMSX-4 zeigt experimentell eine zu Astra1-20 vergleichbare TCP-Anfälligkeit (vgl. **Abb. 4.41**).

lung der Ergebnisse gibt Tab. 4.2. Aus den mittels PHACOMP berechneten Elektronenleerstellenzahlen $\overline{N}_v$ lässt sich kein allgemein gültiger Schwellwert für die TCP-Bildung festlegen, da die TCP-freie Legierung Astra1-22 durch die hinzugefügten Ru-Atome (zusätzliche N_v^{Ru}, vgl. Tab. 2.4, Gl. 1.28) einen höheren $\overline{N}_v$-Wert ergibt, als die vergleichbare TCP-haltige Legierung Astra1-20 ohne Ru. Somit ist das Modell für Nickel-Basis Legierungen der 4. Generation generell nicht geeignet. Die experimentell gefundene TCP-Unterdrückung durch Ru-Zusätze in den Astra1-Legierungen kann aber auch mit der modernen CALPHAD-Methode nicht dargestellt werden. Besonders deutlich ist dies anhand der Simulationsdaten in Abb. 4.36 zu erkennen, welche unabhängig vom Ru-Gehalt den gleichen TCP-Anteil aufweisen. Des Weiteren ist aus der Darstellung in Abb. 4.36 ersichtlich, dass die TCP-Neigung von CMSX-4 mit CALPHAD niedriger eingeschätzt wird, als für die experimentell als vergleichbar eingestufte Legierung Astra1-20 mit doppeltem Re-Gehalt. Mit der PHACOMP-Methode (Tab. 4.2) resultiert für CMSX-4 hingegen ein deutlich höherer $\overline{N}_v$-Wert, was zum einen auf die stärkere Anreicherung von W, Mo, Cr, Re in der γ-Matrix zurückzuführen ist (vgl. Kap. 4.3.5, Abb. 4.23). Zum anderen trägt auch der in CMSX-4 vorhandene Ti-Gehalt zu einer höheren $\overline{N}_v$-Zahl bei.

Tab. 4.2: Vergleich der experimentell beobachteten TCP-Neigung mit Abschätzungen mittels PHACOMP (auf Basis gemessener γ-Zusammensetzungen) und CALPHAD. Die TCP-hemmende Wirkung von Ru kann durch keines der Berechnungsmodelle abgebildet werden. Für Re ergeben die Berechnungen zwar eine erhöhte TCP-Neigung, eine genaue Abschätzung ist jedoch möglich.

	Astra1-00 (0 at.-% Re, 0 at.-% Ru)	Astra1-20 (2 at.-% Re, 0 at.-% Ru)	Astra1-22 (2 at.-% Re, 2 at.-% Ru)	CMSX-4 (1 at.-% Re, 0 at.-% Ru)
PHACOMP $\overline{N}_v$ (für γ-Matrix)	1,96	2,12	2,24	2,35
CALPHAD (μ + P bei 1000°C, vgl. Abb. 4.36)	keine TCP	3,49 mol.-%	3,44 mol.-%	1,97 mol.-%
TCP-Nadeln im Korninneren (Experiment)	nein	ja	nein	ja
TCP-Zellkolonie (Experiment, vgl. Abb. 4.40)	nein	ja	kaum	ja

Als Fazit lässt sich aus dem Vergleich zwischen Experiment und Berechnung festhalten, dass beide Berechnungsmethoden keine sinnvolle Vorhersage für Ru-haltige Legierungen der 4. Generation ermöglichen (vgl. auch Kap. 4.5.5.). Für Re ergeben die Berechnungen tendenziell die erhöhte TCP-Anfälligkeit wieder, eine exakte Abschätzung ist jedoch ohne die Berücksichtigung der Kinetik nicht möglich (Rettig 2010).

4.5.3. Zellkolonieentwicklung - Einfulss der Korngrenze

Aus der Entwicklung von Zellkolonien in anderen Legierungssystemen ist bekannt, dass die Phasenumwandlung als fortschreitende Reaktionsfront mit Ausscheidungen aus einer übersättigten Matrix angesehen werden kann (vgl. Kap. 2.6.3.). Um den noch wenig untersuchten Reaktionsverlauf von TCP-Zellkolonien in Nickel-Basis Legierungen zu analysieren, wurde zunächst die Wachstumsart der TCP-Zellkolonien überprüft. Wie in Abb. 4.37 dargestellt, beginnt das Zellkoloniewachstum an Großwinkelkorngrenzen der DS-Proben. (Der Einfuß des Korngrenzenwinkels wird in Kap. 4.5.5. näher erläutert.). Die Ausbreitung der Zellkolonie erfolgt dabei entweder alternierend auf beiden Seiten der Korngrenze (Abb. 4.37 a), oder als durchgängige Zellkoloniefront auf nur einer Seite der Korngrenze (vgl. z.B. Abb. 4.40). Diese Beobachtungen decken sich mit den Beschreibungen von Korngrenzen-Zellkolonien in Nickel-Basis Legierungen (Pollock 1995, Walston 1996, Nystrom 1997). Aus der Überblendung der Mikrostruktur mit dem EBSD-Mapping in Abb. 4.37 b wird deutlich, dass das Zellkoloniewachstum ins Korninnere jeweils mit der kristallographischen Orientierung des Nachbarkorns erfolgt. Analog zu Beobachtungen in anderen Legierungssystemen (Fournelle 1972, Manna 2001) entspricht die fortschreitende Reaktionsfront der Zellkolonie somit gleichzeitig der Wanderung einer mobilen Großwinkelkorngrenze. Im Fall von alternierenden Zellkolonietaschen führt dies zu einer Verzahnung der Korngrenzen, bei Zellkoloniefronten zu einer gleichmäßigen Verschiebung der ursprünglichen Korngrenzenposition.

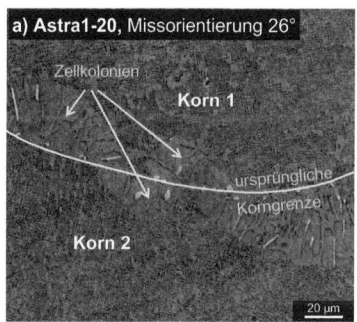 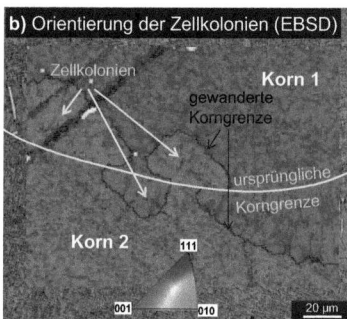

Abb. 4.37: Entwicklung einer Korngrenzen-Zellkolonie am Beispiel der Legierung Astra1-20 (1000 h Alterung bei 1050 °C). a) Übersichtsbild mit beidseitig der ursprünglichen Korngrenze gewachsenen Zellkolonien. b) Mittels EBSD überprüfte Kornorientierung mit Kennzeichnung der gewanderten Korngrenze, welche der Reaktionsfront der Zellkolonie entspricht. Die Zellkolonien wachsen jeweils mit der Orientierung des Nachbarkorns.

Des Weiteren wurde die Mikrostruktur der Zellkolonie näher untersucht, um das Wachstum der TCP-Phasen zu charakterisieren. In zweidimensionalen Schliffbildern weisen die TCP sehr unterschiedliche Morphologien und Größen auf (vgl. Abb. 4.34 b). Während in der Nähe der ursprünglichen Korngrenze eher kleine globulare TCP vorliegen, erscheinen innerhalb der Zellkolonie häufiger elongierte oder gröbere globulare TCP-Phasen. Eine einheitliche Wachstumsrichtung oder lamellare Ausscheidungen wie sie in

Zellkolonien anderer Legierungssysteme beobachtet werden (Fournelle 1972, Manna 1998, 2001), sind jedoch im 2-D Bild nicht zu erkennen. Aus diesem Grund wurde eine 3-D Rekonstruktion der Zellkolonie durchgeführt, welche in Abb. 4.38 dargestellt ist. Es ist eindeutig zu erkennen, dass die TCP-Phasen innerhalb der Zellkolonie als durchgängige Säulen wachsen. Es liegt jedoch keine perfekte Lamellenstruktur mit paralleler Ausrichtung und konstantem Lamellenabstand vor. Die Wachstumsrichtung der TCP-Säulen ist überwiegend 25-30° verkippt zur Reaktionsfront ausgerichtet. Neben meist geradlinig gewachsenen TCP-Phasen finden sich auch gekrümmte und verzweigte TCP-Säulen, wobei die Säulenflanken größtenteils planar erscheinen. Aufgrund der Verkippung erscheinen die TCP-Säulen im 2-D Schnitt als eher globulare oder nur geringfügig elongierte TCP. Weiterhin fällt an der 3-D Darstellung auf, dass sich zu Beginn der Zellkoloniebildung an der ursprünglichen Korngrenze deutlich mehr TCP-Keime bilden, als beim Voranschreiten der Zellkolonie weiter wachsen. Ein Literaturvergleich mit anderen Strukturen ist an dieser Stelle nicht möglich, da bislang keine 3-D Mikrostrukturen von Zellkolonien veröffentlicht wurden.

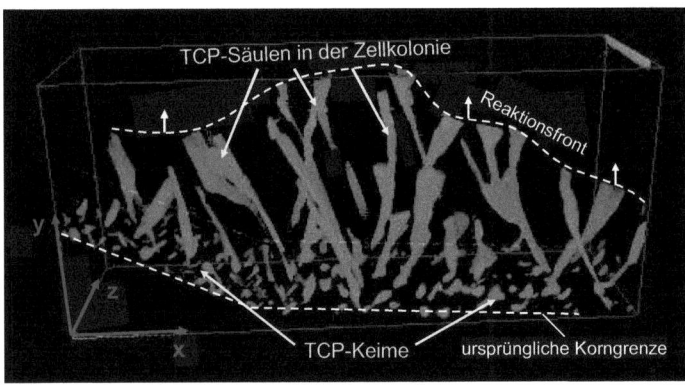

Abb. 4.38: 3-D Mikrostruktur der TCP-Phase innerhalb einer Zellkolonie am Beispiel der Legierung Astra1-20 (gealtert bei 950 °C für 1000 h). Das rekonstruierte Volumen entspricht 95 x 26 x 32 µm³. An der ursprünglichen Korngrenze liegen zunächst viele kleine globulare TCP-Keime vor. Innerhalb der wachsenden Zellkolonie wachsen einige der TCP-Phasen in Richtung der fortschreitenden Reaktionsfront weiter und bilden längliche, gröbere TCP-Säulen mit überwiegend planaren Flanken.

4.5.4. Zusammensetzung der TCP-Zellkolonie

Die TCP-Zellkoloniebildung bietet im Vergleich zu konventionellen TCP-Studien an sehr feinen TCP-Nadeln im Korninneren den Vorteil, dass die Phasen eine ausreichende Größe für verlässliche EPMA-Messungen vorweisen und keine aufwendigen TEM-Analysen durchgeführt werden müssen. Da die Zellkoloniebildung des Weiteren folgender Phasenreaktion entspricht (vgl. Kap. 2.6.1.):

$$\underbrace{\gamma_{Matrix} + \gamma'_{Ausscheidung}}_{\text{Übersättigtes Grundgefüge}} \rightarrow \underbrace{\gamma'_{Matrix} + \gamma^{ZK}_{Ausscheidung} + TCP_{Ausscheidung}}_{\text{Gleichgewichtsphasen der Zellkolonie}}$$

kann aus der Zusammensetzung der Zellkolonie zudem eine Aussage über den Gleichgewichtszustand der einzelnen Phasen getroffen werden. Im Rückschluss lässt sich daraus auch eine Abschätzung der Re-Übersättigung des Grundgefüges gewinnen.

In Abb. 4.39 ist ein experimentell ermitteltes EPMA-Elementmapping am Beispiel einer Zellkolonie in der Legierung Astra1-20 qualitativ dargestellt. Die TCP-Phasen der Zellkolonie zeigen eine typische Anreicherung der TCP-fördernden Elemente Re, W, Mo, Cr und Co (vgl. Kap. 2.1.1., Tab. 2.1). Al und Ta stellen als γ'-Bildner die Hauptelemente der neuen γ'-Matrix dar und sind in den TCP- und γ-Ausscheidungen kaum löslich. Auffallend ist weiterhin, dass vor der Reaktionsfront der Zellkolonie eine Abreicherung der Re- und in geringerem Maße der W-Konzentration zu finden ist (Abb. 4.39 d, h). Komplementär zeigen Co und Cr einen Pile-up vor der Reaktionsfront (Abb. 4.39 e, f).

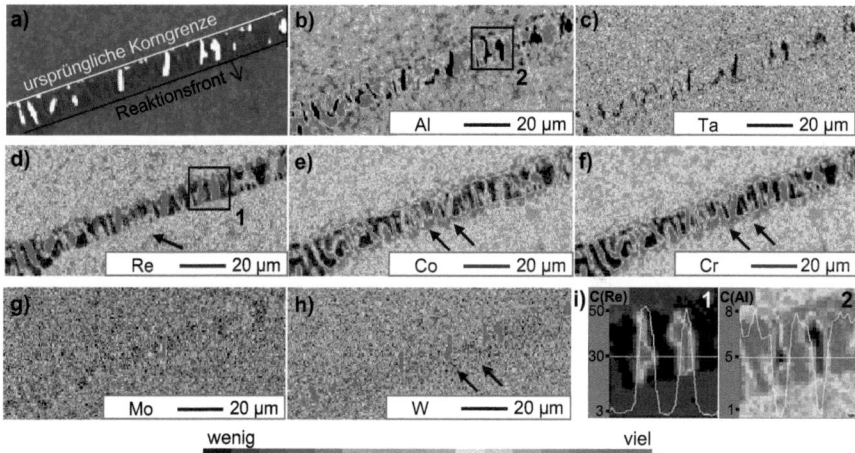

Abb. 4.39: a) Übersicht der Mittels EPMA analysierten Fläche einer Zellkolonie und dem umgebenden Matrixgefüge am Beispiel der Legierung Astra1-20 nach einer Alterung von 1000 h bei 950 °C. b)-h) zugehörige Elementverteilung. Re, W, Mo, Cr reichern sich in den TCP (helle Phase in a) an, während Al und Ta sich kaum lösen (vgl. TCP-Beispiel in i)). Für Co und Cr (e+f) zeigt sich vor der Zellkoloniefront eine Anreicherung. Re und W (d + h) sind in diesem Bereich abgereichert (Markierung mit Pfeilen).

Für einen quantitativen Vergleich der Zellkolonie-Elementverteilung der verschiedenen Legierungen sind die Ergebnisse der EPMA-Analysen in Tab. 4.3 zusammengefasst. Die Zusammensetzung der TCP-Phase von CMSX-4 unterscheidet sich signifikant von denen der Astra1-Legierungen. Hierbei liegen in den TCP-Phasen von CMSX-4 deutlich höhere Anteile an W, Co und Cr vor. Der Re-Gehalt beträgt hingegen analog zur nominell niedrigeren Re-Konzentration von 1 $at.$-% in CMSX-4 etwa nur die Hälfte von der

Re-Anreicherung in den TCP der Astra1-Legierungen mit nominell 2 at.-% Re. Durch die Zugabe an Ru in den Astra1-Legierungen ist im Vergleich dazu keine signifikante Veränderung der TCP-Zusammensetzung innerhalb der Messtoleranz zu beobachten (vgl. Astra1-20 /-21, Tab. 4.3). Ähnliche Ergebnisse werden auch von Hobbs et al. berichtet (Hobbs 2008c), welcher die TCP-Ausscheidungen in SRR300D (3. Generation) in Abhängigkeit von Ru-Zugaben untersucht. Die von Hobbs als P-Phase identifizierte TCP-Zusammensetzung dieser Legierung deckt sich mit typischen Bestandteilen von etwa 50 wt.-% Re außerdem sehr gut mit der TCP-Zusammensetzung der Astra1-Legierungen, so dass davon ausgegangen werden kann, dass die untersuchten Zellkolonie-TCP-Ausscheidungen ebenfalls P-Phasen sind (vgl. auch Kap. 2.6.1.).

Tab. 4.3: Zusammensetzung der ursprünglichen, übersättigten γ-Matrix im Vergleich zur γ-Gleichgewichtsphase γ^{ZK} in der Zellkolonie und den TCP-Ausscheidungen. Die Re-Konzentration in γ^{ZK} ist deutlich reduziert.)* Re-Reduzierung in γ durch *reverse partitioning*.)** Ru-Zugaben bewirken tendenziell eine höhere Re-Löslichkeit in γ^{ZK}.)*** In CMSX-4 liegt eine höhere Re-Übersättigung in γ und eine andere TCP-Zusammensetzung vor, als in den Astra1-Legierungen. (Angaben in wt.-%)

			Al	Ta	Re	Co	Cr	Mo	W
CMSX-4	ursp. Matrix	c(γ)	3,86	3,95	4,86	11,20	10,09	0,93	7,58
	Zellkolonie	c(γ^{ZK})	4,96	6,06	2,68	10,04	7,14	0,84	6,32
		c(TCP)	1,28	3,87	26,79	10,54	11,56	1,97	33,38
	c(γ^{ZK})/c(γ)		1,29	1,53	0,55)**	0,90	0,71	0,90	0,83
Astra1-20	ursp. Matrix	c(γ)	4,23	4,00	8,54)*	10,20	6,57	1,33	6,83
	Zellkolonie	c(γ^{ZK})	5,35	4,89	6,65)**	10,01	7,54	1,24	6,00
		c(TCP)	0,56	1,91	53,15	9,15	9,45	2,34	20,15
	c(γ^{ZK})/c(γ)		1,27	1,22	0,78)**	0,98	1,15	0,93	0,88
Astra1-21	ursp. Matrix	c(γ)	speziell wärmebehandelte Probe (vgl. Kap. 3.3.4.) wurde nicht hergestellt						
	Zellkolonie	c(γ^{ZK})	4,38	5,04	7,20)**	11,19	7,27	1,18	6,21
		c(TCP)	1,51	2,43	49,95	8,67	8,19	2,58	19,20
Astra1-22	ursp. Matrix	c(γ)	4,36	4,39	8,09)*	9,86	6,46	1,25	6,59
	Zellkolonie	c(γ^{ZK})	nicht messbar (vgl. Abb. 4.40, Kap. 4.5.5)						
		c(TCP)							

Die Übersicht in Tab. 4.3 beinhaltet weiterhin eine Gegenüberstellung der Gleichgewichtsphasenkonzentration c(γ^{ZK}) in der Zellkolonie mit der ursprünglichen, übersättigten γ-Zusammensetzung des Grundgefüges. Durch die TCP-Ausscheidung in der Zellkolonie findet sich stets ein reduzierter Re-Gehalt in der Gleichgewichtsphase γ^{ZK}. Der Unterschied zum Re-Gehalt in der ursprünglichen γ-Matrix des Grundgefüges kann dabei als Maß der Übersättigung angesehen werden. Für CMSX-4 fällt diese mit einer Reduzierung des Re-Gehalts von knapp 50 % deutlich stärker aus, als für die Legierung Astra1-20 mit einem niedrigerem γ-Re-Anteil von rund 20 % (vgl. mit)*** markierte c_{Re} in c(γ^{ZK})/c(γ), Tab. 4.3). Eine mögliche Veränderung der Re-Übersättigung durch Ru-Zugaben in den Astra1-Legierungen war aufgrund der in Astra1-22 nur sehr vereinzelt auftretenden und für EPMA-Analysen zu klein ausgeschiedenen Zellkolonie-TCP leider nicht möglich. Allerdings kann aus dem Vergleich der Re-Konzentration im ursprünglichen γ-Grundgefüge das Maß des *reverse partitioning* Effekts von Ru abgelesen werden (vgl. mit)* markierte c_{Re} in γ von Astra1-20 /-22, Tab. 4.3). Indirekt ist somit anhand dieser Daten ebenfalls eine Aussage über den Einfluss von Ru auf die Re-Übersättigung der Matrix möglich. Mit einer $c_{Re}(\gamma)$-Verringerung von 8,54 auf 8,09 wt.-% durch Zulegierung von 2 at.-% Ru ist der Unterschied jedoch nicht sehr ausgeprägt. Möglicherweise ist dieser geringe Konzentrationsunterschied in γ auch die Ursache, weshalb in manchen experimentellen Studien kein reverse partitioning durch Ru gefunden wird (Yokokawa 2003, Reed 2004), andere Ergebnisse den Effekt hingegen belegen (O'Hara 1996, Tin 2004).

Anhand der quantitativen Messergebnisse in Tab. 4.3 fällt noch ein weiterer Effekt von Ru auf, welcher bisher experimentell noch nicht in der Literatur beschrieben wurde. Innerhalb der Zellkolonie-Gleichgewichtsphase γ^{ZK} liegt für Ru-haltige Legierungen ein höherer Re-Gehalt vor, als für Legierungen ohne Ru (vgl. mit)** markierte $c_{Re}(\gamma^{ZK})$ von Astra1-20 /-21, Tab. 4.3). Der Einfluss von Ru fällt hierbei höher aus, als für das reverse partitioning, da bereits eine Zugabe von 1 at.-% Ru eine ähnliche Konzentrationsverschiebung von rund 0,5 wt.-% bewirkt. Der Vergleich der γ^{ZK}-Zusammensetzungen zeigt außerdem, dass durch Ru-Zugaben neben Re auch für Co tendenziell eine höhere Löslichkeit in der γ-Phase erreicht wird.

4.5.5. Keimbidung und Wachstum der TCP-Zellkolonie

Die Zellkoloniebildung in anderen Legierungssystemen erfolgt typischerweise an mobilen Großwinkelkorngrenzen mit hoher Grenzflächenenergie (Hornbogen 1972, Williams 1981, Manna 1998). Für geringere Fehlorientierungen wird meist keine Zellkoloniebildung beobachtet. Dieser Zusammenhang scheint auch bei Nickel-Basis Legierungen vorzuliegen, da innerhalb einer DS-Probe Korngrenzen mit und ohne Zellkoloniebildung koexistent nebeneinander vorliegen. Da bei den gebildeten Zellkolonien teilweise ein unterschiedlicher Wachstumsfortschritt zu finden ist, erfolgte die Evaluierung des Zellkoloniewachstums und des TCP-Phasenanteils in Abhängigkeit der Korngrenzenwinkel, um eine Verfälschung der Ergebnisse durch unterschiedliche Großwinkelkorngrenzen ausschließen zu können.

Die Auswertung des Zellkoloniewachstums zeigt, dass an Korngrenzenwinkeln unter 12-15° keine Zellkolonieentwicklung stattfindet. Somit kann für das untersuchte Legierungssystem der Zusammenhang der Zellkoloniebildung mit dem vorliegen einer Großwinkelkorngrenze bestätigt werden. Aus der Evaluierung der Zellkolonieentwicklung in Abhängigkeit der Großwinkelkorngrenze in Abb. 4.40 ist außerdem ersichtlich, dass sich die ermittelte Zellkoloniebreite für einen ausgewählten Korngrenzenwinkel von 27° mit den gemittelten Werten an allen vorhandenen Großwinkelkorngrenzen deckt. Folglich ist für die Zellkoloniebildung die exakte Kornverkippung der Großwinkelkorngrenze unerheblich. Entscheidend ist lediglich das Vorliegen einer Großwinkelkorngrenze.

Der in Abb. 4.40 ebenfalls dargestellte Einfluss der Temperatur auf die Breite der entwickelten Zellkolonie macht deutlich, dass die Geschwindigkeit der Zellkoloniereaktion

a)
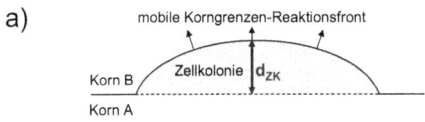

b)
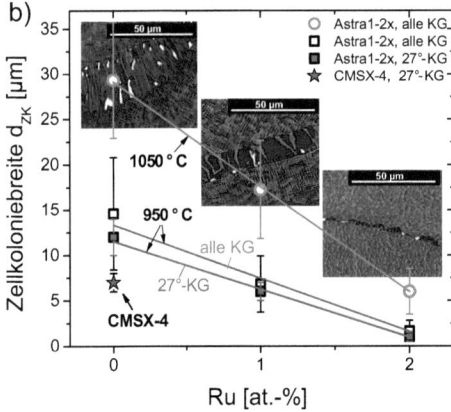

Abb. 4.40: Nach a) vermessene Zellkoloniebreite d_{ZK} (oder Wachstumslänge der Zellkolonie) nach 1000 h Alterung bei verschiedenen Temperaturen in Anhängigkeit des Ru-Gehalts. Der TCP-hemmende Einfluss von Ru ist deutlich zu erkennen. Höhere Temperaturen führen zu einem schnelleren Zellkoloniewachstum. Aus dem Vergleich zwischen 27° GW-Korngrenzen und d_{ZK} als Mittelwert aus allen GW-Korngrenzen ist ersichtlich, dass der KG-Winkel keinen signifikanten Einfluss auf d_{ZK} hat.

bei 1050 °C aufgrund der höheren Umwandlungsrate (vgl. ZTU Abb. 4.35) zunimmt. Im Vergleich zu 950 °C liegt bei 1050 °C in etwa eine Verdoppelung der Zellkoloniebreite vor. Auffällig ist, dass die Legierung Astra1-22 nur bei 1050 °C eine geringfügige Zellkolonieentwicklung mit sehr wenigen TCP zeigt (vgl. 2 at.-% Ru, Abb. 4.40). Bei 950 °C kann hingegen keine Zellkolonieentwicklung oder TCP-Bildung festgestellt werden. Des Weiteren lässt sich ein signifikanter Einfluss von Ru auf die Breite der Zellkolonie feststellen. Zusätzliche Messungen der TCP-Keimdichte an der Korngrenze ergeben, dass durch Ru-Zugaben die Abstände der TCP-Keime von 3,2 µm in der Legierung Astra1-20 (ohne Ru) auf 15,6 µm in der Legierung Astra1-21 (1 at.-% Ru) ansteigen. Somit bewirkt Ru eine Reduzierung der TCP-Keime um den Faktor 5. Umgerechnet auf das Volumen entspricht dies einer Verringerung der Keimdichte von $3 \cdot 10^{16}$ m^{-3} auf $3 \cdot 10^{14}$ m^{-3} für eine Zugabe von 1 at.-% Ru. Diese außerordentlich hohe Reduzierung liegt in einer ähnlichen Größenordnung wie die bisher einzigen Vergleichsdaten von Sato et al. (Sato 2006), welcher für TCP-Nadeln im Korninneren eine Keimdichte von von $3 \cdot 10^{15}$ m^{-3} in der Legierung TMS-138 und $9 \cdot 10^{13}$ m^{-3} in der Legierung TMS-138+ mit 2,5 wt.-% (ca. 1,5 at.-%) Ru feststellt. Da die Zellkoloniereaktion generell an die Ausscheidung einer Phase aus einer übersättigten Matrix gebunden ist (vgl. Kap. 2.6.1.), lässt sich folgern, dass die durch Ru verringerte Zellkoloniebreite mit dem Ru-Einfluss auf die TCP-Keimbildung gekoppelt sein muss (vgl. Kap. 5.3.2.)

Die grobe Mikrostruktur der Zellkoloniebildung erlaubt im Vergleich zu Studien an feinen TCP-Nadeln zudem eine verlässliche Charakterisierung der TCP-Phasenanteile. Wie die in Abb. 4.41 dargestellte Auswertung zeigt, bewirken bereits geringe Zugaben von 1 at.-% Ru eine deutliche Verringerung des TCP-Phasenanteils in der Zellkolonie von rund 7 auf 4 vol.-%. Ein Einfluss des Korngrenzenwinkels ist nicht festzustellen. Da die

4. Ergebnisse

Zellkoloniebildung als Phasenumwandlung eines übersättigten, metastabilen Gefüges in ein stabiles Phasensystem angesehen werden kann (vgl. Kap. 2.6.1.), kann davon ausgegangen werden, dass der ermittelte TCP-Phasenanteil in der Zellkolonie dem Gleichgewichtszustand der Legierung sehr nahe kommt. Infolgedessen hat Ru nicht nur einen Einfluss auf die TCP-Keimbildung, sondern führt auch zu einer Verringerung des Gleichgewicht-TCP-Volumenanteils in der Legierung. Diese Beobachtung wird durch die Studie von Sato et al. (Sato 2006) bestätigt, in der

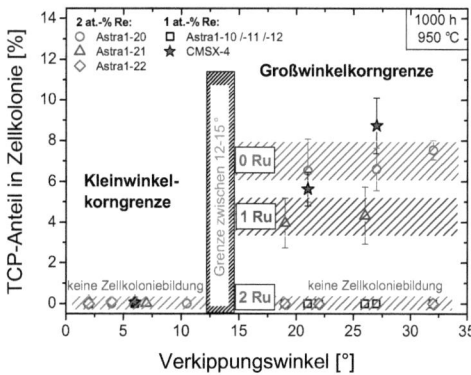

Abb. 4.41: Experimentell ermittelter Flächenanteil der TCP-Phase innerhalb der Zellkolonie in Abhängigkeit des Verkippungswinkels der Korngrenze und des Ru-Anteils. Bei Kleinwinkelkorngrenzen bilden sich keine Zellkolonien. Zusätze an Ru verringern den TCP-Anteil innerhalb der Zellkolonie.

für die Legierung TMS-138 ohne Ru in etwa ein TCP-Flächenanteil von 4 % vorliegt, welcher durch Ru-Zugaben von 2,5 wt.-% in TMS-138+ auf < 1 % sinkt. In ThermoClac Simulationsstudien von Rettig (Rettig 2010) an den TMS-Legierungen von Sato et al. kann ebenfalls eine Reduzierung des TCP-Volumenanteils durch Ru festgestellt werden. Allerdings fällt der Unterschied mit einem nur 0,5 vol.-% geringeren TCP-Phasenanteil für eine Zugabe von 2,5 wt.-% Ru im Vergleich zu den experimentellen Beobachtungen von Sato et al. eindeutig zu gering aus. Im Fall der Astra1-Legierungen kann die deutliche Verringerung des TCP-Flächenanteils von 7 % auf etwa 4 % für eine Zugabe von 1 at.-% Ru durch ThermoCalc-Berechnungen überhaupt nicht abgebildet werden, wie die Daten in Abb. 4.36 zeigen.

5. Diskussion

5.1. Erstarrungsverhalten in Abhängigkeit von Re/Ru

Aus den durchgeführten Untersuchungen im Gusszustand der Astra1-Serie geht hervor, dass Re das Erstarrungsverhalten der Nickel-Basis Legierungen wesentlich beeinflusst. Die resultierende Mikrostruktur weist dabei sowohl beim Dendritenstammabstand, als auch im eutektischen Anteil signifikante Unterschiede durch die Zulegierung von Re auf. Zusätze an Ru bewirken im Gegensatz dazu keine nennenswerten Veränderungen. Nachfolgend werden mögliche Zusammenhänge anhand der experimentellen Ergebnisse diskutiert und mit Modellberechnungen überprüft. Des Weiteren wird die Auswirkung des veränderten Erstarrungsverhaltens auf die Wärmebehandlung diskutiert.

5.1.1. Dendritenstammabstand

Der Dendritenstammabstand λ kann durch eine Vielzahl von Parametern beeinflusst werden. Hierunter fallen neben den Prozessparametern G und v (vgl. Abb. 2.5) auch zahlreiche weitere Einflussmöglichkeiten, welche in Kap. 2.2.1. erläutert sind. Aufgrund der stets konstant gewählten Prozessparameter und Probeentnahmestellen in einem Bereich mit stationären G und v (vgl. Abb. 4.1) können diese Einflussgrößen jedoch ausgeschlossen werden. Die experimentell reproduzierbar ermittelte Abnahme von λ mit zunehmendem Re-Anteil muss folglich mit der Legierungszusammensetzung zusammenhängen. Die Ursache könnte hierbei entweder mit einer Veränderung der thermophysikalischen Eigenschaften in Verbindung gebracht werden, oder mit einem lokalen Einfluss durch erhöhte Mikrosegregation (vgl. Kap. 2.2).

<u>Genereller Einfluss thermophysikalischer Eigenschaften (Modellbasis Gl. 1.3):</u>

Der Effekt thermophysikalischer Eigenschaften auf den Dendritenstammabstand wurde in Zusammenarbeit mit NMF modelliert. Aus der Sensitivitätsstudie in Abb. 5.1 ist ersichtlich, dass eine Veränderung von λ nur bei einer signifikanten Veränderung des Erstarrungsintervalls ΔT_0 oder der Wärmeleitfähigkeit zu erwarten ist. Wie die Messungen jedoch zeigen, wird die Wärmeleitfähigkeit der Legierungen durch Re-Zugaben nicht verändert (Abb. 4.14). Für die zweite mögliche Einflussgröße ΔT_0 ergibt sich aus den Phasendiagrammen in Abb. 4.12 eine Steigerung von + 4 K/at.-% Re. Umgerechnet entspricht dies einer maximalen ΔT_0 Erhöhung von 12 %, wel-

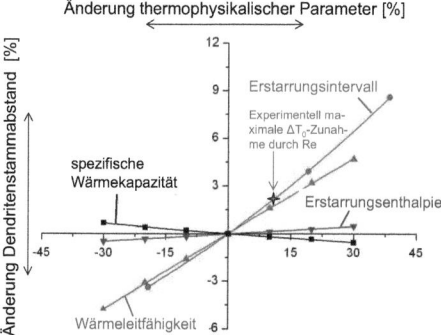

Abb. 5.1: Auf Basis von Gl. 1.3 modellierter Einfluss thermophysikalischer Eigenschaften auf den Dendritenstammabstand λ (Franke 2010). Experimentell ist nur für ΔT_0 eine Veränderung nachweisbar, welche jedoch einen Vernachlässigbaren Einfluss auf λ hat.

che einen vernachlässigbaren λ-Einfluss von 1 %/at.-% Re bewirkt (vgl. Abb. 5.1). Eine Veränderung der thermophysikalischen Eigenschaften als alleinige Ursache der experimentell ermittelten λ-Abnahme von 8 %/at.-% Re erscheint somit unwahrscheinlich.

Lokale Veränderung der Erstarrungsbedingungen durch Mikrosegregation:

Die Ergebnisse zur Mikrosegregation in Abb. 4.4 bis Abb. 4.6 zeigen deutlich, dass Re das Segregationsverhalten der Legierungselemente verstärkt. Vor allem die schmelzpunktsteigernden Elemente W und Re reichern sich bevorzugt im Dendritenkern an, während gegenläufig schmelzpunktsenkende Elemente wie Al vermehrt vor der Erstarrungsfront angereichert werden. In Abb. 5.2 a ist dies anhand des berechneten Pile-ups von Al für verschiedene Re-Gehalte verdeutlicht. Die zur Berechnung nötigen Gleichgewichtsverteilungskoeffizienten $k_E^{Al} = c_D^{Al} / c_0^{Al}$ wurden aus den experimentell ermittelten Daten gewonnen. Durch die erhöhte Anreicherung von Al vor der Erstarrungsfront wird die lokale Liquidustemperatur der Schmelze durch Re-Zugaben zu tieferen Temperaturen verschoben (Abb. 5.2 b). Zusammen mit der Erhöhung der Kon-

a) Erstarrungsmodell konstitutionelle Unterkühlung:

$$c_L(Al) = c_0(Al) \cdot \left(1 + \frac{1 - k_E^{Al}}{k_E^{Al}} \cdot e^{\left(-\frac{v}{D_L} \cdot x\right)}\right)$$

Parameter:

D_L	$1,0 \times 10^{-9}$ m²/s	
v	$1,5 \times 10^{-4}$ m/s	konstant
c_0	13,5 at.-%	
k_E^{Al} (0 at.-% Re)	0,913	experimentell ermittelt
k_E^{Al} (2 at.-% Re)	0,864	

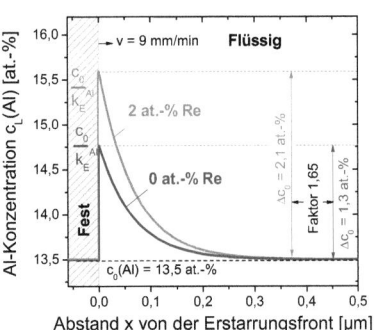

b) λ konstitutionelle Unterkühlung:

$$\lambda = 2\pi \cdot \left(\frac{D_L \cdot \Gamma}{v}\right)^{1/2} \cdot \left(\frac{1}{\Delta T_0^{KU}}\right)^{1/2} = B \cdot \left(\frac{1}{\Delta T_0^{KU}}\right)^{1/2}$$

realtive Veränderung λ:

λ (0 at.-% Re)	B
λ (2 at.-% Re)	0,78 x B

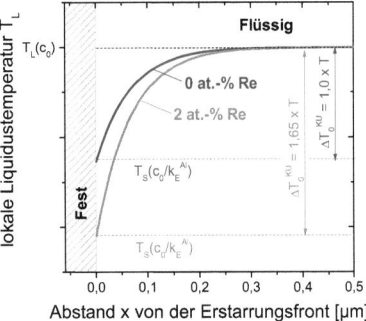

Abb. 5.2: a) Berechnung des Konzentrations-pile-ups c(Al) vor der Erstarrungsfront nach dem Erstarrungsmodell für konstitutionelle Unterkühlung (vgl. Kap.2.2.2, Abb. 2.4 und Kap. 2.2.3., Gl. 1.7/Abb. 2.6, verwendete Parameter siehe Tabelle). Zugaben an Re bewirken eine höhere Mikrosegregation und dadurch einen um Faktor 1,65 höheren Pile-up.

b) Abschätzung des Erstarrungsintervalls ΔT_0^{KU} für unterschiedliche Al-Anreicherungen vor der Erstarrungsfront nach Gl. 1.5/Abb. 2.6. Durch höhre c(Al) ist ΔT_0^{KU} lokal um den Faktor 1,65 erhöht, was zu einer λ-Reduzierung von ca. 20 % führt (vgl. rel. Veränderung λ).

zentrationsdifferenz Δc_0 ändert sich somit auch das lokale Erstarrungsintervall ΔT_0^{KU} vor der Erstarrungsfront. Da ΔT_0^{KU} bzw. die konstitutionelle Unterkühlung Φ den Dendritenstammabstand λ beeinflusst, kann der lokale Effekt der Mikrosegregation gemäß Gl. 1.5 (Kap. 2.2.2.) abgeschätzt werden. Wie in Abb. 5.2 b als relative λ-Veränderung zusammengefasst ist, entspricht eine Erhöhung des Re-Gehalts in etwa einer λ-Verringerung von 10 %/at.-% Re. Dieses Ergebnis deckt sich deutlich besser mit der experimentell ermittelten λ-Abnahme von 8 %/at.-% Re. Der Zusammenhang zwischen erhöhter Mikrosegregation und verringertem λ erscheint somit plausibel. Gleichzeitig kann dadurch der nicht zu beobachtende λ-Einfluss von Ru erklärt werden, da Ru keinen Effekt auf die Mikrosegregation aufweist (vgl. Abb. 4.4 und Abb. 4.6).

5.1.2. Eutektischer Anteil

Das so genannte γ/γ'-Eutektikum entspricht der zuletzt erstarrenden Restschmelze im interdendritischen Bereich der Nickel-Basis Legierungen (Abb. 2.7, Kap. 2.2.4.). Da der Hauptanteil des Eutektikums überwiegend aus der intermetallischen γ'-Phase $Ni_3(Al,Ta,Ti)$ besteht, liegt ein Zusammenhang zwischen dem eutektischen Anteil und der Anreicherung dieser Elemente in der Restschmelze nahe. Aus den Untersuchungen geht in Übereinstimmung mit der Literatur (z.B. (Caldwell 2004, Kearsey 2004)) hervor, dass mit steigendem Re-Gehalt sowohl der eutektische Anteil als auch die Mikrosegregation der Elemente Al und Ta signifikant zunimmt (Abb. 4.4 bis Abb. 4.7). Um den Zusammenhang zu verdeutlichen, wurde aus den experimentellen Segregationsergebnissen am Beispiel von Al (verwendete k_E^{Al}-Werte vgl. Abb. 5.2, Kap. 5.1.1.) die Konzentrationsverteilung in Abhängigkeit des Festphasenanteils anhand des Erstarrungsmodells nach Scheil-Gulliver berechnet. Die in Abb. 5.3 dargestellte Berechnung wurde an die experimentell gemessene, eutektische Al-Konzentration $c_{ID}(Al)$ angepasst, indem die Scheilkurve unter Berücksichtigung der Mengenbilanz mit gleichen Flächenanteilen unter- und oberhalb der nominellen Zusammensetzung $c_0(Al)$ durch ein eutektisches Plateau ausgeglichen wurde. Es ist deutlich zu erkennen, dass sich mit steigendem Re-Gehalt ein geringerer Al-Gehalt im Dendritenkern anreichert und der eutektische Anteil dadurch zunimmt. Im Falle der Legierung CMSX-4 wird der eutektische Anteil durch den zu-

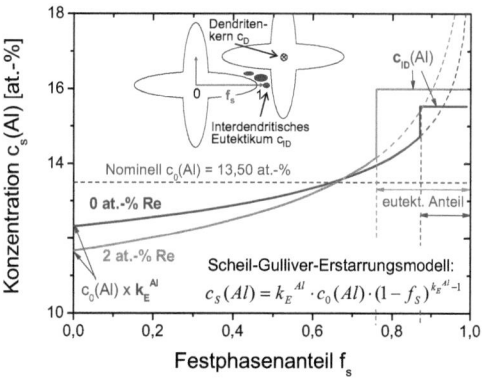

Abb. 5.3: Berechnung der Al-Konzentration in Abhängigkeit des Festphasenanteils nach dem Scheil-Gulliver Erstarrungsmodell (vgl. Kap. 2.2.3.) für zwei verschiedene Re-Gehalte. (*Durchgezogene Linie:* auf c_{ID} angepasste Berechnung, *gestrichelte Linie:* fortgesetzte Scheilberechnung). Der eutektische Anteil nimmt mit Re aufgrund der höheren Al-Segregation zu.

sätzlichen Gehalt an den ebenfalls stark interdendritisch segregierenden γ'-Bildern Ti und Hf nochmals deutlich erhöht und erreicht mehr als den 3-fachen Anteil als die vergleichbare Astra1-10 Legierung (vgl. Abb. 4.7). Da aus Gießbarkeitsstudien bekannt ist, dass der Restschmelzeanteil einen wesentlichen Einfluss auf die Heißrissneigung der Legierung ausübt, ist zu erwarten, dass die Astra1-Legierungen aufgrund der interdendritisch isoliert erstarrenden eutektischen Inseln eine bessere Gießbarkeit aufweisen als die als schlecht gießbar bekannte Legierung CMSX-4 (Heck 1999, Zhang 2002, Zhou 2005, 2006).

5.1.3. Erstarrungsverlauf der Restschmelze

Der Erstarrungsverlauf der Restschmelze im interdendritischen Bereich ist bisher noch ungeklärt (vgl. Kap. 2.2.4.). Von D'Souza et al. (D'Souza 2007) wurde ein Modell vorgeschlagen, welches zu Beginn von einer peritektischen Reaktion der Restschmelze L mit dem bereits erstarrten γ-Dendriten grobe γ'-Ausscheidungen gemäß der Reaktion L+ γ → γ' bildet. Die eutektische Erstarrung als feine γ/γ' Struktur erfolgt gemäß dem Modell von D'Souza zu einem späteren Zeitpunkt, so dass am Rand der Dendriten stets grobe γ'-Ausscheidungen zu finden sein müssten. Wie die Strukturanalysen der vorliegenden Arbeit jedoch zeigen, ist dies nicht immer der Fall, da neben dem primären γ-Dendriten ebenso fein ausgeschiedene γ/γ'-Bereiche zu finden sind. Zudem weisen die eutektischen 2-D Strukturen drei grundverschiedene Morphologien auf (vgl. Abb. 4.8). Aufgrund der 3-D Rekonstruktion der eutektischen Inseln (vgl. Abb. 4.9) kann gezeigt werden, dass der Ursprung der verschiedenen 2-D Strukturen mit der Schnittebene durch das Eutektikum zusammenhängt. Folglich gibt es eine räumliche 3-D Ursprungsmorphologie, für welche auf Basis der Tomographieergebnisse ein graphisches Modell erstellt wurde. Aus der Darstellung dieses Modells in Abb. 5.4 sind die beiden Bedingungen ersichtlich, welche die 2-D Morphologie des Eutektikums definieren: A) die Orientierung der Schnittebene innerhalb der 3-D Struktur und B) der Abstand der Schnittebene vom Zentrum der 3-D Struktur. Da bei den 2-D Morphologien keine Vorzugsorientierung zu finden ist, scheint die Wachstumsrichtung der 3-D Struktur nur von der möglichen räumlichen Ausdehnung der interdendritisch eingekapselten Restschmelze abzuhängen.

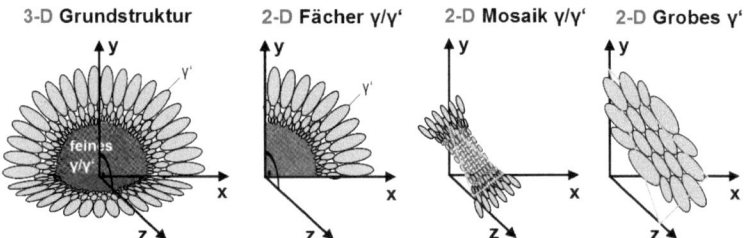

Abb. 5.4: Aus den Tomographiestudien abgeleitete Modelldarstellung der eutektischen 3-D Struktur. Die Erstarrung beginnt mit feinem γ/γ' und wird mit der räumlichen Ausdehnung gröber. Abhängig von der Orientierung der Schnittebene und dem Abstand zum Ursprung resultieren unterschiedliche 2-D Morphologien.

5. Diskussion 109

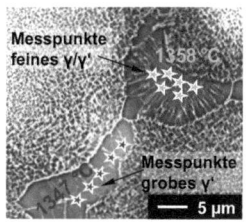

Abb. 5.5: Mittels Thermo-Calc berechnete Schmelzpunkte der unterschiedlichen eutektischen Bereiche. Grobe γ' erstarren zuletzt.

Aus dem Modell in Abb. 5.4 geht weiterhin hervor, dass das Zentrum der zugrunde liegenden 3-D Struktur aus dem feinen γ/γ'-Bereich besteht, welcher somit gleichermaßen den Beginn des Erstarrungsverlaufs darstellen muss. Die Nukleation erfolgt dabei epitaktisch an dem primär erstarrten Dendriten (vgl. Abb. 4.10). Durch die fortschreitende räumliche Ausdehnung der eutektischen Inseln entstehen die gröberen γ'-Ausscheidungen, im Gegensatz zum Modell von D'Souza, erst zu einem späteren Zeitpunkt. Zur Überprüfung dieses postulierten Erstarrungsverlaufs wurde die chemische Zusammensetzung innerhalb der feinen γ/γ'- und der groben γ'-Ausscheidungen bestimmt und mittels ThermoCalc der zugehörige Schmelzpunkt berechnet. Das Ergebnis belegt, dass die groben γ'-Ausscheidungen erst rund 10 °C nach dem als Zentrum der 3-D Struktur identifizierten feinen γ/γ'-Bereich erstarren (Abb. 5.5). Aufgrund der im Vorfeld durchgeführten Studien bezüglich der Zuverlässigkeit der simulierten Thermo-Calc-Liquidustemperaturen (Rettig 2009, Heckl 2010d), kann diese Bestätigung des postulierten Erstarrungsmodells als sehr verlässlich eingestuft werden. Eine ebenfalls durchgeführte Überprüfung der Schmelzpunkte in verschiedenen Astra1-Legierungen, welche unter (Heckl 2010b) veröffentlicht ist, zeigt, dass das hier dargestellte Modell des eutektischen Erstarrungsverlaufs auch auf andere Legierungen übertragbar ist.

Das Erstarrungsmodell wurde weiterhin als Basis für eine DICTRA-Simulation der Konzentrationsverläufe während der Erstarrung der Restschmelze herangezogen. Ähnlich zu Simulationsstudien von Walter et al. (Walter 2005), wird dabei von zwei aufeinander zulaufenden Erstarrungsfronten ausgegangen. Im Gegensatz zu Walter et al., welcher

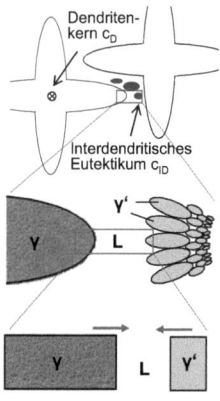

Abb. 5.6: Erstarrungsmodell mit zwei aufeinander zulaufenden Fronten für DICTRA-Berechnungen der Konzentrationsverläufe.

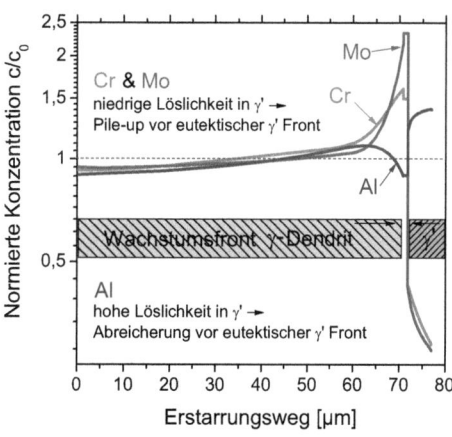

Abb. 5.7: DICTRA-Simulation der Konzentrationsverläufe während der Erstarrung der Restschmelze auf Basis des Erstarrungsmodells in Abb. 5.6 für die Elemente Al, Cr, Mo mit einem k_S nahe 1. Je nach Löslichkeit in γ' entsteht eine An- oder Abreicherung vor der γ'-Front.

analog zu D'Souza von einer γ'-Ausscheidung vor der finalen eutektischen γ/γ'-Reaktion ausgeht, entspricht das in Abb. 5.6 schematisch dargestellte Modell jedoch der finalen Erstarrung der Restschmelze zwischen einer bereits fortgeschrittenen eutektischen Erstarrung (γ'-Front) und der dendritischen γ-Front. Wie die Berechnung der Konzentrationsverläufe in Abb. 5.7 zeigt, ist das Modell sehr gut geeignet, die experimentelle Beobachtung des ungewöhnlichen Segregationsverhaltens am Rand der eutektischen Inseln abzubilden (vgl. Abb. 4.11), welches für die Elemente Al, Ni, Co, Cr, Mo mit einer geringen Segregationsneigung (k_s nahe 1) gefunden wurde. Die Ursache ist anhand Abb. 5.7 ersichtlich: Al und Ni sind γ'-Bildner und weisen deshalb eine hohe Löslichkeit in der wachsenden γ'-Front auf. Folglich reichert sich die Restschmelze vor der sich ausdehnenden eutektischen Insel an diesen Elementen ab. Co, Cr und Mo sind in γ' hingegen kaum löslich, so dass ein Pile-up vor der γ'-Erstarrungsfront resultiert. Für Elemente mit einem hohen k_s sind solche Effekte nicht zu beobachten, da sich während der Erstarrung der dendritischen γ-Front die in γ' schlecht löslichen Elemente Re und W in der Restschmelze stark abreichern. Das γ'-bildende Element Ta wird hingegen stark in der Restschmelze angereichert und steht der wachsenden γ'-Front in ausreichender Konzentration zu Verfügung. Die entsprechenden DICTRA-Berechnungen für Re, W, Ta sind unter (Heckl 2010b) veröffentlicht. Dass die DICTRA-Berechnungen auf Basis des dargestellten Erstarrungsmodells den Erstarrungsverlauf nicht nur qualitativ, sondern auch quantitativ sehr gut widerspiegeln, geht aus einem Vergleich der Simulationskurven mit experimentell ermittelten Konzentrationsverläufen hervor (Heckl 2010b).

5.1.4. Auswirkungen auf Wärmebehandlung

Um ein homogenes γ/γ'-Gefüge und damit optimale mechanische Eigenschaften zu erreichen, muss die inhomogene Gussmikrostruktur durch Diffusionsprozesse ausgeglichen werden. Wie die Studie der Wärmebehandlungsdauer zeigt (Kap. 4.3.1.), sind die Eutektika unabhängig von ihrem Anteil durch die langsame Aufheizrate und die hohe Standardlösungsglühtemperatur von 1340 °C bereits nach 1 h aufgelöst. Diese Beobachtung deckt sich mit Ergebnissen anderer Studien (Tancret 2007, Ojo 2009). Somit stellt das Eutektikum für die Wahl der Lösungsglühdauer keine Rolle dar. Als problematisch erweist sich in Übereinstimmung mit der Literatur (z.B. (Karunaratne 2000b, Wilson 2003)) hingegen die Homogenisierung des außerordentlich langsam diffundierenden Elements Re (vgl. Abb. 2.9). Aus den Ergebnissen der Mikrosegregation (vgl. Abb. 4.6) geht hervor, dass Re außerdem die höchste Segregationstendenz aufweist, welche sich durch steigende Re-Gehalte noch stärker ausprägt. Somit ergibt sich durch erhöhte Re-Konzentrationen neben dem niedrigen Difusionskoeffizienten ein zusätzliches Homogenisierungsproblem durch inhomogenere Gusstrukturen. Die Auswirkungen des Segregationsunterschieds auf die Lösungsglühung kann auf Basis der experimentell ermittelten Segregationsdaten als Re-Verteilungsprofil entlang eines Dendriten berechnet werden. In Abb. 5.8 ist dies für unterschiedliche Zeiten anhand der beiden Astra1-Legierungen -10 und -20 dargestellt. Die Berechnung der Profile erfolgte gemäß der Lösung des 2. Fick'schen Gesetzes von Purdy und Kirkaldy (Purdy 1971),

Gl. 1.13, Kap. 2.3.2.). Als Basis der Berechnung wurden die experimentellen Segregationsdaten $c_D(Re)$ im Gusszustand (t = 0) und nach 16 h Lösungsglühen (t = 16) bei 1340 °C herangezogen. Die Diffusionslänge L_D wurde nach Merz (Merz 1979) für nebeneinander angeordnete Dendriten zu $\lambda/2$ angenommen (Dendritenkern: x = 0, interdendr. Bereich: x = $\lambda/2$). Der durch höhere Re-Anteile verringerte λ (vgl. Abb. 4.3) wurde ebenfalls in die Kalkulation mit einbezogen. Aus der Gegenüberstellung der beiden Re-Konzentrationen in Abb. 5.8 ist die höhere Gussinhomogenität für Legierungen mit 2 at.-%

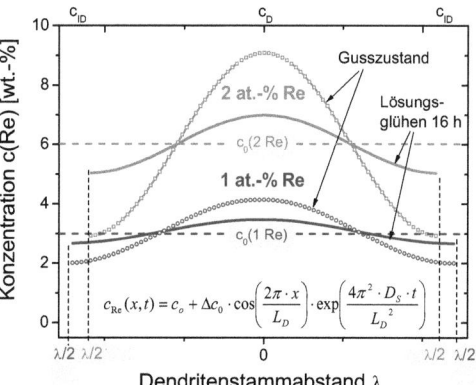

Abb. 5.8: Nach Gl. 1.13 berechnete Re-Konzentrationsverläufe für Legierungen mit unterschiedlichem Re-Gehalt für den Gusszustand (t = 0 h) und nach 16 h Lösungsglühen. Aufgrund der höheren Re-Segregation liegen im Gusszustand in Legierungen mit 2 at.-% Re höhere Konzentrationsunterschiede Δc_0 (c_D-c_0) vor. Nach der Wärmebehandlung sind Legierungen mit 1 at.-% Re wesentlich besser homogenisiert, wie an dem flacheren Konzentrationsprofil erkennbar ist (gestrichelte c_0-Linien würden vollständiger Homogenisierung entsprechen).

Re deutlich erkennbar. Die größere Konzentrationsdifferenz Δc_0 stellt zu Beginn der Lösungsglühung zwar eine höhere Triebkraft für den gerichteten Teilchenstrom dar (vgl. Gl. 1.11), welche einen schnelleren Ausgleich des Re-Konzentrationsprofils zu Beginn der Lösungsglühung ermöglicht als für Legierungen mit 1 at.-% Re (vgl. Abb. 5.8). Allerdings erfolgt der Konzentrationsausgleich aufgrund des niedrigen Festkörperdiffusionskoeffizienten von Re so langsam, dass selbst nach einer Lösungsglühzeit von 16 h immer noch eine deutlich höhere Restsegregation vorliegt, welche auch nach einer Haltedauer von über 30 h nicht wesentlich stärker abgebaut ist (vgl. Abb. 4.16). Als Folge dieser inhomogenen Zusammensetzung liegt zwischen dendritischem und interdendritischem Bereich eine unterschiedliche γ/γ'-Mikrostruktur vor. Aus der Studie der Re-Restsegregation auf die γ'-Größenverteilung beider Bereiche (vgl. Abb. 4.19) kann jedoch gefolgert werden, dass die Mikrostrukturunterschiede für Re-Segregationskoeffizienten von $k_S < 1,4$ vergleichsweise gering sind. Für die Festlegung einer wirtschaftlich ausreichenden Lösungsglühdauer kann der experimentell einfach zu bestimmende k_S-Schwellwert deshalb als erstes Auswahlkriterium herangezogen werden.

5.2. Hochtemperaturfestigkeit in Abhängigkeit von Re/Ru

Die Untersuchungen zur Zeitstandfestigkeit der Legierungen zeigen durch Zulegierung von Re ein enormes Verbesserungspotential mit Temperatursteigerungen von bis zu + 87 K/*at.*-%. Ru-Zusätze bewirken bei niedrigen Re-Anteilen von 1 *at.*-% ebenfalls eine Steigerung der Kriechfestigkeit, welche mit maximal + 38 K/*at.*-% jedoch geringer ausfällt. Bei höheren Re-Anteilen von 2 *at.*-% kann durch zusätzliche Ru-Anteile keine weitere signifikante Verbesserung festgestellt werden. Im Vergleich zur nominell ähnlichen Legierung Astra1-10, stellt die kommerzielle Legierung CMSX-4 eine Besonderheit hinsichtlich deutlich verbesserter Kriecheigenschaften dar. Eine Verbesserung der Langzeitkriechbeständigkeit durch unterdrückte TCP-Phasenbildung in Ru-haltigen Legierungen konnte aufgrund der zu kurzen Versuchsdauer nicht erfasst werden.

Die Betrachtung der Zusammenhänge erfolgt zunächst unter dem Aspekt mikrostruktureller Einflussgrößen, da die untersuchten Kriecheigenschaften dem Re- und Ru-Einfluss auf die γ/γ'-Mikrostruktur unterliegen. Anschließend wird der Effekt der Mischkristallhärtung diskutiert und mit einer Vorhersagemöglichkeit durch Simulationsberechnungen verglichen. Eine abschließende Gesamtbewertung der Hochtemperaturfestigkeit in Abhängigkeit von Re und Ru wird unter wirtschaftlichen Gesichtspunkten dargestellt.

5.2.1. Mikrostrukturelle Einflüsse

Die γ/γ'-Mikrostrukturmerkmale von Nickel-Basis Legierungen werden durch die Legierungszusammensetzung und der daraus resultierenden Elementverteilung $k_i^{\gamma/\gamma'}$ zwischen der γ-Matrix und den γ'-Ausscheidungen bestimmt. Als wesentliche Einflussgrößen gelten der γ'-Volumenanteil $V_{\gamma'}$, die γ'-Größe $d_{\gamma'}$ und die Gitterfehlpassung δ (vgl. Kap. 2.4 und Gl. 1.15), welche nachfolgend einzeln in Bezug auf die Zulegierung von Re und Ru betrachtet werden. Zusätzlich wird die Einflussmöglichkeit der γ'-Solvustemperatur $T_{\gamma'-Sol}$ und der Liquidustemperatur T_L diskutiert.

γ'-Volumenanteil $V_{\gamma'}$:

Der γ'-Volumenanteil $V_{\gamma'}$ ist direkt mit dem Abstand $\lambda_{\gamma'}$ der γ'-Ausscheidungen verknüpft und beeinflusst somit die aufzubringenden Schneid- und Orowanspannungen (vgl. Kap. 2.4.). Maximale Kriechfestigkeiten werden bei $V_{\gamma'} \approx$ 60-70 *vol.*-% erreicht (vgl. Abb. 5.9). Wie die experimentell ermittelten $V_{\gamma'}$ der Astra1-Legierungen zeigen, nimmt $V_{\gamma'}$ mit zunehmendem Re-Anteil um mindestens 5 %/*at.*-% Re ab (vgl. Abb. 4.22). Für Ru-Zugaben ist dieser Effekt hingegen nicht zu beobachten. Folglich kann der abnehmende $V_{\gamma'}$ nicht mit der veränderten Ni-Konzentration zusammenhängen, welche für Re- und Ru-Zulegierungen gleichermaßen reduziert wurde. Eine indirekte Ursache kann jedoch durch die Elementverteilung zwischen γ und γ' gegeben sein, da aus den ermittelten Verteilungskoeffizienten $k_i^{\gamma/\gamma'}$ (vgl. Abb. 4.24) hervorgeht, dass durch Re-Zugaben Ta stärker in γ angereichert wird, als für Ru-Zugaben. Der geringere $V_{\gamma'}$ könnte folglich das Ergebnis einer geringeren Konzentration an zur Verfügung stehenden γ'-Bildnern sein. Eine Bestätigung dieser Vermutung kann aus dem Vergleich von CMSX-4 mit der Legierung Astra1-10 abgeleitet werden. Bis auf geringe Ti- und Hf-Gehalte in CMSX-4 haben beide Legierungen die gleiche Grundzusammensetzung. Allerdings liegt für CMSX-4 ein etwa 10 % höherer $V_{\gamma'}$ vor, als für Astra1-10 (vgl. Abb. 5.9). Dieser signifikante Unterschied kann nicht alleine auf die zusätzliche Konzentration an Ti und

5. Diskussion 113

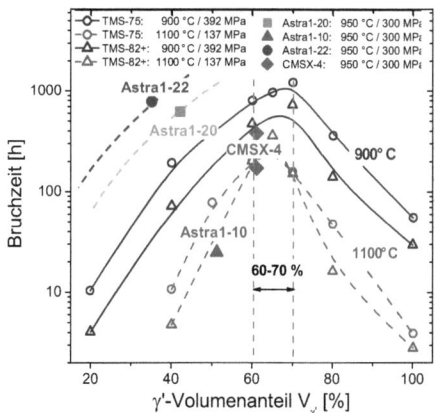

Abb. 5.9: Vergleich von ermittelten Kriechfestigkeiten und γ'-Volumenanteilen $V_{\gamma'}$ (Standardwärmebehandlung) mit Literaturdaten ((Murakumo 2004a), vgl. auch Abb. 2.16). Während CMSX-4 einen optimalen $V_{\gamma'}$ aufweist, liegt die Vergleichslegierung Astra1-10 bei nur 50 % $V_{\gamma'}$. Astra1-Legierungen mit 2 at.-% Re haben noch niedrigere $V_{\gamma'} < 40$ %, mit jedoch signifikant höheren Bruchzeiten.

Hf zurückgeführt werden, da mit $c_{(Al+Ta+Ti+Hf)} = 16,0$ at.-% für CMSX-4 und $c_{(Al+Ta+Ti+Hf)} = 15,7$ at.-% für Astra1-10 eine vergleichbare nominelle Konzentration an γ'-Bildnern für beide Legierungen vorliegt. Der Vergleich der Verteilungskoeffizienten $k_i^{\gamma/\gamma'}$ zeigt (vgl. Abb. 4.23 und Abb. 4.24), dass CMSX-4 ein von den Astra1-Legierungen abweichendes Elementverteilungsverhalten zwischen γ und γ' aufweist. Durch den höheren Ni-Anteil in γ' wird für CMSX-4 ein Verhältnis von Ni/(Al+Ta+Ti) ≈ 0,74 erreicht, welches der stöchiometrischen γ'-Zusammensetzung von 0,75 sehr nahe kommt. Für die Astra1-Legierungen liegt das Verhältnis hingegen stets bei < 0,70. Anhand Abb. 5.9 lässt

sich somit in Bezug auf die Kriechfestigkeit zusammenfassen, dass CMSX-4 durch veränderte $k_i^{\gamma/\gamma'}$ einen optimalen $V_{\gamma'}$ von etwa 60 %, und deshalb zur Vergleichslegierung Astra1-10 eine höhere Kriechfestigkeit aufweist. Bemerkenswert ist, dass für die Legierungen Astra1-20 und -22 mit doppeltem Re-Gehalt trotz deutlich niedriger $V_{\gamma'}$ von rund 40 % im Vergleich zu CMSX-4 noch signifikant höhere Kriechfestigkeiten vorliegen. Es ist davon auszugehen, dass die Kriechfestigkeit dieser Legierungen durch eine $V_{\gamma'}$-Optimierung sogar nochmals deutlich gesteigert werden könnte.

γ'-Solvustemperatur $T_{\gamma'-Sol}$ / Liquidustemperatur T_L:

Aufgrund des ausgeprägten Einflusses des γ'-Volumenanteils $V_{\gamma'}$ auf die Kriechbeständigkeit der Legierungen, besteht auch ein möglicher Einfluss durch die Temperaturstabilität der γ'-Phase bzw. eine unterschiedliche γ'-Auflösung mit steigender Temperatur. Wie aus den experimentell ermittelten Phasenumwandlungstemperaturen hervorgeht, liegt für Re-Zugaben im Gusszustand der Legierungen eine deutliche Verringerung der $T_{\gamma'-Sol}$ von 15 K/at.-% vor (Abb. 4.12 und Abb. 4.13). Diese Destabilisierung der γ'-Phase ist jedoch nach der Wärmebehandlung vollständig verschwunden. Somit ist bei den Astra1-Legierungen in Übereinstimmung mit Studien von Caron und Neumeier (Caron 2000, Neumeier 2010) nicht davon auszugehen, dass eine Beeinflussung der γ'-Temperaturstabilität durch Re oder Ru vorliegt. Des Weiteren ist auch die Auswirkung einer erhöhten Liquidustemperatur T_L auf die Kriechbeständigkeit als gering einzuschätzen, da die gemessene T_L-Steigerung von 6 K/at.-% Re im Gusszustand der Legierungen nach der Wärmebehandlung auf 2 K/at.-% Re abfällt. Folglich resultiert für Kriechtemperaturen von > 950 °C eine vernachlässigbare Verringerung der homologen Temperatur T_H von < 0,15%/at.-% Re. Für Ru liegt kein nachweisbarer Einfluss auf T_L vor.

γ'-Gitterfehlpassung δ:

Die Gitterfehlpassung δ einer Legierung wird direkt durch das Verteilungsverhalten $k_i^{\gamma/\gamma'}$ der Elemente bestimmt. Für Nickel-Basis Legierungen mit Re und Ru liegen dabei meist negative δ vor, welche - wie in Abb. 2.14 (Kap. 2.4.3.) dargestellt - jedoch in Abhängigkeit der Re und Ru Konzentration stark temperaturabhängig sein können. Aus der experimentellen δ-Bestimmung (Abb. 4.25) geht hervor, dass für Astra1-Legierungen mit konstantem Re-Anteil bei Temperaturen von > 1100 °C unabhängig vom anwesenden Ru-Gehalt die gleiche Gitterfehlpassung, und folglich auch die gleiche Kohärenzspannung σ_{CS}, vorliegt. Für die Einstellung der γ'-Größe und γ'-Morphologie bei der gewählten Auslagerungstemperatur von 1140 °C, liegt demnach nur ein Einfluss von Re vor. Dies wird durch die Charakterisierung der γ'-Morphologie (Abb. 4.17 und Abb. 4.18) sowie der γ'-Größe (Abb. 4.20) bestätigt. Die zunehmende Gitterfehlpassung mit steigendem Re-Gehalt führt dabei zu deutlich eckigeren γ'-Ausscheidungen (vgl. Kap. 2.4.4.), während für Ru-Zugaben keine derart signifikante Morphologieveränderung vorliegt. Der Einfluss von δ auf die γ'-Größe und -Vergröberungskinetik wird im nachfolgenden Abschnitt näher erläutert. Da δ bzw. σ_{CS} gemäß Gl. 1.15 (Kap. 2.4.2.) ebenfalls einen direkten Einfluss auf die aufzuwendende Schneidspannung $\Delta\tau_{CS}$ der γ'-Ausscheidungen der Legierung hat, kann aus den experimentellen δ-Ergebnissen in Abb. 4.25 des Weiteren gefolgert werden, dass bei der gewählten Kriechtemperatur von 1050 °C kein und bei 950 °C nur ein geringer Einfluss von Ru zu erwarten ist. Für zunehmende Re-Anteile sollte durch die steigende Gitterfehlpassung hingegen eine Erhöhung der Schneidspannung $\Delta\tau_{CS}$ und damit eine Verbesserung der Kriechfestigkeit vorliegen. Dieser Zusammenhang wird in Studien von Zhang (Zhang 2003, 2004) und Neumeier (Neumeier 2010) bestätigt, da höhere δ mit einem dichteren γ/γ'-Grenzflächenversetzungsnetzwerk in Verbindung gebracht werden, welches die Versetzungsbewegung im γ-Kanal und beim Eindringen in die γ'-Phase behindert.

γ'-Größe $d_{\gamma'}$ und γ'-Vergröberung

Einer Studie von Nathal (Nathal 1986) zufolge, gibt es für die Kriechfestigkeit von Nickel-Basis Legierungen der 1. Generation in Abhängigkeit der Gitterfehlpassung δ ein ausgeprägtes Maximum bei einer optimalen γ'-Größe von $d_{\gamma'} \approx 0{,}5$ μm (vgl. Abb. 2.16, Kap. 2.4.4.). Für Legierungen mit Re und Ru wurde dieser Zusammenhang von Neumeier (Neumeier 2008) bestätigt, wobei die maximale Kriechfestigkeit aufgrund der höheren δ bei $d_{\gamma'} \approx 0{,}3$ μm liegt. Da die $d_{\gamma'}$-Größe der Astra1-Legierungen mit zunehmendem Re-Gehalt eine signifikante $d_{\gamma'}$-Abnahme von rund 0,1 μm/at.-% Re aufweist (vgl. Abb. 4.20), ist davon auszugehen, dass sich die unterschiedlichen $d_{\gamma'}$-Ausgangsgrößen auf die Kriechfestigkeit der Legierungen auswirken. Anhand einer aus den Ergebnissen von Nathal und Neumeier erstellten Masterkurve, ist dies in Abb. 5.10 schematisch dargestellt. Die γ'-Ausscheidungen der Astra1-Legierungen mit 2 at.-% Re sind nach der

5. Diskussion

Standardwärmebehandlung mit $d_{\gamma'}$ -Werten < 0,25 µm vermutlich zu klein um optimale Kriecheigenschaften zu erreichen, da die Schneidspannung $\Delta\tau_{CS}$ der γ'-Phase gemäß Gl. 1.15 (Kap. 2.4.2) direkt proportional von $d_{\gamma'}$ abhängt. Beispielsweise wären bei einer $d_{\gamma'}$-Verringerung von 0,32 µm auf 0,25 µm für Scheidvorgänge rund 20 % niedrigere $\Delta\tau_{CS}$ nötig. Allerdings könnte der Effekt durch die höhere δ dieser Legierungen auch ausgeglichen sein (vgl. Abschnitt oben, sowie (Nathal 1986, Neumeier 2008)). Im Vergleich zu den Astra1-Legierungen mit 2 at.-% Re, weist die kommerzielle Legierung CMSX-4 einen deutlich näher am Maximum der Masterkurve liegenden $d_{\gamma'}$ auf, welcher auch für Astra1-Legierungen mit 1 at.-% Re vorliegt (vgl. Abb. 5.10).

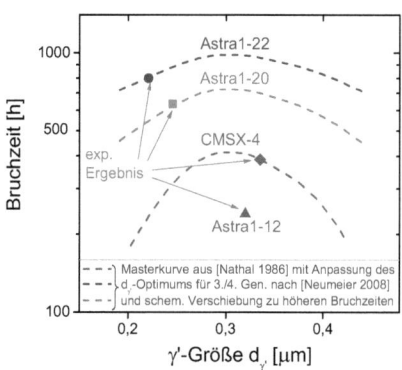

Abb. 5.10: Vergleich der γ'-Größe von Legierungen mit 2 at.-% Re (Astra1-20 /-22) und 1 at.-% Re (Astra1-12 und CMSX-4) mit einer aus (Nathal 1986, Neumeier 2008) abgeleiteten Kriechfestigkeits-Masterkurve. Für Re-Anteile von 1 at.-% liegen nach der Standardwärmebehandlung vermutlich optimalere $d_{\gamma'}$ vor.

Aus detaillierten Messungen für Legierungen mit einer zu CMSX-4 vergleichbaren δ wird eine Minimierung der Kriechrate für $d_{\gamma'} \approx 0{,}31$ µm bestätigt (Neumeier 2008). Folglich sollten die Legierungen mit 1 at.-% Re durch die optimale $d_{\gamma'}$ höhere $\Delta\tau_{CS}$ und damit bessere Kriecheigenschaften vorweisen. Für $d_{\gamma'} > 0{,}31$ µm wäre aufgrund abnehmender Orowanspannungen mit einem Abfall der Kriechfestigkeit zu rechnen (vgl. Kap. 2.4.2.).

Die Ursache der - trotz für alle Legierungen konstant gewählten Auslagerungsparameter - stark unterschiedlichen $d_{\gamma'}$ der Legierungen, kann durch mehrere Parameter beeinflusst sein (vgl. Kap. 2.4.4.). Bei gleicher Abkühlrate nach der Lösungsglühung könnte eine Veränderung der kritischen γ'-Keimgröße die nach der Auslagerung resultierende $d_{\gamma'}$ beeinflussen, was im Rahmen dieser Arbeit jedoch nicht untersucht wurde. Weiterhin existieren aber auch mehrere Einflussmöglichkeiten, welche das Wachstum der γ'-Ausscheidungen während der Auslagerungswärmebehandlung verändern können. Wie die Ergebnisse der γ'-Vergröberung zeigen (Abb. 4.21), liegt hierbei in Übereinstimmung mit anderen Studien (Mabruri 2008, Wang 2008a, Neumeier 2010) eine Verzögerung der Wachstumskinetik durch die Zulegierung von Re vor. Interessanterweise findet sich sowohl für die Wachstumskonstante k_{LWS} als auch für $d_{\gamma'}$ eine Halbierung der Größen durch eine Re-Zugabe von 2 at.-%. Ru-Zusätze zeigen hingegen keinen Einfluss auf k_{LWS} und $d_{\gamma'}$. Folgende Zusammenhänge können hierfür verantwortlich sein:

- $d_{\gamma'}$ wächst diffusionskontrolliert → niedrige D_S verzögern das γ'-Wachstum. Der im Vergleich zu Ru deutlich niedrigere D_S von Re ist hierbei geschwindigkeitsbestimmend, wie auch andere Studien belegen (z.B.(Neumeier 2010)).

- *Höhere δ verzögern die γ'-Vergröberung* (z.B.(Nathal 1985a, MacKay 1990a)). Da δ bei Auslagerungstemperatur nur mit steigendem Re-Gehalt zunimmt (vgl. Abschnitt oben), wirken sich Ru-Zusätze nicht auf die γ'-Wachstumskinetik aus.
- *Höhere $k_i^{\gamma/\gamma'}$ erfordern mehr Atomtransport.* Übereinstimmend mit zahlreichen Studien (z.B. (Jia 1994, Murakami 2000, Pyczak 2004, Neumeier 2010)) weist Re von allen Elementen den höchsten $k^{\gamma/\gamma'}$ auf.

γ/γ'-Floßstruktur

Neben dem Einfluss von $d_{\gamma'}$ im Ausgangszustand der Legierungen, hängt die Kriechfestigkeit auch stark von der zu Beginn des sekundären Kriechens bereits abgeschlossenen γ'-Floßbildung ab (vgl. Kap. 2.5.2). Eine genaue Charakterisierung der Auswirkung von Re und Ru auf die Floßstruktur ist anhand der in dieser Arbeit untersuchten Mikrostrukturen jedoch nicht möglich, da die Proben dem Einfluss unterschiedlicher Bruchdehnungen unterliegen und zugleich durch variierende Bruchzeiten auch eine ungleiche Ostwaldreifung vorliegt. Tendenziell ist anhand der γ'-Evolution in Abb. 4.33 allerdings zu erkennen, dass sich mit zunehmendem Re-Anteil eine feinere γ'-Floßstruktur entwickelt, welche aufgrund der Re-Restsegregation auch den dendritischen Bereich der Legierung prägt. Diese Beobachtung deckt sich mit verschiedenen Studien, welche den Einfluss von Re auf die Floßbildung sowohl auf ursprünglich kleinere $d_{\gamma'}$ als auch auf höhere δ zurückführen (z.B. (Nathal 1985a, Yeh 2008, Mughrabi 2009, Neumeier 2010). Da die plastische Verformung nach abgeschlossener γ'-Floßbildung hauptsächlich durch Versetzungsbewegungen in den γ-Kanälen getragen wird, wird die Kriechfestigkeit der Legierung von der γ'-Floßlänge und γ-Kanalbreite beeinflusst. Umso enger dabei die γ-Stege sind, desto höhere Orowanspannungen müssen zur Ausbauchung der Versetzungen überwunden werden (z.B.(MacKay 1990b, Pollock 1991, Matan 1999, Mughrabi 2009). Folglich ist anzunehmen, dass für Astra1-Legierungen mit 2 at.-% Re aufgrund der feineren Floßstruktur ein höherer Kriechwiderstand vorliegt. Zudem bewirkt die mit steigendem Re-Anteil verringerte γ'-Wachstumskinetik vermutlich auch eine langsamere Vergröberung der Floßstruktur und somit eine längere Stabilität der γ/γ'-Mikrostruktur.

Zusammenfassend lässt sich zu den mikrostrukturellen Einflussgrößen festhalten, dass bei der Kriechbeständigkeit der Legierungen vor allem von einem Einfluss des γ'-Volumenanteils $V_{\gamma'}$ und von der γ'-Größe $d_{\gamma'}$ auszugehen ist. Astra1-Legierungen mit 2 at.-% Re weisen bei $V_{\gamma'}$ und möglicherweise auch bei $d_{\gamma'}$ keine optimale Mikrostruktur auf, so dass hier noch Verbesserungspotenzial vorhanden ist. CMSX-4 liegt hingegen sowohl bei $V_{\gamma'}$ als auch bei $d_{\gamma'}$ im optimalen Bereich. Die trotz der deutlich schlechteren γ/γ'-Ausgangsmikrostruktur signifikant höhere Kriechbeständigkeit der Astra1-Legierungen mit 2 at.-% Re ist zum Teil vermutlich auf die höheren Gitterfehlpassungen δ sowie auf eine feinere und stabilere γ'-Floßstruktur zurückzuführen. Als Hauptursache kommt des Weiteren die Mischkristallhärtung der γ-Kanäle hinzu.

5.2.2. Mischkristallhärtungseffekte

Die Mischkristallhärtung der γ-Matrix ist neben den in Kap. 5.2.1. erläuterten Mikrostruktureinflüssen der γ'-Ausscheidungshärtung ein wesentliches Kriterium für die Kriechfestigkeit von Nickel-Basis Legierungen. Grundsätzlich können die Mischkristallatome die Kriecheigenschaften entweder direkt oder indirekt beeinflussen. Ein indirekter Einfluss liegt durch eine Veränderung der Werkstoffparameter wie beispielsweise der Stapelfehlerenergie γ_{SF} durch Co vor (vgl. Tab. 2.1, Kap. 2.1.1.). Maßgeblicher ist jedoch ein direkter Einfluss durch Wechselwirkungen mit den Versetzungen, wobei die exakte Wirkungsweise der Mischkristallhärter in Nickel-Basis Legierungen bisher immer noch umstritten diskutiert wird. Während zunächst eine Wechselwirkung mit dem Verzerrungsfeld der Versetzungen durch unterschiedliche Atomradien vermutet wurde (Parker 1954, Pelloux 1960) belegen neuere Studien einen Zusammenhang der Diffusionskoeffizienten mit erhöhten Bindungskräften (vgl. Kap. 2.4.1.). Möglicherweise liegt auch eine Kombination aus beiden Effekten vor, indem zunächst eine mit steigendem Atomradienunterschied bevorzugte Anlagerung von Versetzungen im Verzerrungsfeld großer Mischkristallatome und damit eine Verankerung der Versetzung erfolgt (Cottrell-Wolken). Die Beweglichkeit dieser angelagerten Versetzungen ist umso eingeschränkter, je niedriger der jeweilige Diffusionskoeffizient D_S der angehängten Atome ist. In Abhängigkeit von der in γ vorliegenden Art und Konzentration an Mischkristallhärtern kann folglich eine Abschätzung des Härtungseffekts der γ-Phase erfolgen. Hierzu wurde aus der experimentell ermittelten Mischkristallkonzentration $c_{MKH}{}^\gamma$ von Re, Ru, W, Mo, Co und Cr in γ (vgl. Kap. 3.5.3. für $k_i{}^{\gamma/\gamma'}$) gemäß Gl. 1.23 der effektive Diffusionskoeffizient D_{eff} in

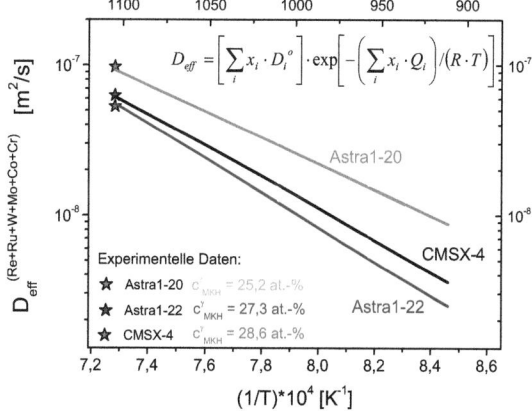

Abb. 5.11: Arrhenius-Plot der nach Gl. 1.23 berechneten effektiven Diffusionskoeffizienten D_{eff} auf Basis von Thermo-Calc-Daten für die temperaturabhängige Konzentration an $c_{MKH}{}^\gamma$ (Re+Ru+Mo+W+Co+Cr) in der γ-Phase. (Die zur Berechnung nötigen Parameter $D_i{}^0$ und $Q_i{}^0$ wurden aus der Datenbank TTNi8 und WTMNi2 (Rettig 2010) für die binären Systeme Ni-X (X: Re, Ru, Mo, W, Co, Cr) von 900-1100 °C mit ThermoCalc/DICTRA berechnet.) Der Vergleich mit D_{eff} auf Basis der experimentellen $c_{MKH}{}^\gamma$ bzw. D_{eff} (Sternsymbole) zeigt sehr gute Übereinstimmung mit den Simulationsdaten. CMSX-4 weist höhere $k_i{}^{\gamma/\gamma'}$ und somit höhere $c_{MKH}{}^\gamma$ bzw. niedrigere D_{eff} auf als Astra1-20 mit doppeltem Re-Gehalt.

der γ-Phase berechnet. Ein Vergleich mit Simulationsdaten erfolgte durch die mit ThermoCalc berechnete γ-Zusammensetzung im Bereich von 900-1100 °C (ohne TCP-Berücksichtigung). Wie anhand Abb. 5.11 ersichtlich ist, stimmen die simulierten $c_{MKH}{}^\gamma$ in der γ-Matrix - und somit auch D_{eff} - sehr gut mit den experimentellen Werten überein. Der in Kap. 2.5.1. erläuterte zweite mögliche Ansatz zur Berechnung eines gewichteten Diffusionskoeffizienten $\tilde{D}$ (Gl. 1.25) wurde ebenfalls auf Basis der experimentellen Daten überprüft und führte zu ähnlich guten Ergebnissen. Allerdings liefert der Vergleich von D_{eff} und $\tilde{D}$ keine weitere Erkenntnis ob sich einer der beiden Ansätze besser zur Beschreibung der Mischkristallhärtungseffekte eignet (Heckl 2010a). Auf eine zusätzliche Vergleichsdarstellung von D_{eff} und $\tilde{D}$ an dieser Stelle wird deshalb verzichtet.

Anhand Abb. 5.11 fällt auf, dass CMSX-4 trotz niedrigerer nomineller Mischkristallhärterkonzentration c_{MHK} eine höhere $c_{MKH}{}^\gamma$ in γ und daher vergleichbar niedrigere D_{eff} aufweist wie die Astra1-Legierungen mit doppeltem Re-Anteil. Die Ursache ist auf die in CMSX-4 deutlich höhere Anreicherung an Re, W, Mo und Cr in der γ-Phase zurückzuführen (vgl. $k_i^{\gamma/\gamma'}$ Abb. 4.23). Da die sekundäre Kriechrate ε direkt proportional mit abnehmenden D_{eff} sinkt (vgl. Gl. 1.22), wird durch das veränderte Elementverteilungsverhalten $k_i^{\gamma/\gamma'}$ in CMSX-4 trotz niedrigerem Re-Gehalt eine höhere Kriechfestigkeit durch bessere Mischkristallhärtung der γ-Kanäle erreicht. Allerdings eignet sich D_{eff} nicht als alleiniges Kriterium zur Abschätzung der Kriechfestigkeit, da CMSX-4 trotz vergleichbarer D_{eff} schlechtere Kriecheigenschaften aufweist als die Astra-1-Legierungen mit 2 at.-% Re (vgl. Abb. 4.28) und der Ansatz außerdem keine Teilchenhärtung berücksichtigt. Aus Abb. 5.11 ist weiterhin ersichtlich, dass Astra1-22 mit 2 at.-% Ru trotz des *reverse partitionings* von Re einen niedrigeren D_{eff} aufweist als die Vergleichslegierung Astra1-20 ohne Ru. Folglich kann wahrscheinlich davon ausgegangen werden, dass die abgereicherte Re-Konzentration in der γ-Phase (aufgrund des *reverse partitionings*) durch den zusätzlichen Ru-Gehalt kompensiert wird.

Zusammenfassend lässt sich aus diesen Ergebnissen festhalten, dass der Verteilungskoeffizient $k_i^{\gamma/\gamma'}$ die Mischkristallhärtung wesentlich beeinflusst. Für die Abschätzung der Mischkristallhärtung auf Basis der nominellen Legierungszusammensetzung kann durch Simulationsdaten eine gute Vorhersage getroffen werden. Einschränkend ist jedoch zu bedenken, dass für die Kriechfestigkeit auch die in Kap. 5.2.1. erläuterten mikrostrukturellen Einflussgrößen eine wesentliche Rolle spielen.

5.2.3. Gesamtbewertung

Aus der in Kap. 5.2.1 und 5.2.2. erläuterten Beurteilung der mikrostrukturellen Einflussgrößen und der Mischkristallhärtung wird deutlich, dass die Kriechbeständigkeit der Legierung von mehreren Parametern beeinflusst wird, welche im Wesentlichen vom Verteilungskoeffizienten $k_i^{\gamma/\gamma'}$ der Elemente abhängen (Bewertung: [(+)] ≡ positiv, [(-)] ≡ negativ):

5. Diskussion 119

Einflussgröße:		Effekt auf Kriechfestigkeit ($^{+/-}$ ≡ Bewertung):
$k_l^{\gamma/\gamma'}$ ↑	→	$V_{\gamma'}$ ↑ $^{(+)}$ | c_{MKH}^{γ} (Mischkristallhärtung) ↑ $^{(+)}$
$k_l^{\gamma/\gamma'}$ ↑ (+ δ ↑ + D_S ↓)	→	$d_{\gamma'}$ ↓ $^{(+/-)}$ | Mikrostruktur γ/γ'-Flöße ↓ $^{(+)}$

Daher kann auf Basis der $k_l^{\gamma/\gamma'}$ eine erste vergleichende Abschätzung des Verbesserungspotentials verschiedener Legierungen erfolgen. Aufgrund der sehr guten Übereinstimmung von c_{MKH}^{γ} mit Simulationsdaten (vgl. Abb. 5.11) können hierfür auch auf Basis der nominellen Legierungszusammensetzung berechnete c_{MKH}^{γ} herangezogen werden.

Zur Gesamtbeurteilung des Verbesserungspotentials durch Re und Ru in der Astra1-Legierungsserie wurden die ermittelten Kriechfestigkeiten zusätzlich unter Berücksichtigung der Dichte ausgewertet, um der im Betrieb durch Zentrifugalkräfte zunehmenden Spannung für schwerere Turbinenschaufeln Rechnung zu tragen. Wie aus Abb. 5.12 a hervorgeht, sinkt die mögliche Temperatursteigerung für Re-Zugaben wegen der höheren Dichte der Legierungen von + 87 auf + 33 K/at.-%. Dennoch ist diese Steigerung mit einer daraus resultierenden Wirkungsgraderhöhung von > 1% (vgl. Abb. 5.12 b) als äußerst effektiv einzustufen, da in anderen Legierungsentwicklungsstudien selbst ohne Dichtekorrektur nur Verbesserungen in der gleichen Größenordnung erreicht werden (Cetel 1988, Erickson 1996, Bürgel 2004). Durch γ/γ'-Mikrostrukturoptimierungen von $V_{\gamma'}$ und $d_{\gamma'}$ könnten sogar noch höhere Werte erreicht werden (vgl. Kap. 5.2.1). Bei der kommerziellen Legierung CMSX-4 liegt beispielsweise eine solche Mikrostrukturoptimierung vor, so dass trotz niedrigerem Re-Gehalt eine sehr hohe Kriechfestigkeit erreicht wird. Der stark in Abhängigkeit des Re-Anteils variierende Einfluss von Ru (vgl. Abb. 5.12 b) ist möglicherweise ebenfalls auf Mikrostrukturunterschiede zurückzuführen, da für Legierungen mit 1 at.-% Re durch den zunehmenden Ru-Gehalt eine unterschiedliche γ'-Morphologie zu finden ist, welche für Legierungen mit 2 at.-% Re nicht

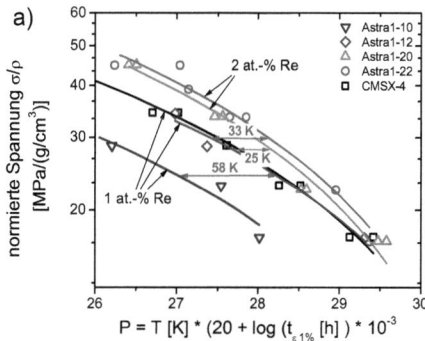

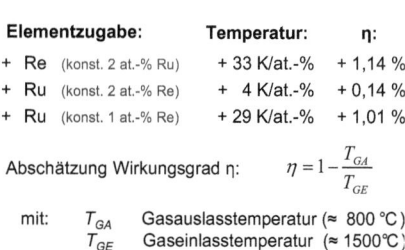

Abb. 5.12: Gesamtbewertung von Re/Ru-Zusätzen:
a) Dichtekorrigierter Larson-Miller-Plot zum Vergleich des Verbesserungspotentials (Dichte vgl. Abb. 4.15). Angegebene Temperaturerhöhungen für σ/ρ = 30 MPa/(g/cm³), $t_{1\%}$ = 200 h.
b) Zusammenfassung aus a) als mögliche Temperatursteigerung pro at.-% Re oder Ru sowie Abschätzung der Wirkungsgradsteigerng η pro at.-% Re oder Ru (T_{GE}–Wert für das Triebwerk Trent 800 (Cumpsty 1997), η-Abschätzung nach (Reed 2006)).

auftritt (vgl. Abb. 4.17). Zudem kommt vermutlich bei Legierungen mit 2 at.-% Re die Ru-Mischkristallhärtung weniger stark zu tragen, da Ru im Vergleich zu Re eine geringere Mischkristallhärtung bewirkt (Yeh 2004b, Hobbs 2008b, Neumeier 2010).

5.3. Phasenstabilität in Abhängigkeit von Re/Ru

Aus den Untersuchungen zur TCP-Phasenbildung geht in Übereinstimmung mit der Literatur hervor, dass Ru einen wesentlichen Einfluss auf die Phasenstabilität der Legierungen ausübt. Für zunehmende Ru-Anteile lassen sich aus den Ergebnissen folgende Beobachtungen zusammenfassen:

1) verzögerte TCP-Bildung
2) verringerte TCP-Keimdichte
3) geringerer TCP-Volumenanteil
4) kein Einfluss auf TCP-Zusammensetzung
5) geringere Konzentration an Re in γ
6) höhere Re-Löslichkeit in γ

Die Beobachtungen 1-4) decken sich dabei mit Erkenntnissen detaillierter TCP-Studien (z.B.(O'Hara 1996, Rae 2000, Sato 2006, Hobbs 2008c)). 6) konnte auf Basis der Zellkoloniestudie in dieser Arbeit erstmals belegt werden. 5) entspricht dem *reverse partitioning* Effekt, welcher in der Literatur als Ursache der TCP-Hemmung kontrovers diskutiert wird. (vgl. Kap. 2.1.2.). Neuere Studien ziehen erstmals neben dem *reverse partitioning* zusätzlich eine veränderte Grenzflächenenergie als Ursache der TCP-hemmenden Wirkung von Ru in Betracht (Hobbs 2008c, Rettig 2010). Nachfolgend wird auf Basis der experimentellen Ergebnisse dieser Arbeit der Einfluss von Ru auf alle möglichen Einflussgrößen bewertet, welche in Kap. 2.6.2. detailliert dargestellt wurden. Des Weiteren wird das Zellkoloniewachstum erläutert und der Wachstumsprozess mit Modellen verglichen. Abschließend folgt eine Gesamtbeurteilung der TCP-Bildung im Hinblick auf die Kriecheigenschaften der Legierungen.

5.3.1. Keimbildung

Die möglichen Einflussgrößen auf die thermodynamische Triebkraft zur TCP-Keimbildung setzen sich aus den Teilbeiträgen der Volumenenthalpie ΔG_V, der Gitterverzerrungsenthalpie ΔG_{GV}, der Grenzflächenenergie γ_{GF} und der Defektenthalpie ΔG_{Def} zusammen (vgl. Gl. 1.29 und Tab. 2.5, Kap. 2.6.2.). Im Zusammenhang mit den Ergebnissen dieser Arbeit ergeben sich für die einzelnen Parameter folgende Schlussfolgerungen in Bezug auf Ru-Zugaben:

Defektenthalpie ΔG_{Def}:
In TCP-anfälligen Legierungen treten sowohl feine TCP-Nadeln im Korninneren auf, als auch TCP-Zellkolonien an Großwinkelkorngrenzen. Letztere entstehen dabei aufgrund der höheren Einsparung an Defektenergie deutlich früher als TCP-Nadeln an defektärmeren Linien- oder Punktdefekten. Ähnliche Beobachtungen finden sich auch in

5. Diskussion

(Pollock 1995, Nystrom 1997). Da bei Großwinkelkorngrenzen unabhängig vom Verkippungswinkel die gleiche Defektenergie vorherrscht (ausgenommen Koinzidenzgitter-Korngrenzen, für welche experimentell jedoch keinen nachweisbarer Einfluss vorliegt, vgl. Abb. 4.40), kann für die TCP-Bildung an Großwinkelkorngrenzen von einem konstanten ΔG_{Def} ausgegangen werden. Ein Einfluss von Ru auf ΔG_{Def} ist ausgeschlossen.

Grenzflächenenergie γ_{GF} und Gitterverzerrungsenthalpie ΔG_{GV}:
Der oberflächenabhängige Parameter γ_{GF} und die volumenabhängige Größe ΔG_{GV} werden durch die Zusammensetzung der einzelnen Phasen und die Kohärenzspannung σ_{CS} gesteuert. In Übereinstimmung mit Beobachtungen von Hobbs et al. (Hobbs 2008c), lässt sich für Ru-Zugaben keine signifikante Veränderung der TCP-Zusammensetzung feststellen. Allerdings findet sich experimentell mit zunehmendem Ru-Gehalt eine Verschiebung der γ/γ'-Zusammensetzung (vgl. $k_i^{\gamma/\gamma'}$ Abb. 4.23 und Abb. 4.24). Analog zu anderen Studien (Rae 2000, 2001, Yeh 2004b, Hobbs 2008c) wird dadurch eine Veränderung der beiden Gitterparameter a_γ und $a_{\gamma'}$ bewirkt (vgl. Abb. 4.26). Obwohl also die Zusammensetzung der TCP-Ausscheidung durch Ru-Zugaben nicht beeinflusst wird, kann durch a_γ und $a_{\gamma'}$ trotzdem eine Veränderung der Gitterfehlpassung zwischen TCP/γ oder TCP/γ' vorliegen. Folglich kann ein Einfluss auf γ_{GF} und ΔG_{GV} durch eine veränderte Kohärenzspannung σ_{CS} bestehen. Wie anhand Gl. 1.30 und Gl. 1.31 ersichtlich ist, wäre durch eine Erhöhung von γ_{GF} und ΔG_{GV} die Keimbildung aufgrund eines größeren kritischen Keimradius r^* und einer höheren Aktivierungsenergie ΔG^* erschwert. Der Simulationsstudie von Rettig (Rettig 2010) zu folge, bewirkt eine Steigerung der Kohärenzspannung σ_{CS} von 0,05 J/m³ auf 0,25 J/m³ beispielsweise eine Verringerung der Keimbildungsrate von 10^{16} m^{-3}s^{-1} auf 10^{11} m^{-3}s^{-1} bei 900 °C. Es bleibt jedoch ungeklärt, ob geringe a_{γ}- und $a_{\gamma'}$-Veränderungen ausreichen, um eine vergleichbare σ_{CS}-Veränderung wie in der Annahme der Simulationsstudie zu erreichen. Dessen ungeachtet, ist davon auszugehen, dass der Ru-Effekt auf γ_{GF} und ΔG_{GV} aufgrund der Beeinflussung durch die jeweilige Elementverteilung stark legierungsabhängig ist.

Volumenenthalpie ΔG_V (= $G_{(Gleichgewicht)} - G_{(Übersättigung)}$, vgl. Tab. 2.5):
Die aus der TCP-Bildung freiwerdende Volumenenthalpie ΔG_V stellt durch das Maß an Übersättigung der γ-Matrix mit TCP-bildenden Elementen die entscheidende Größe für die TCP-Keimbildung dar. Umso höher dabei die Übersättigung der γ-Matrix ist, desto größer wird ΔG_V, wodurch niedrigere kritische Keimradien r^* und Aktivierungsenergien ΔG^* für die Keimbildung resultieren (vgl. Gl. 1.30 und Gl. 1.31, Kap. 2.6.2.). Da nach der Wärmebehandlung eine Restinhomogenität an den TCP-fördernden Elementen Re und W vorliegt (vgl. Abb. 4.16), entstehen die TCP-Nadeln im Korninneren deshalb stets in den mit Re und W angereicherten Dendritenkernen (Karunaratne 2001b, Rae 2001, Volek 2004, Hobbs 2008c). Anhand der experimentell extrem hohen TCP-Neigung von CMSX-4 ist außerdem ersichtlich, dass die TCP-Anfälligkeit nicht nur durch lokale Inhomogenitäten, sondern auch durch die γ/γ'-Elementverteilung beeinflusst wird. Aufgrund der im Vergleich zu den Astra1-Legierungen höheren Verteilungskoeffizienten $k_i^{\gamma/\gamma'}$ der Mischkristallhärter Re, W, Mo und Cr (vgl. Abb. 4.23), wird in CMSX-4 eine höhere An-

reicherung dieser Elemente in der γ-Phase bewirkt. Daraus resultiert ein positiver Effekt auf die Kriechbeständigkeit der Legierung (vgl. Kap. 5.2.2.), jedoch tritt gleichzeitig auch eine deutlich höhere Übersättigung der γ-Phase mit TCP-fördernden Elementen ein.

Wie die experimentellen Ergebnisse zeigen, wird die TCP-Bildung der Astra1-Legierungen durch Ru-Zugaben massiv verringert. Eine mögliche Ursache hierfür könnte der Effekt des *reverse partitioning* von Re sein, welcher allerdings mit einer Reduzierung des Re-Anteils in γ von < 0,25 *wt.-%* pro zulegiertem *at.-%* Ru sehr gering ausfällt (vgl. Tab. 4.3). Dies bestätigt die Vermutungen anderer Studien, welche das *reverse partitioning* nicht als alleinige Ursache der verminderten TCP-Bildung sehen (Rae 2001, Hobbs 2008c, Neumeier 2010, Rettig 2010). Weiterhin kann auch eine Verringerung der Re-Konzentration in γ durch einen mit Ru-Zugaben sinkenden γ'-Volumenanteil $V_{\gamma'}$ - wie sie von Hobbs et al. (Hobbs 2008c) vorgeschlagen wird – als Ursache ausgeschlossen werden, da $V_{\gamma'}$ durch Ru nicht beeinflusst wird (vgl. Abb. 4.22). Durch die detaillierte Studie der TCP-Zellkoloniebildung in dieser Arbeit kann jedoch ein weiterer Effekt von Ru auf die Volumenenthalpie ΔG_V detailliert beschrieben werden, welcher in der Literatur bisher nur von Sato et al. (Sato 2006) genannt, aber nicht erklärt und experimentell nachgewiesen werden konnte. Für die Erläuterung dieses Effekts wurden die für zunehmende Ru-Anteile experimentell beobachtete Abnahme des TCP-Volumenanteils (vgl. Abb. 4.41) und die nachgewiesene, höhere Re-Löslichkeit in der γ-Matrix (vgl. Tab. 4.3) herangezogen. Aus beiden Ergebnissen wurde der Verlauf des Phasenübergangs vom γ-Einphasengebiet zum Zweiphasengebiet γ + TCP in einem isothermen Schnitt eines quasi-ternären Phasendiagramms für das System Re-Ru-(Ni-X) schematisch bei etwa 1000 °C rekonstruiert. Wie in Abb. 5.13 a dargestellt, repräsentiert X dabei den konstant gehaltenen at.-%-Anteil aller übrigen Legierungselemente der Astra1-Serie, so dass sich die einzelnen Astra1-Legierungen in das quasi-ternäre Phasendiagramm einzeichnen lassen. Der γ'-Anteil wurde bei der Erstellung des schematischen TCP-Phasenübergangs nicht explizit berücksichtigt, da durch Ru-Zusätze der γ'-Volumenanteil $V_{\gamma'}$ nicht verändert wird (vgl. Abb. 4.22) und somit für die betrachtete Legierungsreihe Astra1-20, -21, -22 konstant bleibt. Des Weiteren ist der Anteil Re ist gemäß Abb. 4.23 hauptsächlich in der γ-Phase gelöst. Obwohl die TCP-hemmende Wirkung von Ru mittels CALPHAD-Simulation nicht dargestellt werden kann (vgl. Abb. 4.36), wurde die auf Basis der experimentellen Beobachtungen konstruierte Phasengrenzlinie in Abb. 5.13 trotzdem einem mit ThermoCalc simulierten quasi-ternären Schnitt für die γ und TCP-P-Phase bei 1000 °C gegenübergestellt, um einen Vergleichswert zu erhalten.

Der quasi-ternäre isotherme Schnitt in Abb. 5.13 b zeigt, dass durch Zulegierung von Ru der Legierungszustandspunkt vom 2-Phasengebiet γ + TCP in Richtung des γ-Einphasengebiets verschoben wird. Anhand der orange markierten Pfeile ist ersichtlich, dass dadurch die Übersättigung der γ-Phase kontinuierlich abnimmt und bei 2 at.-% Ru bereits kaum mehr vorhanden ist. Durch die sinkende Übersättigung der γ-Phase nimmt folglich auch die Triebkraft ΔG_V zur TCP-Keimbildung ab. Im Gleichgewichtszustand entspricht die Verschiebung des Legierungszustandspunkts einer erhöhten Re-Löslich-

5. Diskussion 123

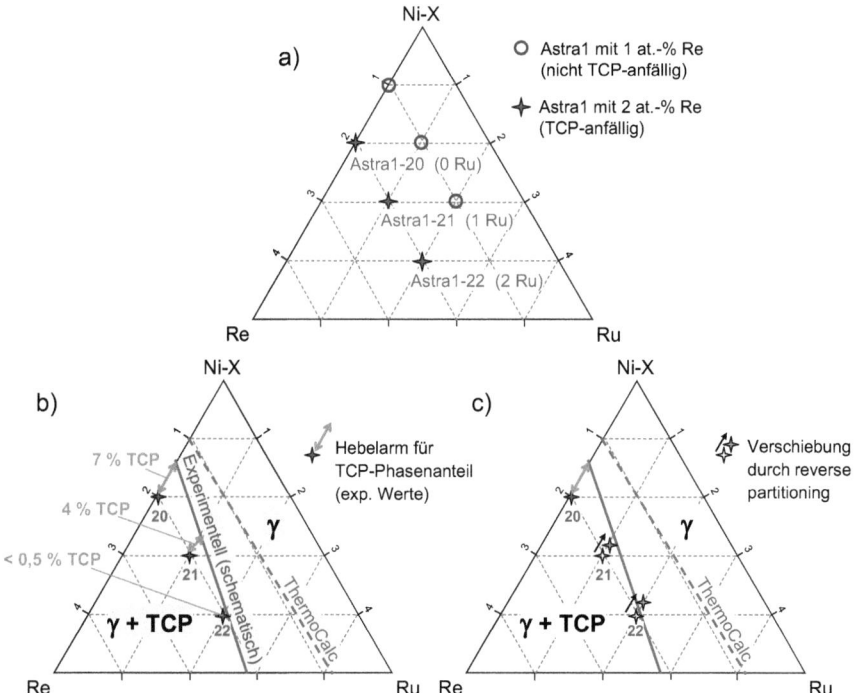

Abb. 5.13: Modelldarstellung der durch Ru-Zugaben verringerten TCP-Neigung anhand eines quasi-ternären, isothermen Schnitts eines Re-Ru-(Ni-X)-Phasendiagrammausschnitts bei 1000 °C. X repräsentiert den konstanten Anteil der übrigen Astra1-Legierungselemente.

a) Auftragung der Zustandspunkte der TCP-anfälligen Astra1-Legierungen -20, -21 und -22 und der TCP-freien Astra1-Legierungen -10, -11, -12.

b) Die experimentellen Ergebnisse der TCP-Volumenanteile innerhalb stabiler Zellkolonien (vgl. Abb. 4.41) wurden dazu verwendet, die Phasengrenze zwischen dem (γ + TCP) und dem (γ)-Gebiet zu rekonstruieren. Es ist ersichtlich, dass die Re-Löslichkeit in γ durch Ru-Zugaben erheblich abnimmt (orangene Pfeile). Folglich nimmt die Übersättigung der γ-Matrix ab. Die berechnete ThermoCalc-Phasengrenze kann diesen Effekt nicht darstellen.

c) Zusätzliche Darstellung des *reverse partitioning* Effekts, welcher durch einen geringeren Re-Anteil in γ die Re-Übersättigung weiter verringert. Die Hauptursache der geringeren TCP-Neigung basiert jedoch auf der erhöhten Re-Löslichkeit dargestellt in b).

keit in der γ-Matrix sowie einem gemäß dem Hebelgesetz verringerten TCP-Volumenanteil (experimentelle Nachweise vgl. Abb. 4.41 und Tab. 4.3). Unter Anbetracht der Tatsache, dass sich der dargestellte Ausschnitt des quasi-ternären Re-Ru-(Ni-X) Phasendiagramms nur auf einen Bereich von 0-4 at.-% bezieht, kommt die simulierte Phasengrenze der ergebnisbasierten Darstellung sehr nahe. Allerdings kann aufgrund des parallelen Verlaufs der berechneten Phasengrenze der Effekt von Ru auf die TCP-Bildung mit der Simulation nicht dargestellt werden, was sich auch in den Ergebnissen in Abb. 4.36 wiederspiegelt.

Beachtlich ist die Tatsche, dass der in Abb. 5.13 b dargestellte Effekt der erhöhten Re-Löslichkeit bereits durch geringe Mengen an Ru erhebliche Auswirkungen auf die TCP-Bildung hat. Der Effekt dürfte außerdem in einem wesentlich geringeren Maß von der Legierungszusammensetzung abhängen, als der Einfluss der Grenzflächenenergie γ_{GF} und der Gitterverzerrungsenthalpie ΔG_{GV}. Darüber hinaus kann anhand des dargestellten Effekts auch erklärt werden, warum bisher in allen TCP-Studien unabhängig von der Legierungszusammensetzung und dem Vorliegen des *reverse partitioning* Effekts immer eine deutlich verringerte TCP-Neigung durch Ru-Zugaben festgestellt werden konnte. Welchen Einfluss das *reverse partitioning* auf die TCP-Unterdrückung haben kann, ist anhand Abb. 5.13 c dargestellt. Durch die höhere Re-Löslichkeit in der γ'-Phase nimmt der Re-Anteil der γ-Matrix ab, so dass sich der Legierungszustandspunkt weiter in Richtung Phasengrenze verschiebt. Aus einem Vergleich von Abb. 5.13 b und c ist jedoch ersichtlich, dass das *reverse partitioning* die Verringerung der γ-Matrixübersättigung zwar weiter begünstigt, die Hauptursache jedoch durch die erhöhere Re-Löslichkeit in der γ-Matrix gegeben ist.

Ein Vergleich mit verfügbaren Literaturdaten zeigt außerdem, dass der in Abb. 5.13 beschriebene Modellansatz des Ru-Einflusses auf die Re-Löslichkeit in der γ-Phase durch experimentell ermittelte ternäre Phasendiagramme des Ni-Re-Al und Ni-Ru-Al Systems bestätigt werden kann. Die zusammengefügten Daten aus (Cornish 1999, Huang 1999, Tyron 2006) in Abb. 5.14 zeigen, dass beide Phasendiagramme stark unterschiedlich ausgeprägte γ-Phasengebiete aufweisen, welche mit γ(Ni) gekennzeichnet sind. Während das γ(Ni)-Gebiet für Zusätze an Re zu Ni-Al abnimmt, wird das γ(Ni)-Gebiet für Zusätze an Ru zu Ni-Al hingegen ausgedehnt. Stellt man sich die Graphik 3-dimensional als Tetraeder vor (gefaltet an der gemeinsamen Ni-Al-Achse), kann leicht nachvollzogen werden, dass der Legierungszustandspunkt einer gegebenen Re-Konzentration außerhalb des γ(Ni)-Gebiets durch Zugabe von Ru in Richtung des stabilen γ(Ni)-Ge-

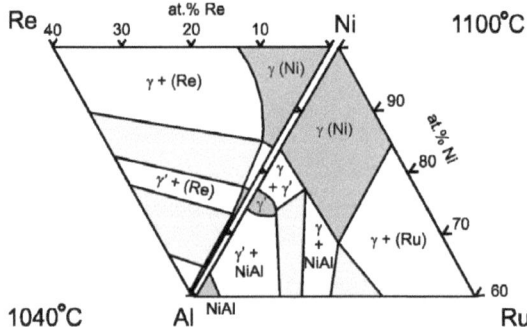

Abb. 5.14: Aus Literaturdaten zusammengefügte ternäre Phasendiagramme für Ni-Re-Al (bei 1040°C) und Ni-Ru-Al (bei 1100°C) aus (Cornish 1999, Huang 1999, Tyron 2006). Die Ausdehnung des γ(Ni)-Gebiets im System Ni-Re-Al nimmt mit zunehmendem Re-Gehalt ab während es sich im System Ni-Ru-Al für Zugaben an Ru ausdehnt.

biets verschoben wird. Folglich scheint der in Abb. 5.13 erstmals beschriebene Ansatz sehr gut geeignet zu sein um die Verbesserung der Phasenstabilität in Nickel-Basis Legierungen durch Ru zu beschreiben.

Zusammenfassend lässt sich aus der Betrachtung aller Einflussgrößen festhalten, dass die TCP-Bildung hauptsächlich von der Übersättigung der γ-Matrix bzw. ΔG_V abhängt. Anhand eines quasi-ternären isothermen Schnitts auf Basis der experimentellen Beobachtungen (Abb. 5.13) kann gezeigt werden, dass der Haupteinfluss von Ru auf einer erhöhten Re-Löslichkeit in der γ-Matrix beruht. Der Einfluss des *reverse partitioning* fällt vergleichsweise gering aus. Weitere Einflussmöglichkeiten bestehen durch ΔG_{GV} und γ_{GF}, wobei diese Parameter als stark legierungsabhängig einzuschätzen sind. Insgesamt ist der Einfluss von Ru auf die TCP-Bildung in der Astra1-Legierungsserie durch eine experimentell ermittelte Reduzierung der Keimdichte von $3 \cdot 10^{16}$ m^{-3} auf $3 \cdot 10^{14}$ m^{-3} für eine Ru-Zulegierung von 1 at.-% Ru als äußerst effektiv zu bewerten.

5.3.2. Wachstum von TCP-Zellkolonien

Mit dem Erreichen des kritischen Keimradius r^* wird ein Keim als wachstumsfähig bezeichnet, da die freie Enthalpie ΔG_{ges} durch die Anlagerung weiterer Atome stetig abnimmt. Die Wachstumsgeschwindigkeit wird dabei analog zur Keimbildung durch die Parameter ΔG_V und ΔG_d, aber in besonderem Maße von der Art des Grenzflächenübergangs durch γ_{GF} und ΔG_{GV} beeinflusst. Für kohärente Grenzflächen mit niedrigen γ_{GF} und ΔG_{GV} liegen gemäß dem Ledge-Mechanismus nur wenige Atomanlagerungsplätze vor, so dass eine wesentlich geringere Wachstumsgeschwindigkeit als für inkohärente Grenzflächen resultiert (vgl. Abb. 2.25, Kap. 2.6.3.). Aus der 3-D Mikrostrukturanalyse der Zellkolonie ist ersichtlich, dass sich zunächst mehrere TCP-Keime an den Großwinkelkorngrenzen bilden, von denen jedoch nur einige zu TCP-Säulen mit planaren Flanken innerhalb der Zellkolonie weiterwachsen (vgl. Abb. 4.38). Folglich ist anzunehmen, dass die Wachstumsfähigkeit der TCP-Keime in der Zellkolonie - ähnlich wie für TCP-Nadeln im Korninneren - durch die Orientierung inkohärenter Teilgrenzflächen bestimmt wird. Ungünstig orientierte TCP-Keime zu Beginn der Zellkolonieentwicklung werden deshalb vermutlich von Keimen mit besser in Richtung der fortschreitenden Reaktionsfront orientierten inkohärenten Teilgrenzflächen überwachsen.

Vor der fortschreitenden Reaktionsfront lässt sich experimentell eine Anreicherung von Co und Cr, bzw. eine Abreicherung von Re und W feststellen (vgl. Abb. 4.39). In Abb. 5.15 ist die unterschiedliche Re-Elementverteilung im ursprünglich übersättigten γ/γ'-Gefüge und nach der Umwandlung in eine stabile Zusammensetzung in der Zellkolonie aus den Ergebnissen in Abb. 4.39 und Tab. 4.3 detailliert dargestellt. Da Re mit über 50 wt.-% das Hauptelement der TCP-Phase darstellt und die Zellkoloniereaktion an die TCP-Ausscheidung aus der übersättigten γ/γ'-Matrix gebunden ist, deutet die Re-Abreicherung vor der Reaktionsfront auf einen diffusionskontrollierten Wachstumsprozess

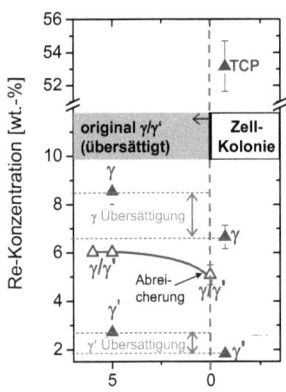

Abb. 5.15: Re-Konzentration im metastabilen γ/γ' Grundgefüge vor der Zellkoloniereaktionsfront und im stabilen Zustand innerhalb der Zellkolonie. Die Abreicherung vor der Front deutet auf ein diffusionskontrolliertes Wachstum hin.

der Zellkolonie hin (vgl. Abb. 2.26, Kap. 2.6.3.). Als das von allen Elementen am langsamsten diffundierendste Element ist Re hierbei vermutlich der geschwindigkeitsbestimmende Faktor.

Zur Überprüfung ob ein diffusionsgesteuertes Wachstum der Zellkolonien vorliegt, wurden die experimentellen Ergebnisse mit dem diffusionskontrollierten Modell von Zener (Zener 1946), sowie mit dem grenzflächenkontrollierten Modell von Turnbull (Turnbull 1955) verglichen (Gl. 1.33 und 1.34, Kap. 2.6.3). Die wesentliche Einflussgröße beider Modelle ist der als perfekt angenommene Lamellenabstand der ausgeschiedenen Phasen α+β (zugrundelegende Phasenreaktion: übersättigtes α' → α+β, vgl. Kap. 2.6.3.). Wie anhand der 3-D Mikrostrukturanalyse zu erkennen ist (vgl. Abb. 4.38), eignen sich 2-D Schnitte aufgrund der gekrümmt verlaufenden TCP-Säulen jedoch nicht, um den Abstand der TCP-Ausscheidungen verlässlich zu bestimmen. Für die Abschätzung wurde deshalb ersatzweise der für Astra1-20 ohne Ru und Astra1-21 mit 1 at.-% Ru ermittelte TCP-Keimabstand λ_{TCP} auf der Korngrenze herangezogen. Wie in Abb. 5.16 a dargestellt, nimmt die experimentell ermittelte Zellkoloniebreite d_{ZK} durch Ru-Zugaben linear ab. Aus dem Vergleich von d_{ZK} mit $1/\lambda_{TCP}$ ist jedoch ersichtlich, dass d_{ZK} für eine Übereinstimmung mit dem Modell nach Zener theoretisch stärker abnehmen müsste (vgl. Abb. 5.16 b). Eine Übereinstimmung des Zellkolonie-

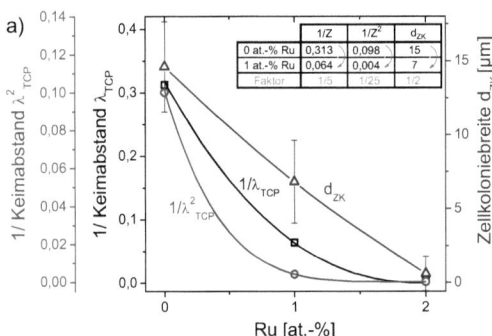

Abb. 5.16: Vergleich des experimentell ermittelten Zellkoloniewachstums mit den Wachstumsmodellen von Zener und Turnbull (d_{ZK} ist aufgrund einer konstanten Alterung bei 1000 h/950°C mit v_{ZK} gleichzusetzen). Ein grenzflächenkontrolliertes Wachstum nach Turnbull kann ausgeschlossen werden.

5. Diskussion 127

wachstums mit $1/\lambda^2_{TCP}$, wie sie für einen grenzflächenkontrollierten Wachstumsprozess nach Turner vorliegen müsste, kann völlig ausgeschlossen werden. Folglich muss die Reaktion bei der Zellkoloniebildung diffusionsgesteuert erfolgen, was die experimentellen Beobachtungen bestätigt (vgl. Abb. 5.15). Weshalb die Zellkoloniebreite d_{ZK} schneller wächst als auf Basis des Zenermodels zu erwarten wäre, kann nicht geklärt werden. Möglicherweise ist die vereinfachend angenommene Keimanzahl mit dem tatsächlichen Abstand der TCP-Säulen nicht vergleichbar. Eine Verfälschung der Abschätzung durch die Vernachlässigung der Re-Übersättigung in γ ($c_0^{\alpha'} - c_E^{\alpha}$ in Gl. 1.33) kann hingegen ausgeschlossen werden, da durch Ru-Zugaben die Re-Übersättigung abnimmt und somit theoretisch eine noch stärkere Abnahme der Wachstumsgeschwindigkeit als $1/\lambda_{TCP}$ resultieren müsste. Zudem sollte erwähnt werden, dass die ursprünglich für 2-phasige Reaktionen ($\alpha' \rightarrow \alpha+\beta$) erstellten Modelle bisher für 3-phasige Reaktionen in Nickel-Basis Legierungen ($\gamma+\gamma' \rightarrow \gamma'+\gamma+TCP$) noch nicht überprüft wurden und entsprechend angepasst werden müssten.

5.3.3. Gesamtbewertung im Hinblick auf Kriechbeständigkeit

Aus dem Vergleich zwischen DS und SX in Abb. 4.30 zeigt sich, dass nur für CMSX-4 eine deutliche Verschlechterung der Kriechfestigkeit im DS-Zustand vorliegt. Für die Vergleichslegierung Astra1-22 weisen die Zeitdehngrenzwerte $t_{1\%}$ keine Unterschiede zwischen DS und SX auf. Da die Legierung Astra1-22 bei 950 °C keine und bei 1050 °C lediglich eine minimale Zellkoloniebildung zeigt (vgl. Abb. 4.40), ist davon auszugehen, dass die drastische Verschlechterung der Kriechfestigkeit von -26 K bei CMSX-4 die Ursache der TCP-Zellkolonieentwicklung an den Korngrenzen ist. Somit können die Ergebnisse von Walston et al. (Walston 1996) bestätigt werden, welcher für CMSX-4 einen Kriechfestigkeitsverlust von 30 % aufgrund von Zellkoloniebildung beobachtet. Ein Einfluss von TCP-Nadeln auf die ermittelten Kriecheigenschaften kann aufgrund der kurzen Laufzeiten der Kriechversuche ausgeschlossen werden, da in den Alterungsversuchen erst ab 500 h erste Nadeln nachgewiesen werden konnten (vgl. Abb. 4.35).

6. Fazit für Legierungsentwicklung

Basierend auf der in dieser Arbeit entwickelten Legierungsserie mit systematischen Elementzusätzen von Re und Ru ist es gelungen, die Auswirkungen beider Legierungselemente auf die Mikrostruktur, sowie auf die für den Einsatz von Nickel-Basis Superlegierungen wichtigen Eigenschaften der Hochtemperaturfestigkeit und Phasenstabilität quantitativ einzuschätzen.

Die Untersuchungen haben gezeigt, dass das Erstarrungsverhalten von Nickel-Basis Superlegierungen durch Zusätze an Re maßgeblich beeinflusst wird. Hierbei wird durch zunehmende Re-Konzentration der Anteil an eutektischer Restschmelze systematisch erhöht und der Dendritenstammabstand verringert. Für Zugaben an Ru sind hingegen keine derartigen Veränderungen zu beobachten. Die Ursache der unterschiedlichen Auswirkungen von Re und Ru konnte anhand von Modellberechnungen auf das Segregationsverhalten zurückgeführt werden, welches für alle Legierungselemente durch Re-, jedoch nicht durch Ru-Zugaben, deutlich verschlechtert wird. Für ein grundlegendes Verständnis konnte der bisher noch ungeklärte Erstarrungsverlauf der Restschmelze anhand eines Modells dargestellt und mit Simulationsberechnungen qualitativ und quantitativ belegt werden.

Die Hochtemperaturfestigkeit wurde in Zusammenhang mit den Auswirkungen der Re- und Ru-Zusätze auf die γ/γ'-Mikrostruktur analysiert. Auch hier ergibt sich ein signifikanter Einfluss durch Re, während Ru vergleichsweise geringe Effekte erzielt. Wesentliche Veränderungen der γ/γ'-Mikrostruktur lassen sich zum einen bei der γ'-Größe und dem γ'-Vergröberungsverhalten feststellen. Zum anderen wird der γ'-Volumenanteil durch Re-Zugaben deutlich reduziert, was sich nachteilig auf die Kriechfestigkeit auswirkt. Beide Effekte konnten auf das γ/γ'-Verteilungsverhalten zurückgeführt werden, welches auch die Konzentration an Mischkristallhärtern in der γ-Matrix bestimmt. Vergleiche mit Simulationsdaten zeigen, dass eine Abschätzung der Mischkristallhärtung auf Basis der nominellen Legierungszusammensetzung erfolgen kann.

Obwohl die untersuchten Experimentallegierungen im Vergleich zur kommerziellen Ausgangslegierung CMSX-4 keine optimierte Mikrostruktur aufweisen, liegen dennoch signifikant höhere Kriechfestigkeiten durch die weitere Zulegierung an Re vor. Eine quantitative Einschätzung des Verbesserungspotentials durch Re und Ru wurde unter Berücksichtigung der Legierungsdichte vorgenommen und ist in Abb. 6.1. als Gegenüberstellung zu den Werkstoffkosten zusammengefasst. Ru bietet im Vergleich zu Re ein wesentlich geringeres Steigerungspotenzial der spezifischen Kriechfestigkeit bei gleichzeitig hohen Materialkosten. Allerdings kann durch Ru-Zugaben in TCP-anfälligen Legierungen der 3. Generation die Kriechbeständigkeit der Legierungen indirekt durch eine enorm verbesserte Phasenstabilität erhöht werden. Es hat sich gezeigt, dass diese Phasenstabilisierung umso wichtiger ist, je höher der Anteil an Mischkristallhärtern in der γ-Matrix ist.

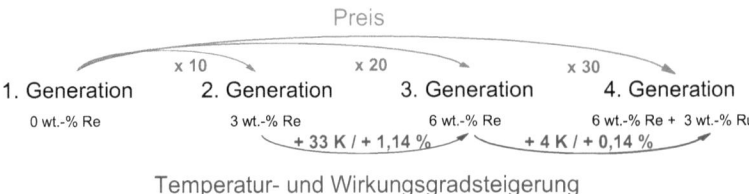

Abb. 6.1: Gegenüberstellung von Legierungskosten und einer möglichen Steigerung der Einsatztemperatur bzw. des Wirkungsgrades einer Turbine für Legierungszusätze an Re und Ru unter Berücksichtigung der Legierungsdichte. Durch Mikrostrukturoptimierungen der untersuchten Legierungen sind vermutlich höhere Steigerungen möglich (Details Temperatur-/Wirkungsgradsteigerung vgl. Abb. 5.12.). Zusätzliche Ru-Zugaben bieten im Vergleich zu Re ein deutlich geringeres Verbesserungspotenzial, tragen jedoch immens zur Erhöhung der Phasenstabilität und dadurch indirekt zur Festigkeitssteigerung bei.

Aufgrund der TCP-Studie an bisher noch wenig bekannten gleichgewichtsnahen TCP-Mikrostrukturen war es in der vorliegenden Arbeit außerdem möglich, die Ursache der TCP-Sprödphasenbildung detailliert zu analysieren. Hierbei konnten alle möglichen Einfussgrößen systematisch betrachtet und bewertet werden. Der größte Einfluss auf die TCP-Bildung ist den Ergebnissen zufolge auf die Re-Übersättigung in der γ-Matrix zurückzuführen. Hierbei konnte erstmals ein experimenteller Hinweis gefunden werden, dass die Zugabe von Ru zu einer erhöhten Re-Löslichkeit in der γ-Matrix führt, welche die Triebkraft der TCP-Bildung und den TCP-Volumenanteil verringert. Es ist weiterhin gelungen diesen in der Literatur bisher noch nicht berücksichtigten Erklärungsansatz anhand eines ternären Modells darzustellen. Eine Überprüfung des erstellten Modells durch Literaturdaten verwandter ternärer Phasendiagramme liefert zudem weitere Indizien für dessen Zuverlässigkeit.

Für eine weiterführende Optimierung der Legierungszusammensetzung kann aufgrund der in dieser Arbeit erbrachten Ergebnissen gefolgert werden, dass die Einsatztemperatur von Nickel-Basis Superlegierungen durch Re enorm verbessert werden kann. Unter Beibehaltung bereits gewonnener Temperatursteigerungen scheint der nötige Re-Gehalt durch eine gezielte Einstellung der γ/γ'-Elementverteilung jedoch reduzierbar zu sein. Anhaltspunkte können hierfür aus der Zusammensetzung der γ-Matrix über Simulationstools erreicht werden. Der nötige Anteil an Ru zur Phasenstabilisierung muss je nach Re-Übersättigung der γ-Matrix eingestellt werden. Allerdings kann die Abschätzung der Phasenstabilität - und damit auch die Festlegung sinnvoller Ru-Anteile - derzeit über thermodynamische Simulationen noch nicht ausreichend abgedeckt werden.

7. Literaturverzeichnis

Aaronson, H. I., Clark, J.B. (1968), "Influence of Continuous Precipitation Upon the Growth Kinetics of the Cellular Reaction in an Al-Ag Alloy," *Acta Metallurgica*, 16, 845-855.

Abramoff, M. D., Magelhaes, P.J., Ram, S.J.,. (2004), "Image Processing with Imagej," *Biophotonics International*, 11, 36-42.

AGEB. (2008), "Ageb Jahresbericht Energieverbrauch in Deutchland."

Agren, J. (1982), "Diffusion in Phases with Several Components and Sublattices," *J. Phys. Chem. Solids*, 43, 421-430.

Andersson, J. O., Agren, J.J. (1992), "Models for Numerical Treatment of Multicomponent Diffusion in Simples Phases," *Journal of Applied Physics*, 72, 1350-1355.

Anton, D. L., Lemkey, F.D.,. (1984), "Quinary Alloy Modifications of the Eutectic Superalloy Gamma/Gamma Prime + Cr3c2," in *Superalloys 1984*, ed. M. e. a. Gell, Warrendale: TMS, pp. 601-610.

Arrell, D. J., Vallés, J.L. (1996), "Rafting Prediction Criterion for Superalloys under a Multiaxial Stress," *Scripta Materialia*, 35, 727-732.

Blavette, D. C., P., Khan, T. (1986), "An Atom Probe Investigation of the Role of Rhenium Additions in Improving Creep Resistance of Nickel-Base Superalloys," *Scripta Metall.*, 20, 1395-1400.

Boesch, W. J., Stanley, J.S. (1964), "Preventing Sigma Phase Embrittlement in Nickel-Base Superalloys," *Metal Progress*, 86, 109-115.

Booth-Morrison, C., Weninger, J., Sudbrack, C.K., Mao, Z., Noebe, R.D., Seidman, D.N. (2008), "Effects of Solute Concentrations on the Kinetic Pathways in Ni-Al-Cr Alloys," *Acta Mater.*, 56, 3422-3438.

Bose, S. (2007), *High Temperature Coatings* (Vol. 1. Auflage), Butterworth-Heinemann.

Bürgel, R. (2006), *Handbuch Hochtemperatur-Werkstofftechnik* (Vol. 3. Auflage), Vieweg&Sohn Verlag.

Bürgel, R., Grossmann, J., Lüsebrink, O., Mughrabi, H., Pyczak, F., Singer, R.F., Volek, A. (2004), "Development of a New Alloy for Directional Solidification of Large Industrial Gas Turbines," in *Superalloys 2004*, ed. K. A. e. a. Green, Warrendale: TMS, pp. 25-34.

Burton, J. A., Prim, R.C., Sichter, W.P. (1953), "The Distribution of Solute in Crystals Grown from the Melt," *Journal Chem. Phys.*, 21, 1987-1991.

Cahn, J. W. (1959), "The Kinetics of Cellular Segregation Reactions," *Acta Metallurgica*, 7, 18-28.

Caldwell, E. C., Fela, F.J., Fuchs, G.E. (2004), "Segregation of Elements in High Refractory Content Single Crystal Nickel Based Superalloys," in *Superalloys 2004*, ed. K. A. e. a. Green, Warrendale: TMS, pp. 811-818.

Caron, P. (2000), "High Gamma Prime Solvus New Generation Nickel-Based Superalloys for Single Crystal Turbine Blade Applications," in *Superalloys 2000*, ed. T. M. e. a. Pollock, Warrendale: TMS, pp. 737-746.

Carroll, L., Feng, Q., Mansfield, J., Pollock, T.,. (2006), "High Refractory, Low Misfit Ru-Containing Single-Crystal Superalloys," *Metallurgical and Materials Transactions A*, 37A, 2927-2938.

Carry, C., Strudel, J.L. (1977), "Apparent and Effective Creep Parameters in Single Crystal of a Nickel-Base Superalloy - 2: Incubation Period," *Acta Metall.*, 25, 767-777.

Cenanovic, S. (2010), *"Fib-Tomography in Nickel-Basis Superlegierungen,"* Dissertation, Universität Erlangen-Nürnberg, Allgemeine Werkstoffwissenschaften WW1.

Cetel, A. D., Duhl, D.N. (1988), "Second Generation Nickel-Base Single Crystal Superalloy," in *Superalloys 1988*, ed. S. e. a. Reichmann, Warrendale: TMS, pp. 235-244.

Cornish, L. A., Witcomb, M.J.,. (1999), "A Metallographic Study of the Al-Ni-Re Phase Diagram," *Journal of alloys and compounds*, 291, 145-166.

Cottrell, A. H. (1948), "The Physical Society," London, p. 30f.

Cumpsty, N. A. (1997), *Jet Propulsion: A Simple Guideline to the Aerodynamic and Thermodynamic Design and Performance of Jet Engines*, Cambridge: Cambridge University Press.

Darolia, R., Lahrman, D.F., Field, R.D. (1988), "Formation of Topologically Closed Packed Phases in Nickel Base Single Crystal Superalloys," in *Superalloys 1988*, ed. D. N. e. a. Duhl, Warrendale: TMS, pp. 255-264.

Davies, R. G., Stoloff, N.S. (1965), "On the Yield Stress of Aged Ni-Al Alloys," *Transactions of the Metallurgical Society of AIME*, 233, 714-719.

Decker, R. F. (1969a), "Strengthening Mechanisms in Nickel-Base Superalloys," *Die Verfestigung von Stahl*, 147-170.

Decker, R. F., Mihalisin, J.R. (1969b), "Coherency Strains in Gamma Prime Hardened Nickel Alloys," *Transactions of the Metallurgical Society of AIME*, 62, 481-489.

D'Souza, N., Dong, H.B. (2006), "Solidification Path in Third-Generation Ni-Based Superalloys, with an Emphasis on Last Stage Solidification," *Scripta Materialia*, 56, 41-44.

D'Souza, N., Dong, H.B. (2007), "Solidification Path in Third-Generation Ni-Based Superalloys, with an Emphasis on Last Stage Solidification," *Scripta Materialia*, 56, 41-44.

D'Souza, N., Dong, H.B. (2008), "An Analysis of Solidification Path in the Ni-Base Superalloy Cmsx10k," in *Superalloys 2008*, ed. R. C. e. a. Reed, Warrendale: TMS, pp. 261-269.

Duhl, D. N. (1989), "Single Crystal Superalloys," in *Superalloys, Supercomposites and Superceramics*, Academic Press Inc., pp. 149-182.

Elliott, A. J., Tin, S., King, W.T., Huang, S.C., Gigliotti, M.F.X., Pollock, T.M. (2004), "Directional Solidification of Large Superalloy Castings with Radiation and Liquid Metal Cooling (Lmc): A Comparative Assessment," *Metall. Trans. A*, 35A, 3221-3231.

Erickson, G. L. (1996), "The Development and Application of Cmsx-10," in *Superalloys 1996*, ed. R. D. e. a. Kissinger, Warrendale: TMS, pp. 35-44.

Feller-Kniepmeier, M., Link, T., Catena, V., Wortmann, J. (1989), "Analysis of High Temperature Creep in the Single Crystal Nickel-Base Alloy Srr in <100> Orientierung," *Zeitschrift der Metallkunde*, 80, 152-156.

Feng, Q., Carrol, L.J., Pollock, T.M. (2006), "Solidification Segregation in Ruthenium-Containing Nickel-Base Superalloys," *Metall. Trans. A*, 37A, 1949-1962.

Feng, Q., Nandy, T.K., Tin, S., Pollock, T.M. (2002), "Solidification of High-Refractory Ruthenium-Containing Superalloys," *Acta Mater.*, 51, 269-284.

Field, R. D., Pollock, T.M., Murphy, W.H. (1992), "The Development of Gamma-Gamma Prime Interfacial Dislocation Networks During Creep in Ni-Base Superalloys," in *Superalloys 1992*, ed. D. L. e. a. Antolovich, Warrendale: TMS, pp. 557-566.

Fitzgerald, T. J., Singer R.F. (1997), "An Analytical Model for the Optimal Directional Solidification of Turbine Blades Using Liquid Metal Cooling," *Met. Trans.*, 28 A, 1377-1383.

Flemmings, M. C. (1974), *Solidification Processing*, McGraw-Hill.

Flinn, P. A. (1962), "Solid Solution Strengthening," in *Strengthening Mechanisms in Solids*, Ohio: ASM Metals Park, pp. 17-20.

Forst, H., Ashby, M.F. (1980), *Deformation Mechanism Maps*, Pergamon.

Forster, S. M., Nieslen, T.A., Nagy, P.,. (1988), "Enhanced Rupture Properties in Advanced Single Crystal Alloys," in *Superalloys 1988*, ed. D. N. e. a. Duhl, Warrendale: TMS, pp. 245-254.

Fournelle, R. A., Clark, J.B. (1972), "Genesis of the Cellular Precipitation Reaction," *Metall. Trans.*, 3, 2757-2767.

Franke, M. M., Hilbinger, R.M., Heckl, A., Singer, R.F. (2010), "Effect of Thermo Physical Properties and Processing Conditions on Primary Dendrite Arm Spacing of Nickel-Base Superalloys - Numerical Approach," *International Foundry Research*, 2/2010, 14-18.

7. Literaturverzeichnis 135

Freudenreich, S. (2008)*VDI Nachrichten, Datengrundlage vom Bundesministerium für Bildung und Forschung*, 02/2008.

Fu, C. L., Reed, R.C., Janotti, A., Krcmar, M. (2004), "On the Diffusion of Alloying Elements in the Nickel-Base Superalloys," in *Superalloys 2004*, ed. K. A. e. a. Green, Warrendale: TMS, pp. 867-876.

Fuchs, G. E. (2001), "Solution Heat Treatment Response of a Thrid Generation Single Crystal Ni-Base Superalloy," *Materials Science and Engineering A*, 300, 52-60.

Fuchs, G. E., Boutwell, B.A. (2002), "Calculating Solidification and Transformation in as-Cast Cmsx-10," *JOM*, 54, 45-48.

Gerold, V., Haberkorn, H. (1966), "On the Critical Resolved Shear Stress of Solid Solutions Containing Coherent Precipitates," *Phys. Status Solidi*, 16, 675-684.

Giamai, A. F., Anton, D.L.,. (1985), "Rhenium Additions to a Ni-Base Superalloy: Effects on Microstructure," *Metallurgical Transactions*, 16A, 1997-2005.

Glatzel, U., Feller-Kniepmeier, M. (1989), "Calculations of Internal Stresses in the Gamma-Gamma Prime Microstrucutre of a Nickel-Base Superalloy with High Volume Fractions of Gamma Prime Phase," *Scripta Materialia*, 23, 1839-1844.

Goldschmidt, D. (1994a), "Einkristalline Gasturbinenschaufeln Aus Nickelbasis-Legierungen. Teil 1: Herstellung Und Mikrogefüge," *Materialwissenschaften und Werkstofftechnik*, 25, 311-320.

Goldschmidt, D. (1994b), "Einkristalline Gasturbinenschaufeln Aus Nickel-Basis-Legierungen. Teil 2: Wärmebehandlung Und Eigenschaften," *Materialwissenschaften und Werkstofftechnik*, 25, 373-382.

Gornostyrev, Y. N., Kontsevoi, O.Y., Khromov, K.Y., Katsnelson, M.I., Freeman, A.J. (2007), "The Role of Thermal Expansion and Composition Changes in the Temperature Dependence of Lattice Misfit in Two-Phase Gamma/Gamma Prime Superalloys," *Scripta Materialia*, 56, 81-84.

Goulette, M. J., Spilling, P.D., Arthey, R.P. (1984), "Cost-Effective Single-Crystals," in *Superalloys 1988*, ed. D. N. e. a. Duhl, Warrendale: TMS, pp. 167-176.

Gulliver, G. H. (1922), *Metallic Alloys (Appendix)*, London: Charles Griffin Co. Ltd.

Heck, K., Blackford, J.R., Singer, R.F. (1999), "Castability of Directionally Solidified Nickel Base Superalloys," *Materials Science and Technology*, 15, 213-220.

Heckl, A., Neumeier, S., Göken, M., Singer, R.F. (2010a), "The Effect of Re and Ru on Gamma/Gamma Prime Microstructure, Gamma-Solid Solution Strengthening and Creep Strength in Nickel-Base Superalloys," *Materials Science and Engineering A*, to be submitted.

Heckl, A., Rettig, R., Cenanovic, S., Göken, M., Singer, R.F. (2010b), "Investigation of Last Stage Solidification and Eutectic Phase Formation in Re and Ru Containing Nickel-

Base Superalloys," *Journal of Crystal Growth*, doi:10.1016/j.jcrysgro.2010.03.041, 2137-2144.

Heckl, A., Rettig, R., Singer, R.F. (2010c), "Creep Rupture Strength of Re and Ru Containing Experimental Nickel-Base-Superalloys," *Materials Science and Engineering, scientific Net, European Symposium on superalloys and their application*, submitted, to be published.

Heckl, A., Rettig, R., Singer, R.F. (2010d), "Solidification Characteristics and Segregation Behaviour of Nickel-Base Superalloys in Dependence of Different Rhenium and Ruthenium Contents," *Metallurgical and Materials Transactions A*, 41A, 202-211.

Hemmersmeier, U. (1998), "*Die Phasenzusammensetzung Der Einkristallinen Nickel-Basis Superlegierung Cmsx-4 in Abhängigkeit Von Der Makrostruktur, Der Temperatur Und Der Belastung.*," Technische Universität Berlin.

Herring, C. (1950), "Diffusional Viscosity of a Polycrystalline Solid," *Journal of Applied Physics*, 21, 437-445.

Hobbs, R. A., Karunaratne, M.S.A., Tin, S., Reed, R.C., Rae, C.M.F. (2008a), "Uphill Diffusion in Ternary Ni-Re-Ru Alloys at 1000 °C and 1100 °C," *Materials Science and Engineering A*, 460-461, 587-594.

Hobbs, R. A., Tin, S., Rae, C.M.F., Broomfield, R.W., Humphreys, C.J. (2004), "Solidification Characteristics of Advanced Nickel-Base Single Crystal Superalloys," in *Superalloys 2004*, ed. K. A. e. a. Green, Warrendale: TMS, pp. 819-825.

Hobbs, R. A., Zhang, L., Rae, C.M.F., Tin, S. (2008b), "The Effect of Ruthenium on the Intermediate to High Temperature Creep Response of High Refractory Content Single Crystal Nickel-Base Superalloys," *Materials Science and Engineering A*, 489, 65-76.

Hobbs, R. A., Zhang, L., Rae, C.M.F., Tin, S.,. (2008c), "Mechanisms of Topologically Close-Packed Phase Suppression in an Experimental Ruthenium-Bearing Single-Crystal Nickel-Base Superalloy at 1100°C," *Metall. Trans. A*, 39A, 1014-1025.

Hocking, J., Taylor, W. (1969), *The Casting of High-Strength Nickel-Base Superalloys*, Martin Metals Company.

Horlock, J. H. (2007), *Advanced Gas Turbine Cycles*,

Hornbogen, E. (1972), "Systematics of the Cellular Precipitation Reactions," *Metall. Trans.*, 3, 2717-2727.

Huang, W., Chang, Y.A. (1999), "A Thermodynamic Description of the Ni-Al-Cr-Re System," *Materials Science and Engineering*, 259A, 110-119.

Janotti, A., Krcmar, M., Fu, C.L., Reed, R.C. (2004), "Solute Diffusion in Metals: Larger Atoms Can Move Faster," *Physical Review Letters*, 92.

Jia, C. C., Ishida, K., Nishizawa, T. (1994), "Partitioning of Alloying Elements between Gamma, Gamma Prime and Beta Phases in Ni-Al-Base Systems," *Metallurgical and Materials Transactions A*, 25, 473-485.

7. Literaturverzeichnis 137

Johnson, W. R., Barrett, C.R., Nix, W.D. (1972), "The High-Temperature Creep Behaviour of Nickel-Rich Ni-W Solid Solutions," *Metallurgical Transactions*, 3A, 963-969.

Karunaratne, M. S. A., Carter, P., Reed, R.C. (2000a), "Interdiffusion in the Fcc-A1 Phase of the Ni-Re, Ni-Ta, and Ni-W Systems between 900 and 1300 Deg C," *Materials Science and Engineering A*, 281, 229-233.

Karunaratne, M. S. A., Carter, P., Reed, R.C. (2001a), "On the Diffusion of Aluminium and Titanium in the Ni-Rich Ni-Al-Ti System between 900°C and 1200°C," *Acta Mater.*, 49, 861-875.

Karunaratne, M. S. A., Cox, D.C., Carter P., Reed R.C. (2000b), "Modelling of the Microsegregation in Cmsx-4 Superalloy and Its Homogenisation During Heat Treatment," in *Superalloys 2000*, ed. T. M. e. a. Pollock, Warrendale: TMS, pp. 263-272.

Karunaratne, M. S. A., Rae, C.M.F., Reed, R.C. (2001b), "On the Microstrucutural Instability of an Experimental Nickel-Based Single Crystal Superalloy," *Metallurgical and Materials Transactions A*, 32, 2409-2421.

Karunaratne, M. S. A., Reed, R.C. (2003), "Interdiffusion of the Platinum Group Metals in Nickel at Elevated Temperatures," *Acta Mater.*, 51, 2905-2919.

Kear, B., Wilsdorf, G. (1962), "Dislocation Configurations in Plastically Deformed Polycrystalline Cu3au Alloys," *Transactions of the Metallurgical Society of AIME*, 224, 382-386.

Kearsey, R. M., Beddoes, B.A., Jaansalu, K.M., Thompson, W.T., Au, P. (2004), "The Effects of Re, W, and Ru on the Microsegregation Behaviour in Single Crystal Superalloy Systems," in *Superalloys 2004*, ed. K. A. e. a. Green, Warrendale: TMS, pp. 801-810.

Kofer, B., "Einfluss von Legierungszusammensetzung und Wärmebehandlung auf die Mikrostruktur von Nickel-Basis Superlegierungen", Bachelorarbeit, Betreuer: Heckl, A., Universität Erlangen-Nürnberg, Lehrstuhl Werkstoffkunde und Technologie der Metalle (2009)

Kondo, Y., Kitazaki, N., Namekata, J., Ohi, N., Hattori, H. (1996), "Effect of Morphology of Gamma Prime Phase on Creep Resistance of a Single Crystal Nickel-Based Superalloy Cmsx-4," in *Superalloys 1996*, ed. R. D. e. a. Kissinger, Warrendale: TMS, pp. 297-304.

Konter, M., Newnham, M., Tönnes, C. (1997), "Nickel-Base Superalloy," *Internationales Patent WO 97/48828 und US-Patent 5,759,301*.

Kriege, O. H., Baris, J.M. (1969), "The Chemical Partitioning of Elements in Gamma Prime Seperated from Precipitation-Hardened, High-Temperature Nickel-Base Alloys," *Transactions of the ASM*, 62, 195-200.

Krug, P. (1998), "*Einfluss Einer Flüssigmetallkühlung Auf Die Mikrostruktur Gerichtet Erstarrter Superlegierungen,*" Dissertation, Universität Erlangen-Nürnberg, Werkstoffkunde und Technologie der Metalle.

Kruml, T., Conforto, E., Lo Piccolo, B., Caillard, D., Martin, J.L. (2002), "From Dislocation Cores to Strength and Work Hardening: A Study of Binary Ni3al," *Acta Materialia*, 50, 5091-5101.

Kuhn, H.-A., Biermann, H., Ungar, T., Mughrabi, H. (1991), "An X-Ray Study of Creep-Deformation Induced Changes of the Lattice Mismatch in the Gamma Prime Hardened Monocrystalline Nickel-Base Superalloy Srr99," *Acta Metall. Mater.*, 39, 2783-2794.

Kurz, W., Fischer, D.J. (1989), *Fundamentals of Solidification* (Vol. 3. Auflage), Trans Tech Publications.

Lamm, M. (2007), "*Einfluss Der Erstarrungsbedingungen Auf Die Mechanischen Eigenschaften Von Einkristallinen Superlegierungen Bei Großen Wandstärken,*" Dissertation, Universität Erlangen-Nürnberg, Werkstoffkunde und Technologie der Metalle.

Langdon, T. G., Farghalli, A.M. (1974), "The Transition from Dislocation Climb to Viscous Glide in Creep of Solid Solution Alloys," *Acta Metallurgica*, 22, 779-787.

Larson, F., Miller, J. (1952), "A Time-Temperature Relationship for Rupture and Creep Stresses," *Trans. AIME*, 74, 765-771.

Lee, J. H., Verhoeven, J.D. (1994a), "Eutectic Formation in the Ni-Al System," *Crystal Growth*, 143, 86-102.

Lee, J. H., Verhoeven, J.D. (1994b), "The Nature of Unusual Gamma Prime/Gamma Prime Interfaces Formed Upon Quenching Directionally Solidifying Ni3al Alloys," *Crystal Growth*, 142, 193-208.

Lee, J. H., Verhoeven, J.D. (1994c), "Peritectic Formation in the Ni-Al System," *Crystal Growth*, 144, 353-366.

Li, Z., Mills, K.C. (2006), "The Effect of Gamma Prime Content on the Densities of Ni-Based Superalloys," *Metallurgical and Materials Transactions B*, 37, 781-790.

Lifshitz, I. M., Slyozov, V.V. (1961), "The Kinetics of Precipitation from Supersaturated Solid Solutions," *Journal Phys. Chem. Solids*, 19, 35-50.

Link, T., Epishin, A., Brückner, U., Portella, P. (2000), "Increase of Misfit During Creep of Superalloys and Its Correlation with Deformation," *Acta Mater.*, 48, 1981-1994.

Lohmüller, A. (2002), "*Gerichtete Erstarrung Mittels Flüssigmetallkühlung - Verfahrensoptimierung Und Parametereinflüsse,*" Dissertation, Universität Erlangen-Nürnberg, Werkstoffkunde und Technologie der Metalle (WTM).
London Metal Exchange, w. l. c. u.Technical.

Loomis, W. T. (1969), "*The Influence of Molybdenum on the Gamma Prime Phase Formed in a Systematic Series of Experimental Nickel-Base Superalloys,*" PhD Thesis, University of Michigan.

Lund, C. H., Hocking, J. (1972), *Investment Casting* (Vol. 1), ed. C. T. Sims, Hagel, W.C., John Wiley & Sons.

Lund, R. W., Nix, W.D. (1976), "High Temperature Creep of Ni-20cr-2tho2 Single Crystals," *Acta Metallurgica*, 24, 469-481.

Ma, D., Sahm, P.R. (1991), "Einkristallherstellung Der Nickel-Basis Superlegierung Srr99," *Zeitschrift der Metallkunde*, 82, 869-873.

Mabruri, E., Sakurai, S., Murata, Y., Koyama, T., Morinaga, M. (2008), "Diffusion and Gamma Prime Phase Coarsening Kinetics in Ruthenium Containing Nickel-Based Alloys," *Mater. Trans.*, 49, 792-799.

MacKay, R. A., Ebert, L.J. (1985), "The Development of Gamma-Gamma Prime Lamellar Structures in a Nickel-Base Superalloy During Elevated Temperature Mechanical Testing," *Metall. Trans. A*, 16, 1969-1982.

MacKay, R. A., Nathal, M.V. (1990a), "Gamma Prime Coarsening in High Volume Fraction Nickel-Base Alloys," *Acta Metall. Mater.*, 38, 993-1005.

MacKay, R. A., Nathal, M.V., Pearson, D.D. (1990b), "Influence of Molybdenum on the Creep Properties of Nickel-Base Superalloy Single Crystals," *Metallurgical and Materials Transactions A*, 21A, 381-388.

Manna, I. (1998), "Grain Boundary Migration in Solid State Discontinuous Reactions," *Interface Science*, 6, 113-131.

Manna, I., Pabi, S.K., Gust, W. (2001), "Discontinuous Reactions in Solids," *International Materials Reviews*, 46, 53-91.

Matan, N., Cox, D.C., Rae, C.M.F., Reed, R.C. (1999), "On the Kinetics of Rafting in Cmsx-4 Superalloy Single Crystals," *Acta Metallurgica*, 47, 2031-2045.

Mathieu, P. (2006), "Materials Challenges in Co2 Capture and Storage," *Materials for Advanced Power Engineering*, Liege, 143-160.

McLean, M. (1983), *Directionally Solidified Materials for High Temperature Service* (Vol. 1. Auflage), London: The Metals Society.

Merz, G. D., Kattamis, T.Z., Giamai, A.F. (1979), "Microsegregation and Homogenization of Ni-7,5wt%Al-2,0wt%Ta Dendritic Monocrystals," *Journal of Materials Science*, 14, 663-670.

Mihalisin, J. R., Bieber, C.G., Grant, R.T. (1968a), "Phases Present in the Wrought Superalloy Udimet 700," *Transactions of the Metallurgical Society of AIME*, 242, 2399-2414.

Mihalisin, J. R., Pasquine, D.L. (1968b), "Phase Transformations in Nickel-Base Superalloys," *International Symposium on Structural Stability in Superalloys, Seven Springs*, 134-170.

Mills, K. C., Youssef, Y.M., Li, Z., Su, Y. (2006), "Calculation of Thermophysical Properties of Nickel-Base Superalloys," *ISIJ International*, 46, 623-632.

Miodownik, A. P., Saunders, N., Schille, J.-Ph. (2003), "Modelling of Creep in Nickel Based Superalloys," in *Engineering Issues in Turbine Machinery, Power Plants and Renewables*, ed. A. e. a. Strang, London: Maney Publishing, pp. 779-787.

Monkman, F. C., Grant, N.J. (1956), "An Empirical Relationship between Rupture Life and Minimum Creep Rate in Creep Rupture Tests," *Proc. ASTM*, 56, 593-620.

Morinaga, M., Yukawa, N., Adachi, H., Ezaki, H. (1984), "New Phacomp and Its Applications to Alloy Design," in *Superalloys 1984*, ed. M. e. a. Gell, Warrendale: TMS, pp. 523-532.

Mottura, A., Wu, R.T., Finnis, M.W., Reed, R.C. (2008), "A Critique of Rhenium Clustering in Ni-Re Alloys Using Extended X-Ray Absorption Spectroscopy," *Acta Mater.*, 56, 2669-2675.

Müller, B. (2002), "Die Macht Der Kleinen Schritte," *Pictures of the Future, Siemens AG*, Frühjahr 2002, 61-63.

Mughrabi, H. (2009), "Microstructural Aspects of High Temperature Deformation of Monocrystalline Nickel Base Superalloys: Some Open Problems," *Materials Science and Technology*, 25, 191-204.

Mughrabi, H., Tetzlaff, U. (2000), "Microstructure and High-Temperature Strength of Monocrystalline Nickel-Base Superalloys," *Advanced Engineering Materials*, 6, 319-326.

Murakami, H., Honma, T., Koizumi, Y., Harada, H. (2000), "Distribution of Platinum Group Metals in Ni-Base Single-Crystal Superalloys," in *Superalloys 2000*, ed. K. A. e. a. Green, Warrendale: TMS, pp. 747-756.

Murakumo, T., Kobayashi, T., Koizumi, Y., Harada, H. (2004a), "Creep Behaviour of Ni-Base Single-Crystal Superalloys with Various Gamma Prime Volume Fraction," *Acta Materialia*, 52, 3737-3744.

Murakumo, T., Koizumi, Y., Kobayashi, K., Harada, H. (2004b), "Creep Strength of Nickel-Base Single Crystal Superalloys on the Gamma/Gamma Prime Tie-Line," in *Superalloys 2004*, ed. K. A. e. a. Green, Warrendale: TMS, pp. 155-162.

Nathal, M. V. (1986), "Effect of Initial Gamma Prime Size on the Elevated Temperature Creep Properties of Single Crystal Nickel Base Superalloys," *Metallurgical Transactions A*, 18, 1961-1970.

Nathal, M. V., Ebert, L.J. (1985a), "The Influence of Cobalt, Tantalum and Tungsten on the Microstructure of Single Crystal Nickel-Base-Superalloys," *Metall. Trans. A*, 16A, 1849-1861.

Nathal, M. V., MacKay, R.A., Garlick, R.G. (1985b), "Temperature Dependence of Gamma-Gamma Prime Lattice Mismatch in Nickel-Base Superalloys," *Materials Science and Engineering*, 75, 195-205.

Neumeier, S. (2010), *"Auswirkung Von Rhenium Und Ruthenium Auf Die Mikrostruktur Und Das Hochtemperaturverformungsverhalten Von Nickelbasis-Superlegierungen Der 4. Generation,"* Dissertation, Universität Erlangen-Nürnberg, Allgemeine Werkstoffwissenschaften (WW1).

Neumeier, S., Pyczak, F., Göken, M. (2008), "The Influence of Ruthenium and Rhenium on the Local Properties of the Gamma- and Gamma Prime-Phase in Nickel-Base Superalloys and Their Consequences for Alloy Behaviour," in *Superalloys 2008*, ed. R. C. e. a. Reed, Warrendale: TMS, pp. 109-119.

Nystrom, J. D., Pollock, T.M., Murphy, W.H., Garg, A. (1997), "Discontinuous Cellular Precipitation in a High-Refractory Nickel-Base Superalloy," *Metallurgical and Materials Transactions A*, 28, 2443-2452.

O'Hara, K., Walston, S., Ross, E., Darolia, R.,. (1996), "Nickel Base Superalloy and Article," *United States Patent Application Patent No. 5.482.789*, Application No. 176.613.

Ojo, O. A., Tancret, F. (2009), "Clarification on Thermo-Calc and Dictra Simulation of Constitutional Liquidation of Gamma Prime During Welding of Ni-Base Superalloys," *Computational Materials Science*, 45, 388-389.

Onsager, L. (1931), "Reciprocal Relations in Irreversible Processes - 1," *Physical Review*, 37, 405-426.

Opel, S. J. (2009), *"Modellierung Des Feingießprozesses Am Beispiel Gerichtet Erstarrter Ni-Basislegierungen,"* Diplomarbeit, Universität Erlangen-Nürnberg, Lehrstuhl Werkstoffkunde und Technologie der Metalle.

Orowan, E. (1948), "Discussion on Internal Stresses," in *Symposium on Internal Stresses in Metals and Alloys*, London: The Institute of Metals, pp. 451-453.

Palumbo, M., Baldissin, D., Battezzati, L., Tassa, O., Wunderlich, R., Fecht, H.-J., Brooks, R., Mills, K.,. (2006), "Thermodynamic Properties of Cmsx-4 Superalloy: Results from the Thermolab Project," *Materials Science Forum*, 508, 591-596.

Parker, E. R., Hazlett, T.H. (1954), "Principles of Solution Hardening," in *Relation of Properties to Microstructure*, ASM.

Pauling, I. (1938), "The Nature of the Interatomic Forces in Metals," *Physical Review*, 54, 899-904.

Pearson, D. D., Lemkey, F.D., Kear, B.H. (1980), "Stress Coarsening of Gamma Prime and Its Influence on Creep Properties of a Single Crystal Superalloy," in *Superalloys 1980*, ed. J. K. e. a. Tien, Warrendale: TMS, pp. 513-520.

Pelloux, R. M. N., Grant, N.J. (1960), "Solid Solution and Second-Phase Strengthening of Nickel Alloys at High and Low Temperatures," *Trans. AIME*, 218, 218-232.

Pollock, T. M. (1995), "The Growth and Elevated Temperature Stability of High Refractory Nickel-Base Single Crystals," *Materials Science and Engineering B*, 32, 255-266.

Pollock, T. M., Argon, A.S. (1991), "Creep Resistance of Cmsx-3 Nickel Base Superalloy Single Crystals," *Acta Metallurgica et Materialia*, 40, 1-30.

Pollock, T. M., Argon, A.S. (1994), "Directional Coarsening in Nickel-Base Single Crystals with High Volume Fractions of Coherent Precipitates," *Acta Metall. Mater.*, 42, 1859-1874.

Porter, D. A., Easterling K.E. (2004), *Phase Transformations in Metals and Alloys* (2. Auflage ed.), CRC Press.

Purdy, G. R., Kirkaldy, J.S. (1971), "Homogenisation by Diffusion," *Metallurgical Transactions*, 2, 371-378.

Pyczak, F., Devrient, B., Mughrabi, H. (2004), "The Effects of Different Alloying Elements on the Thermal Expansion Coefficients, Lattice Constants and Misfit of Nickel-Based Superalloys Investigated by X-Ray Diffraction," in *Superalloys 2004*, ed. K. A. e. a. Green, Warrendale: TMS, pp. 827-836.

Rae, C. M. F., Karunaratne, M.S.A., Small, C.J., Broomfield, R.W., Jones, C.N., Reed, R.C. (2000), "Topologically Close Packed Phases in an Experimental Rhenium-Containing Single-Crystal Superalloy," in *Superalloys 2000*, ed. T. M. e. a. Pollock, Warrendale: TMS, pp. 767-776.

Rae, C. M. F., Reed, R.C:. (2001), "The Precipitation of Topologically Close-Packed Phases in Rhenium-Containing Superalloys," *Acta Materialia*, 49, 4113-4125.

Reed, R. C. (2006), *The Superalloys* (Vol. 1. Auflage), Cambridge University Press.

Reed, R. C., Matan, N., Cox, D.C., Rist, M.A., Rae, C.M.F. (1999), "Creep of Cmsx-4 Superalloy Single Crystals: Effects of Rafting at High Temperatures," *Acta Mater.*, 47, 3367-3381.

Reed, R. C., Yeh, A.C., Tin, S., Babu, S.S., Miller, M.K. (2004), "Identification of the Partitioning Characteristics of Ruthenium in Single Crystal Superalloys Using Atom Probe Tomography," *Scripta Materialia*, 51, 327-331.

Rettig, R. (2010), "*Modellierung Der Ausscheidung Von Sprödphasen in Rutheniumhaltigen Nickelbasis Superlegierungen*," Dissertation, Universität Erlangen-Nürnberg, Werkstoffkunde und Technologie der Metalle, WTM.

Rettig, R., Heckl, A., Neumeier, S., Pyczak, F., Göken, M., Singer, R.F. (2009), "Verification of a Commercial Calphad Database for Re and Ru Containing Nickel-Base Superalloys," *Defect and Diffusion Forum*, 289-292, 101-108.

Ricks, R. A., Porter, A.J., Ecob, R.C. (1983), "The Growth of Gamma Prime Precipitates in Nickel-Base Superalloys," *Acta Metallurgica*, 31, 43-53.

7. Literaturverzeichnis 143

Rideout, S., Manly, W.D., Kamen, E.L., Lement, B.S., Beck, P.A. (1951), "Intermediate Phases in Ternary Alloy Systems of Transition Elements," *Journal of Metals*, 10, 872-876.

Rösler, J., Harders, H., Bäker, M. (2006), *Mechanisches Verhalten Der Werkstoffe* (Vol. 2), Wiesbaden: Teubner Verlag.

Sato, A., Harada, H., Yokokawa, T., Murakumo, T., Koizumi, Y., Kobayashi, T., Imai, H. (2006), "The Effects of Ruthenium on the Phase Stability of Fourth Generation Ni-Base Single Crystal Superallyos," *Scripta Materialia*, 54, 1679-1684.

Scarlin, R. B. (1976), "Discontinuous Precipitation in a Directionally Solidified Nickel-Base Alloy," *Scripta Materialia*, 10, 711-715.

Scheil, E. (1942), "Bemerkungen Zur Schichtkristallbildung," *Zeitschrift für Metallkunde*, 34, 70-72.

Schneider, W. (1993), "*Hochtemperaturkriechverhalten Und Mikrostruktur Der Einkristallinen Nickelbasis-Superlegierung Cmsx-4 Bei Temperaturen Von 800 °C Bis 1100 °C*," Dissertation, Universität Erlangen-Nürnberg, Allgemeine Werkstoffwissenschaften (WW1).

Schubert, F. (1971), "Möglichkeiten Zur Vorhersage Unerwünschter Phasen in Technisch Hochwarmfesten Nickellegierungen Durch Die Mittlere Elektronenleerstellenzahl Der Schmelzenzusammensetzung," *Arch. Eisenhüttenwesen*, 42, 501-507.

Schulze, C., Feller-Kniepmeier, M. (2000), "Transmission Electron Microscopy of Phase Composition and Lattice Misfit in the Re-Containing Nickel-Base Superalloy Cmsx-10," *Materials Science and Engineering A*, 281, 204-212.

Schmid, S., "Einfluss von Minorelementen auf die Kriechfestigkeit von gerichtet erstarrten Ni-Basis Superlegierungen", Studienarbeit, Betreuer: Heckl, A., Universität Erlangen-Nürnberg, Lehrstuhl Werkstoffkunde und Technologie der Metalle (2009)

Semiatin, S. L., Kramb, R.C., Turner, R.E., Zhang, F., Antony, M.M. (2004), "Analysis of the Homogenization of a Nickel-Base Superalloy," *Scripta Materialia*, 51, 491-495.

Shah, D. M., Duhl, D.N. (1984), "The Effect of Orientation, Temperature and Gamma Prime Size on Yield Strength of a Single Crystal Nickel-Base Superalloy," in *Superalloys 1984*, ed. M. e. a. Gell, Warrendale: TMS, pp. 105-114.

Sherby, O. D., Lytton, J.L., Dorn, J.E. (1958)*Trans. AIME*, 212, 708.

Shoemaker, D. P., Shoemaker, C.B., Wilson, F.C. (1957), "The Crystal Structure of the P-Phase, Mo-Ni-Cr. 2. Refinement of Parameters and Discussion of Atomic Coordination," *Acta Crystal.*, 10, 1-14.

Sims, C. T. (1987), "Prediction of Phase Composition," in *Superalloys Ii*, ed. C. T. Sims, Hagel, W.C., New York: John Wiley&Sons, pp. 189-214.

Singer, R. F. (1994), "Advanced Materials and Processes for Land-Based Gas Turbines," in *Materials for Advanced Power Engineering*, ed. D. C. e. al., Dordrecht: Kluwer Academic Publishers, pp. 1707-1729.

Sponseller, D. L. (1996), "Differential Thermal Analysis of Nickel-Base Superallyos," in *Superalloys 1996*, ed. R. D. e. a. Kissinger, Warrendale: TMS, pp. 259-270.

Stoloff, N. S. (1976), "Physical and Mechanical Metallurgy of Ni3al and Its Alloys," *International Materials Reviews*, 34, 153-183.

Sung, P. K., Poirier, D.R. (1998), "Liquid-Solid Partition Ratios in Nickel-Base Alloys," *Metallurgical and Materials Transactions A*, 30A, 2173-2181.

Suzuki, A., Rae, C.M.F. (2009), "Secondary, Reaction Zone Formations in Coated Ni-Base Single Crystal Superalloys," *Journal of Physics: Conference Series 165 (International Conference on Advanced Structural and Functional Materials Design 2008)*, 1-6.

Tancret, F. (2007), "Thermo-Calc and Dictra Simulation of Constitutional Liquidation of Gamma Prime During Welding of Ni Base Superalloys," *Computational Materials Science*, 41, 13-19.

Tetzlaff, U., Mughrabi, H. (2000), "Enhancement of the High-Temperature Tensile Creep Strength of Monocrystalline Nickel-Base Superalloys by Pre-Rafting in Compression," in *Superalloys 2000*, ed. T. M. e. a. Pollock, Warrendale: TMS, pp. 273-282.

Tiller, W. A., Jackson, K.A., Rutter, J.W., Chalmers, B. (1953), "The Redistribution of Solute Atoms During the Solidification of Metals," *Acta Metallurgica*, 1, 428-437.

Tin, S., Pollock, T.M. (2003), "Phase Instabilities and Carbon Additions in Single-Crystal Nickel-Base Superalloys," *Materials Science and Engineering A*, 348, 111-121.

Tin, S., Yeh, A.C., Ofori, A.P., Reed, R.C., Babu, S.S. (2004), "Atomic Partitioning of Ruthenium in Ni-Based Superalloys," *Superalloys 2004, TMS*, 735-741.

Tu, K. N., Turnbull, D. (1967), "Morphology of Cellular Precipitation of Tin from Lead-Tin Bicrystals," *Acta Metall.*, 15, 369-376.

Turnbull, D. (1955), "Theory of Cellular Precipitation," *Acta Metallurgica*, 3, 55-63.

Tyron, B., Pollock, T.M.,. (2006), "Experimental Assessment of the Ru-Al-Ni Ternary Phase Diagram at 1000 and 1100 °C," *Materials Science and Engineering*, 430 A, 266-276.

Veyssiere, P. (2001), "Yield Stress Anomalies in Ordered Alloys: A Review of Microstructural Findings and Related Hypotheses," *Materials Science and Engineering A*, 309-310, 44-48.

Veyssiere, P., Saada, G. (1996), "Microscopy and Plasticity of the L12 Gamma Prime Phase," in *Dislocations in Solids* (Vol. 10), ed. F. R. N. Nabarro, Duesbery, M.S., Amsterdam: Elsevier, pp. 252-441.

7. Literaturverzeichnis 145

Volek, A. (2002), "*Erstarrungsmikrostruktur Und Hochtemperatureigenschaften Rheniumhaltiger, Stängelkristalliner Nickel-Basis Superlegierungen*," Universität Erlangen-Nürnberg, Dissertation am Lehrstuhl für Werkstoffkunde und Technologie der Metalle.

Volek, A., Pyczak, F., Singer, R.F., Mughrabi, H.,. (2005), "Partitioning of Re between Gamma and Gamma Prime Phase in Nickel-Base Superalloys," *Scripta Materialia*, 52, 141-145.

Volek, A., Singer, R.F. (2004), "Influence of Solidification Conditions on Tcp Phase Formation, Casting Porosity and High Temperature Mechanical Properties in a Re-Containing Nickel-Base Superalloy with Columnar Grain Structure," in *Superalloys 2004*, ed. K. A. e. a. Green, Warrendale: TMS, pp. 713-718.

Vollertsen, F., Vogler, S. (1989), *Werkstoffeigenschaften Und Mikrostruktur*, München/Wien: Carl Hanser Verlag.

Wagner, C. (1961), "Theorie Der Alterung Von Niederschlägen Durch Umlösen (Ostwaldreifung)," *Zeitschrift der Elektrochemie*, 65, 581.

Wagner, U. (2007), "Energieverbrauch - Bestandsaufnahme Und Perspektive," *Technik in Bayern*, 6/2007.

Walston, S., Cetel, A., MacKay, R., O'Hara, K., Duhl, D., Dreshfield, R. (2004), "Joint Development of a Fourth Generation Single Crystal Superalloy," in *Superalloys 2004*, ed. K. A. e. a. Green, Warrendale: TMS, pp. 15-24.

Walston, W. S., Schaeffer, J.C, Murphy, W.H. (1996), "A New Type of Microstructural Instability in Superlloys - Srz," in *Superalloys 1996*, ed. R. D. e. a. Kissinger, Warrendale: TMS, pp. 9-17.

Walter, C., Hallstedt, B., Warnken, N. (2005), "Simulation of the Solidification of Cmsx-4," *Materials Science and Engineering A*, 397, 385-390.

Wang, L., Pyczak, F., Zhang, J. , Singer, R.F. (2009), "On the Role of Eutectics During Recrystallization
in a Single Crystal Nickel-Base Superalloy – Cmsx-4," *International Journal of Materials Research*, 100, 1-6.

Wang, T., Chen, L.Q., Liu, Z.K. (2006), "First-Principles Calculations and Phenomenological Modeling of Lattice Misfit in Ni-Base Superalloys," *Materials Science and Engineering A*, 431, 196-200.

Wang, T., Sheng, G., Liu, Z.K., Chen, L.Q. (2008a), "Coarsening Kinetics of Gamma Prime Precipitates in the Ni-Al-Mo System," *Acta Mater.*, 56, 5544-5551.

Wang, W. Z., Jin, T., Liu, J.L., Sun, X.F., Guan, H.R., Hu, Z.Q. (2008b), "Role of Re and Co on Microstructures and Gamma Prime Coarsening in Single Crystal Superallyos," *Materials Science and Engineering A*, 479, 148-156.

Wang, Y. J., Wang, C.Y. (2008c), "The Alloying Mechanisms of Re, Ru in the Quaternary Ni-Based Superalloys Gamma/Gamma Prime Interface: A First Principles Calculation," *Materials Science and Engineering A*, 490, 242-249.

Ward, R. G. (1965), "Effect of Annealing on the Dendritic Segregation of Manganese in Steel," *Journal of the Iron and Steel Institute*, 203, 930-932.

Warnken, N., Ma, D., Mathes, M., Steinbach, I. (2005), "Investigation of Eutectic Island Formation in Sx Superalloys," *Materials Science and Engineering A*, 413-414, 267-271.

Weinberg, F., Buhr, R.K. (1969), "Homogenisation of a Low-Alloy Steel," *Journal of the Iron and Steel Institute*, 207, 114-1121.

Whittaker, G. A. (1986), "Materials Science and Technology," in *Precision Casting of Aero Gas Turbine Components* (Vol. 2), pp. 436-441.

Williams, D. B., Butler, E.P.,. (1981), "Grain Boundary Discontinuous Precipitation Reactions," *International Materials Reviews*, 26, 153-183.

Williams, R. O. (1959), "Aging of Nickel-Base Aluminium Alloys," *Trans. TMS-AIME*, 215, 1026-1032.

Wilson, B. C., Hickman, J.A., Fuchs, G.E. (2003), "The Effect of Solution Heat Treatment on a Single-Crystal Ni-Based Superalloy," *JOM*, 55, 35-40.

Woodyatt, L. R., Sims, C.T., Beattie, H.J.Jr. (1966), "Prediction of Sigma-Type Phase Occurance from Compositions in Austenitic Superalloys," *Trans. AIME*, 236, 519-527.

Yeh, A. C., Rae, C.M.F., Tin, S. (2004a), "High Temperature Creep of Ru-Bearing Ni-Base Single Crystal Superalloys," in *Superalloys 2004*, ed. K. A. e. a. Green, Warrendale: TMS, pp. 677-686.

Yeh, A. C., Sato, A., Kobayashi, T., Harada, H. (2008), "On the Creep and Phase Stability of Advanced Ni-Base Single Crystal Superalloys," *Materials Science and Engineering A*, 490, 445-451.

Yeh, A. C., Tin, S. (2004b), "Effects of Re and Ru Additions on the High Temperature Flow Stresses of Ni-Base Single-Crystal Superalloys," *Scripta Materialia*, 52, 519-524.

Yokokawa, T., Osawa, M., Nishida, K., Kobayashi, T., Koizumi, Y., Harada, H. (2003), "Partitioning Behaviour of Platinum Group Metals on the Gamma and Gamma Prime Phases of Ni-Base Superalloys at High Temperatures," *Scripta Materialia*, 49, 1041-1046.

Zener, C. (1946), "Kinetics of the Decomposition of Austenite," *Trans. AIME*, 167.

Zener, C., Hollomon, H. (1944), "Effect of Strain Rate Upon Plastic Flow of Steel," *Journal of Applied Physics*, 15, 22-32.

Zhang, J., Singer, R.F. (2002), "Effect of Hafnium on the Castability of Directionally Solidified Nickel-Base Superalloys," *Zeitschrift für Metallkunde*, 93, 806-811.

Zhang, J. S., Hu, Z.Q., Murata, Y., Morinaga, M., Yukawa N. (1993), "Design Development of Hot Corrosion Resistant Nickel-Base Single-Crystal Superalloy by the D-Electrons Alloy Design Theory. Part 1: Characterisation of the Phase Stability," *Metallurgical Transactions*, 24A, 2451-2464.

Zhang, J. X., Murakumo, T., Harada, H., Koizumi, Y.,. (2003), "Dependence of Creep Strength on the Interfacial Dislocations in a Fourth Generation Sc Superalloy Tms-138," *Scripta Materialia*, 48, 287-293.

Zhang, J. X., Murakumo, T., Harada, H., Koizumi, Y., Kobayashi, T. (2004), "Creep Deformation Mechanisms in Some Modern Single-Crystal Superalloys," in *Superallyos 2004*, ed. K. A. e. a. Green, Warrendale: TMS, pp. 189-195.

Zhou, Y. Z., Volek, A. (2006), "Effect of Grain Boundary Fraction on Castability of a Directionally Solidified Nickel Alloy," *Scripta Materialia*, 54, 2169-2174.

Zhou, Y. Z., Volek, A., Singer, R.F. (2005), "Influence of Solidification Conditions on the Castability of Nickel-Base Superalloy In792," *Metallurgical and Materials Transactions A*, 36, 651-656.

Ziesing, H.-J. (2008), "Forschungsbericht Energieverbrauch in Deutschland Im Jahr 2008," *Arbeitsgemeinschaft Energiebilanzen e.V.*

8. Verzeichnis der Formelzeichen und Abkürzungen

CC	conventional cast – Polykristallin
DS	directional solidified – Stängelkritallin
SX	single crystalline – Einkristall
RP	*reverse partitioning*
TBC	thermal barrier coating – thermische Schutzschicht
HRS	high rate solidification – Bridgman Gießverfahren
TCP	topological closed packed – Sprödphasen
APB	anti phase boundary – Antiphasengrenzfläche
TEM	Transmissions-Elektronen-Mikroskopie
LWS	Lifshitz-Wagner-Slyozow (Theorie zur Teilchenvergröberung)
EZ	Einheitszelle
SRZ	secondary reaction zone - Zellkoloniebildung der TBC
ZTU	Zeit-Temperatur-Umwandlung
PHACOMP	Verfahren zur Sprödphasenabschätzung
CALPHAD	Calculation of Phase Diagramms, Simulation
DSC	differential scanning calorimetry – Dynamische Differenzkalorimetrie
GDOES	Glimmentladungsspektroskopie
WD-XRF	wellenlängendispersive Röntgenfluorenszensspektroskopie
ICP-AES	Atomemissionsmassenspektrometrie mit induktiv gekoppeltem Plasma
DPC	Doncasters Precision Castings Bochum GmbH, Bochum, Deutschland
EDX	energy dispersive X-Ray – Energiedispersive Röntgenspektroskopie
SEM	scanning electron microscopy – Rasterelektronenmikroskopie
EBSD	electron backscatter diffraction – Rückstreuelektronen Diffraktrometrie
FIB	focused ion beam microscope – Ionenfeinstrahlmikroskop
MKH	Mischkristallhärter
kfz	kubisch-flächenzentriert
γ	Matrixgefüge der Nickel-Basis Superlegierung
γ'	kohärente Ausscheidungen der Nickel-Basis Superlegierung
γ^{ZK}	γ-Phase in der Zellkolonie
vol.-%	volume percentage - Volumenprozent
wt.-%	weight percent – Gewichtsprozent
at.-%	atom percent – Atomprozent
G	Temperaturgradient
v	Erstarrungsfrontgeschwindigkeit (entspricht i.d.R. Abzugsgeschw.)
k	Gleichgewichtsverteilungskoeffizient
$k`$	effektiver Gleichgewichtsverteilungskoeffizient
k_S	Segregationsverteilungskoeffizient
$k_i^{\gamma/\gamma'}$	Verteilungskoeffizient zwischen γ und γ'
t_{WB}	Wärmebehandlungsdauer

8. Verzeichnis der Formelzeichen und Abkürzungen

v_{AK}	Abkühlgeschwindigkeit des Lösungsglüprozesses
c_0	nominelle Zusammensetzung
c_S	concentration solid – Konzentration im Festkörper
c_L	concentration liquid – Konzentration in der Schmelze
c_D	Konzentration im Dendritenkern
c_{ID}	Konzentration im interdendritischen Bereich
c_E	eutektische Konzentration
c_{MKH}^{γ}	Konzentration an Mischkristallhärtern in der γ-Phase
T	Temperatur
T_H	homologe Temperatur
T_L	Liquidustemperatur
T_S	Solidustemperatur
$T_{\gamma'-Sol}$	γ'-Solvustemperatur
T_E	eutektische Temperatur
$T_L(c_0)$	Liquidustemperatur der nominellen Zusammensetzung
$T_S(c_0)$	Solidustemperatur der nominellen Zusammensetzung
T_{qL}	Temperatur der Schmelze
T_{qS}	Temperatur des Festkörpers
T_{GE}	Gaseinlasstemperatur
T_{GA}	Gasauslasstemperatur
L	Schmelze
α	Mischkristall mit Gitter aus A-Atomen und gelösten B-Atomen
β	Mischkristall mit Gitter aus B-Atomen und gelösten A-Atomen
α'	mit B-Atomen übersättigter α Mischkristall
ΔT_0	Erstarrungsintervall
Δc_0	Konzentrationsunterschied durch Erstarrungsentmischung
$\Delta c_{\alpha\beta}$	Konzentrationsdifferenz zwischen zwei Phasen α und β
D_L	Diffusionskoeffizient der Schmelze
D_s	Diffusionskoeffizient im Festkörper
D_{GB}	Diffusionskoeffizient entlang Korngrenzen
D_{eff}	effektiver Diffusionskoeffizient
D_0	Diffusionskonstante
Q	Aktivierungsenergie für Diffusionsvorgänge
R	allgemeine Gaskonstante (8,314 $J \cdot mol^{-1} \cdot K^{-1}$)
d	Breite des Konzentrationsprofils
λ	Dendritenstammabstand oder primärer Dendritenarmabstand
λ_L	Lamellenabstand
K	Proportionalitätskonstante zur Berechnung des λ_1
K_1	Proportionalitätskonstante zur Berechnung des λ_L
γ	Gibbs-Tomson-Koeffizient
Φ	konstitutionelle Unterkühlung
f_S	Festphasenanteil

8. Verzeichnis der Formelzeichen und Abkürzungen

δ	Dicke der strömungsfreien Schicht
j	Teilchenstrom
$c_i(x,t)$	Konzentration des Elements i am Ort x zur Zeit t
c_{i0}	Gesamtkonzentration des Elements i
Δc_{i0}	Differenz aus größter und kleinster Konzentration des Elements i und der mittleren Konzentration für t=0
L_D	*Diffusionslänge*
j_i	Teilchenstrom des Elements i
i	Element i = 1, ...n
D_{ij}^n	chemische Diffusivität einer *(n-1) x (n-1)* Matrix
∇c_j	Konzentrationsgradient
γ_{APB}	Antiphasengrenzfläche
γ_{SF}	Stapelfehlerenergie
γ_{GF}	Grenzflächenenergie
$\Delta \tau_{CS}$	kritische Schneidspannung
$d_{\gamma'}$	Durchmesser/Kantenlänge der γ' Ausscheidungen
$V_{\gamma'}$	Volumenanteil der γ' Ausscheidungen
$F_{\gamma'}$	Flächenanteil der γ'-Ausscheidungen
E	Elastizitätsmodul
G	Schubmodul
b	Burgersvektor
σ_{CS}	Kohärenzspannung zwischen γ/γ'
$\dot{\varepsilon}$	Kriechrate
σ	Spannung
k	Boltzmankonstante
b	Burgersvektor
$\lambda_{\gamma'}$	Abstand der γ'
δ	Misfit - Gitterfehlpassung
$\Delta\delta$	auf Raumtemperatur normierte, relative Gitterfehlpassung δ
$a_{\gamma'}$	Gitterkonstante γ'
a_{γ}	Gitterkonstante γ
c_i^{γ}	Konzentration des Elements i in der Matrix γ
$c_i^{\gamma'}$	Konzentration des Elements i in der γ' Ausscheidung
r_t	Ausscheidungsgröße nach der Zeit t
r_0	Ausscheidungsgröße zur Zeit t = 0
r^*	kritischer Keimradius
$\gamma^{\gamma/\gamma'}$	Grenzflächenenergie γ/γ'
Δg_V	spezifische Volumenenergie
c_0	Gleichgewichtskonzentration
V_m	molares Volumen der γ' Ausscheidung
ρ_{LWS}	Ausscheidungsverteilungsabhängige LWS-Konstante
k_{LWS}	Wachstumsrate

8. Verzeichnis der Formelzeichen und Abkürzungen

$\bar{N}_v$	mittlere Elektronenleerstellenzahl der Legierung
N_v^i	Elektronenleerstellenzahl des Elements i
M_i	Anteil des Legierungselements i in at.-%
n	Anzahl der Elemente in der Legierung
n_K	Kriechspannungsexponent
ΔG_{ges}	Änderung der gesamten Enthalpie
ΔG_V	Volumenenthalpie
ΔG_{GV}	Gitterverzerrungsenthalpie
ΔG_{Def}	Defektenthalpie
ΔG^*	Aktivierungsenthalpie
I	Keimbildungsrate
I_0	Vorfaktor der Keimbildungsrate
ΔG_d	diffusionsabhängige Aktivierungsenthalpie
v_{ZK}	Wachstumsgeschwindigkeit Zellkolonie
$c_0^{\alpha'}$	Konzentration der übersättigten Matrix α'
c_E^{α}	Gleichgewichtskonzentration der Zellkoloniephase α
c_{MS}^{α}	metastabile Konzentration der Zellkoloniephase α
$\lambda_{\alpha/\beta}$	Lamellenabstand zwischen α und β Lamellen
ϑ	Breite der fehlorientierten Korngrenze
$A'(T)$	Funktion der Temperatur
$A(\sigma)$	Funktion der Spannung
A	materialabhängige Konstante
C	Larson-Miller-Konstante (wird als 20 angenommen)
P	Larson-Miller-Parameter
t_B	Zeit bis zum Bruch (Zeitstandfestigkeit)
$t_{(\%)}$	Zeit bis zu bestimmter Dehngrenze (Zeitdehngrenzwert)
$a(T)$	Temperaturleitfähigkeit
$\lambda(T)$	Wärmeleitfähigkeit
$c_p(T)$	Wärmekapazität
ρ	Dichte
η	Wirkungsgrad
$\alpha(T)$	thermischer Ausdehnungskoeffizient
ΔL	Längenänderung
L_0	Ausgangslänge
$\dfrac{dc}{dx}$	Konzentrationsgradient in x-Richtung
$\dfrac{\partial c}{\partial t}$	1. Ableitung der Konzentration nach der Zeit
$\dfrac{\partial^2 c}{\partial x^2}$	2. Ableitung der Konzentration nach dem Ort

9. Anhang

Übersicht der DS-Zeitstanddaten für die Astra1-Legierungsserie und die kommerzielle Vergleichslegierung CMSX-4. a) Zeitdehngrenzwert $t_{1\%}$, b) Bruchzeit t_B, c) Bruchdehnung ε_{Pl}. (SB = Sprödbruch bei Lastaufbringung, DL = als Dauerläufer ausgebaut, $t_{1\%}$ sowie t_B in [h], ε_{Pl} in [%].)

a) Zeitdehngrenzwert $t_{(1\%)}$

		850 °C	950 °C					1050 °C	
		300 Mpa	200 Mpa	250 Mpa	300 Mpa	350 Mpa	400 Mpa	150 Mpa	200 Mpa
0 at.-% Re	Astra1-00	SB	SB	SB	SB	-----	-----	-----	-----
	Astra1-01	SB	3,0	SB	SB	-----	-----	-----	-----
	Astra1-02	715,3	52,6	12,4	2,1	-----	-----	-----	-----
1 at.-% Re	Astra1-10	-----	329,3	26,6	5,0	-----	-----	15,1	-----
	Astra1-11	-----	523,3	215,6	30,7	-----	-----	58,2	-----
	Astra1-12	-----	-----	238,2	114,9	-----	-----	142,6	-----
2 at.-% Re	Astra1-20	-----	-----	-----	284,3	-----	38,9	190,1	36,5
		-----	-----	-----	342,6	-----	46,7	228,6	41,0
	Astra1-21	-----	-----	-----	384,3	-----	30,7	165,7	52,0
	Astra1-22	-----	-----	-----	591,4	-----	128,7	-----	-----
		-----	-----	-----	399,8	156,2	28,3	157,8	76,8
	CMSX-4	-----	-----	372,9	123,2	-----	-----	103,7	22,9
		-----	-----	-----	68,4	-----	6,6	172,1	36,0

b) Bruchzeit t_B

		850 °C	950 °C					1050 °C	
		300 Mpa	200 Mpa	250 Mpa	300 Mpa	350 Mpa	400 Mpa	150 Mpa	200 Mpa
0 at.-% Re	Astra1-00	SB	SB	SB	SB	-----	-----	-----	-----
	Astra1-01	SB	13,24	SB	SB	-----	-----	-----	-----
	Astra1-02	DL	247,1	39,2	7,1	-----	-----	-----	-----
1 at.-% Re	Astra1-10	-----	DL	129,1	25,5	-----	-----	60,5	-----
	Astra1-11	-----	DL	444,4	57,4	-----	-----	183,13	-----
	Astra1-12	-----	-----	495,6	239,7	-----	-----	216,1	-----
2 at.-% Re	Astra1-20	-----	-----	-----	437,5	-----	95,3	387,7	106,0
		-----	-----	-----	633,6	-----	100,6	466,5	144,2
	Astra1-21	-----	-----	-----	DL	-----	61,7	432,4	135,8
	Astra1-22	-----	-----	-----	DL	-----	304,8	-----	-----
		-----	-----	-----	798,6	296,05	68,7	DL > 700	232,5
	CMSX-4	-----	-----	DL	387,2	-----	-----	290,5	65,2
		-----	-----	-----	175,5	-----	33,4	322,3	85,2

c) Bruchdehnung ε_{Pl}

		850 °C	950 °C					1050 °C	
		300 Mpa	200 Mpa	250 Mpa	300 Mpa	350 Mpa	400 Mpa	150 Mpa	200 Mpa
0 at.-% Re	Astra1-00	SB	SB	SB	SB	-----	-----	-----	-----
	Astra1-01	SB	5,1	SB	SB	-----	-----	-----	-----
	Astra1-02	DL	10,3	41,2	8,1	-----	-----	-----	-----
1 at.-% Re	Astra1-10	-----	DL	6,4	5,7	-----	-----	6,1	-----
	Astra1-11	-----	DL	8,2	41,0	-----	-----	8,9	-----
	Astra1-12	-----	-----	11,5	12,3	-----	-----	6,0	-----
2 at.-% Re	Astra1-20	-----	-----	-----	7,9	-----	9,3	6,5	7,7
		-----	-----	-----	11,3	-----	45,0	6,2	7,0
	Astra1-21	-----	-----	-----	DL	-----	4,7	5,5	7,0
	Astra1-22	-----	-----	-----	DL	-----	10,7	-----	-----
		-----	-----	-----	23,5	14,0	5,4	DL	18,3
	CMSX-4	-----	-----	DL	21,5	-----	-----	6,2	12,2
		-----	-----	-----	18,6	-----	29,5	DL	18,8

Danksagung

Die vorliegende Arbeit entstand während meiner Tätigkeit am Lehrstuhl Werkstoffkunde und Technologie der Metalle an der Universität Erlangen-Nürnberg im Rahmen des Projekts MW1 der ersten Förderperiode des DFG-Graduiertenkollegs 1229 – „Stabile und metastabile Mehrphasensysteme bei hohen Anwendungstemperaturen".

„Man wächst mit seinen Herausforderungen"

Deshalb möchte ich allen voran meinem Doktorvater Herrn Prof. Dr.-Ing. Robert F. Singer danken, welcher mir nicht nur die Umsetzung der Arbeit in diesem spannenden Themenbereich ermöglichte, sondern durch das mir entgegengebrachte Vertrauen bewirkte, dass ich an zahlreichen neuen Herausforderungen wachsen konnte. Hierunter fiel unter anderem auch die Möglichkeit fachlichen Fragestellungen mit neuen Denkansätzen zu begegnen, von welchen die Arbeit in hohem Maße profitiert hat.

Ebenso richtet sich mein Dank an Herrn Prof. Dr. rer. nat. Mathias Göken vom Lehrstuhl Allgemeine Werkstoffwissenschaften für die Unterstützung der Arbeit und die sehr gute, lehrstuhlübergreifende Zusammenarbeit. Gleiches gilt für Frau Prof. Dr. sc. techn. Sannakaisa Virtanen vom Lehrstuhl Korrosion und Oberflächentechnik, sowie allen übrigen Instituten und Industrievertretern mit welchen ich zusammenarbeiten durfte.

Einen wesentlichen Beitrag zum Gelingen der Arbeit verdanke ich auch der fachlichen Vernetzung innerhalb des Themenbereichs Nickel-Basis-Superlegierungen. Insbesondere seien hierbei die enge Zusammenarbeit und die damit verbundenen wertschöpfenden Fachdiskussionen mit Steffen Neumeier und Ralf Rettig erwähnt. Des Weiteren hat das Projekt zu Beginn der Arbeit maßgebliche Unterstützung durch den damaligen Gruppenleiter Herrn Dr.-Ing. Andreas Volek erfahren.

Ebenfalls danken möchte ich all meinen Kollegen, sei es innerhalb WTM, bei ZMP, NMF oder im interdisziplinären Graduiertenkolleg. Hierbei hat neben dem fachübergreifenden Austausch insbesondere die kollegiale Atmosphäre zu täglicher Motivation beigetragen. Nicht zu vergessen ist auch die tatkräftige Unterstützung von Mitarbeitern der Metallographie, bei Analysemethoden, beim Bau und Betrieb der Vakuumfeingießanlage und anderen technischen Umsetzungen. Ein Dank geht auch an das Sekretariat für die Unterstützung in bürokratischen Angelegenheiten und denen darüber hinaus.

Aus meinem privaten Umfeld gilt der größte Dank meinen Eltern, dass Sie mir diesen Weg ermöglicht, begleitet und stets mit uneingeschränktem Einsatz unterstützt haben. Ebenso sehr danke ich meinem Freund, welcher mir zu jeder Zeit viel Geduld, Verständnis und Unterstützung entgegengebracht hat und immer dafür sorgt, dass ich meinen Optimismus behalte.

Die VDM Verlagsservicegesellschaft sucht für wissenschaftliche Verlage abgeschlossene und herausragende

Dissertationen, Habilitationen, Diplomarbeiten, Master Theses, Magisterarbeiten usw.

für die kostenlose Publikation als Fachbuch.

Sie verfügen über eine Arbeit, die hohen inhaltlichen und formalen Ansprüchen genügt, und haben Interesse an einer honorarvergüteten Publikation?

Dann senden Sie bitte erste Informationen über sich und Ihre Arbeit per Email an *info@vdm-vsg.de*.

Sie erhalten kurzfristig unser Feedback!

VDM Verlagsservicegesellschaft mbH
Dudweiler Landstr. 99
D - 66123 Saarbrücken
www.vdm-vsg.de

Telefon +49 681 3720 174
Fax   +49 681 3720 1749

Die VDM Verlagsservicegesellschaft mbH vertritt

Printed by Books on Demand GmbH, Norderstedt / Germany